アナーキー進化論

GREG GRAFFIN & STEVE OLSON
ANARCHY EVOLUTION

グレッグ・グラフィン
＆スティーヴ・オルソン
訳＝松浦俊輔

柏書房

アナーキー進化論◎目次

第1章●納得できない権威

陛下、私にはそんな仮説は必要ありません。

——ピエール＝シモン・ラプラス[1]

私が権威をばかにするのを罰するために、運命は当の私を一つの権威にまつりあげました。

——アルバート・アインシュタイン[2]

僕はいつも権威に納得できなかった。僕がミルウォーキー市のすぐ隣町にあるレイク・ブラフ小学校三年生のとき、担任はワンダ・ルードだった。先生は僕が正式名のグレゴリーで呼ばれるのが嫌いなのを知っていた。僕は家族や友人にとってはずっとグレッグで、先生が僕を叱ったり怖がらせたりしようとしてグレゴリーと呼ぶと、いつも怒りで熱くなっていた。とうとうある日のこと。僕が友達としゃべりすぎていたため、ルード先生は言った。「グレゴリー、何かみんなに言いたいことがあるんですか」。僕は答えた。「僕をグレゴリーと呼ぶなよ、ワンダ」。

母は僕がしたことを聞いて、「あなたのその口じゃ、面倒なことになるわよね」と笑って言った。そして確かに面倒なことになった。何しろ、母が校長から呼び出しを受けたのだ。ただ母は、僕や兄が子どもの頃、反抗的なことをしてもそれをとがめることはめったになかった。たぶん、悪いところを抑えつけると、いいところもなくしてしまうと思ったのだろう。

誰もがみな、人は何をなすべきか、どう考えるべきかを教えようという人々から、日々責められている。政治家は、自分こそはこの世の問題を解決する答えを持っていると私たちに思わせようとしている。ただ、みんなが自分の大義の側に加わってさえくれれば、と。プロテスタントの牧師、カトリックの司祭、イスラム教の導師《イマーム》が、人は古い掟に沿った暮らしを送らなければならない、さもないとあの世でその報いを受けると教えてくれる。人は絶えず、暗に、あるいはむしろあからさまに、どうふるまうべきかについてのメッセージにさらされている——広告、映画、テレビやラジオのトーク番組、さらには音楽や本で。

こうした命令の多さよりも気になるのが、その命令の不寛容なところだ。僕はこれまでずっと、権威の側にある人々の独断的な原理主義の姿勢にいやな思いをしてきた。たぶん僕には権威に対する生まれつきの反感があるのだろうが、自分がいろいろな原理主義に囲まれて育ったように思う——それに今、そういう原理主義はますます強まっているように見える。僕の家系には昔は熱心な福音派がいたこともあるが、少なくとも親戚の年配の人々は、他人が自分で考える権利を尊重していた。今や新聞を開けば、狂信的な信徒が体にくくりつけた爆弾を爆発させたとか、中絶をする医者を死に追いやるまでいやがらせをしたとかの記事を読まずにはすまない。政党は党員に、きわめて党派的な掟から外れていないかどうかを確かめるリトマス試験を求める。僕が生活の大半を過ごすことにした分野——音楽と科学——でさえ、手垢のついた定説からめったに外れず、横柄に忠誠を求める権威にはしょっちゅうお目にかかってきた。[3]

こうした要求に対しては、二通りの応じ方がありうる。一つは納得してであれ、不本意ながらであれ、黙認すること。僕には信仰を持った友人が多く、その信仰について多くの説明をしてくれる。「天国へ行って永遠の生を得たいから」と言うこともあるだろうし、「罪を避けたいから」とか、「殉教に表されているような善き人生を送りたいから」と答える人もいる。こうした答えは、信仰を持たない友人に権威の求めに従う理由を尋ねたときに返ってくる答えと同類だ。「波風を立てたくないから」とか「争いを避けたほうが生活しやすいから」とか「自分には哲学はないから他の人の哲学を試してみてもいいじゃないか」とか。人が自分や他人に対して自分の行動につける理由はいくらでもある。

もう一つの選択肢は、穏やかにであれ反抗的にであれ、権威にたてつくことだ。一九八九年、バッド・レリジョンが三枚目のアルバム『サファー』を出したとき、ジャケットには、ひとけのない郊外に炎に包まれて立つ十代の少年をあしらった（僕と、絵を描いた友人のジェリーにそのイメージが浮かんだのは、二人がＬＡのレストランでサラダバー係のバイトをしていたときだった）。そのイメージは、自分が十代のときに同時に生じていた怒り、無力感、反抗心、つまり、バンドを組んだ当初に曲を書き、演奏する原動力になった感情を捉えているように見えた。そしてそのイメージは、バッド・レリジョンの多くのファンには響いたらしい。体や腕に色鮮やかに「サファーボーイ」のタトゥーを入れた奴を何百人と見たことがあるからだ。

しかし権威にたてつくことには大きな問題がある。権威がよりどころにならないとしたら、何をよりどころにできるのだろう。自分の生活の土台としてきた確実なものを放棄するとなると、非常な不安を感じる人は多い。そういう人々は、信仰という土台になる岩盤がなければ、自分の生活には目的や意味がなくなると思っている。たとえば、信仰のある人の多くは、信仰がなければちゃんとした行ないもありえないと信じている。絶えず慈しみ深い神が自分を見守り正しい道にとどめていることを信じていなければ、自由意志を使って恐ろしいこと——盗み、強姦、殺人——も行ないかねないと心配する。

超自然の存在の必要を感じない側の僕のような人々にとって、これはきわめて人をばかにした信条だ。こちらの生活を道を外れていて不道徳だと非難しているのだ。その見方には経験的な証拠もない。あまり宗教的でない国々の国民のほうが、法を守り、寛容になる傾向がある。[4] ソクラテス以来の哲学者が説いているように、[5] この信じ方は筋も通らない。他人を傷つけるのは間違っているか、認められるか、いずれかで、間違いなら神を持ち出すまでもないし、認められるのなら、神がそれを禁じているのはおかしいことになる。

もっと基本的な恐怖心を抱いている人もいる。自分が抱く、神や魂や何かの「より高い目的」を信じる気持ちを疑問視したら、自分たちの生の中の虚無的なアナーキーに向かって、長い孤独な道を下りて行くことになると思っている友人も何人かいる。その友人が恐れるのは、自分が魂のない動物、生物学的な機械、いずれ永遠に消えてしまうかりそめの意識でしかないように見えることだ。

この恐怖はまったくの的外れではない。人を生み出した自然界や進化の過程はアナーキーだ。人の存在には、つまるところ理由はない。人は運がよければ、自分を愛してくれて、自分がよく生きられることを望んでくれる親のもとに生まれるが、魂の世界との交わりだけが明らかにできるような、神の何かの意図のためにこの地上に生み出されたわけではない。

ただ、物理的世界がアナーキーだからといって、生命には何の意味もないという結論を引き出すと、大きな間違いを犯すことになる。僕はまったく逆の結論を引き出す。自然界が無目的であればこそ、人間の世界に内在するとほうもない意味が浮かび上がってくる。

僕が権威の代わりのよりどころを見つけ、それについて語れるようになるまでには長い時間がかかった。いろいろな考え方で実験してみなければならなかった。世の中に足を踏み入れて、どの考え方がうまくいき、どれがうまくいかないかを確かめなければならなかった。僕にとってうまくいったものは、他の人々にはそうでないかもしれない。それでも、自分自身で意味を探してきた中には、他の人も知りたいのではないかと思えるものも見つかっている。

＊

僕は芸術と科学が交わるところ——あるいはとくに言えば進化生物学とパンクロックが交わるところで暮らすという恵まれた境遇にある。この二つの分野にはあまり共通点があるようには見えないかもしれない。僕がＵＣＬＡで生物学を教えているとき、学生の大半は僕がバッド・レリジョンのボーカルだということは知らないが、ときどきパソコンで明らかに僕のライブを見ているところを目撃することはある。僕がステージで歌っているときは、僕が進化生物学の分野でしてきた研究を知っていたり、気にしたりする人はほとんどいない。けれども僕は、この二つに根底でつながるもの——生命に内在する創造性を称える気持ち——があって、この組合せもさほど変ではないと思っている。

宗教的な人の多くは、創造のすべては神に由来すると言うが、僕は神を信じたことはない。両親は神の考えを押し付けたことはなかったし、神の観念を採用する理由が見えたこともない。僕は自分がしてきたことの中に、物理的・生物学的世界に自然の外から作用する力があることを示す証拠を見たことはない。そのような証拠が存在するのを見ることができたら、自分の立場を考え直さなければならないだろう。しかし僕はそのような証拠が見つかるとは思っていないし、宗教を信仰する人々はたいてい、そのような証拠が見つかるとは予想していないし、必ずしも望んでいるわけでさえいない。僕にとっては、神が存在するかしないかは問題にもならない。

僕の世界観について尋ねられれば、自分は自然主義者《ナチュラリスト》だと答える。その言葉を聞くと、たいていの人が、多くの時間をアウトドアで過ごしてバードウォッチングをしたり風景を愛《め》でたりしている人を思い浮かべる——そういう表し方は僕にもあてはまると思う。けれども僕は、自然主義はライフスタイルではなく哲学だと考えている。哲学的観点からすれば、自然主義者は宇宙とは物理的宇宙のことだと信じている。言い換えると、自然に作用している超自然的な存在も力もないと信じている。自然を超えて、あるいは自然の外に何かがあることを示す経験的な証拠はないからだ。自然主義者は宇宙が、空間、時間、物質、エネルギーだけでできていると見ている——それだけだ。[6] 宇宙にある物質とエネルギーが時間の経過の中でとりうる配置は基本的に無限にあり、複雑な系について、この配置を長期的に見通して確実な予測をすることはできない。[7] けれども、物質とエネルギーは超自然の力に影響しないし、また影響されることもない。

僕は自分が自然主義者だと思うよりずっと前にパンクロッカーになったが、二つの世界観には、実は多くの共通点がある。ちゃんとしたパンクロックは、経験に対する自由度、理由や証拠への依拠、通説への疑問を支持している。科学は自然主義の視点に基づいていて、定説に収まらず、それを疑問視するということでもある。新しいアイデアが登場して証拠に合うなら、古いやり方については考えを変えなければならない。チャールズ・ダーウィンが今日生きていたら、パンクロックには魅力を感じただろうと思う。

パンクロックも自然主義も、人生の生き方を厳密に教えることはできない。どちらも、私たちが突きつけられる根本的な問題の多くには答えない。この人はいい人か悪い人か。その人に対してどのようにふるまうべきか。どちらを向けば指針が得られるか。何を、また誰を信頼できるか。こうした問題に答えるには、合理的推論の出番は一部にしかない。人生には、衝動的で、本能的で、どうやら自動的に見えるところが多い。しかし、こうした問いにうまく答えるには、何がコントロールできて何がコントロールできないかを理解することが不可欠だ。

僕にとっては、自分の生が置かれている脈絡を進化が教えてくれる。確かに、進化には私たちを不安にしかねない意味合いがある。けれどもいくつかの重要な問題については、受け入れがたくても真実を求めなければならない。自然主義は首尾一貫した世界観を築く基礎を提供できて、重要な判断の基になりうる。もちろん、あえて言えば、個人としての幸福と、種としての生き残りとの、両方を確保できる唯一の視点でもある。

*

一五歳になるまでは、僕は世界のことをあまり理解していなかった。ウィスコンシン州南東部の片隅の育ちで、両親は宗教を信じてはいなかった(母の祖父、エドワード・M・ザーは二〇世紀前半の有名な聖書注釈家だったが)。両親とも大学人で、兄にも僕にもカール・セーガン、アンディ・ウォーホル、モンティ・パイソン、サタデー・ナイト・ライブ、ポップなラジオを見聞きさせていた。子どもの頃の僕はずっと、歌手になりたいと思って過ごしていた。成績はほとんどずっと平均Bマイナス以下で、ハイスクールを終えようかという頃になっても優秀な生徒ではなかった。簡単に言うと、生命の「大きな構図」の問題は、僕の幸せな子ども時代には忍び込むことはなかった。家族の愛と良き友のいる集団に囲まれて満足していた。

両親は僕が小学校二年生のときに別れ、その後、兄と僕とで二つの世帯を行き来して暮らすことに、比較的簡単に慣れた。母の新居はショアウッドというミルウォーキーの郊外にあって、兄弟が学校へ通い、宿題をし、というウィークデイの通常の生活をするところになった。父はミルウォーキーの南四〇キロほどにある元の家で暮らし、週末と夏休みの大部分は、兄弟でこの父のところへ行って過ごした。僕らは毎日、自転車に乗ったり、近所の子どもたちとスポーツをしたりして、何時間も外で過ごした――仲間の何人かは、今もいちばん近しい友人でいる。母と父は別れてからも仲はよくて、兄弟はとげとげしい離婚がもたらす対立を背負わなくてもすんだ。当時は自分の生活が牧歌的だとは認識していなかったかもしれないが、後から考えると、その頃の暮らしは、僕に想像できるかぎりの立派なアメリカ的な子ども時代だったことに気づいた。

六年生になったある日、母がダイニングルームのテーブルの傍らに兄と僕を座らせ、ＵＣＬＡの事務局に就職することになったので、三人でカリフォルニア州へ行くと言った。僕が最初に尋ねたのは、「地震は大丈夫？」だった。母はそう頻繁にあることじゃないわと請け合った（その後何度もあったが）。次に尋ねたのは、「パパはどうなるの？」だった。これについては、夏休みやクリスマスの休みには、今までどおりパパのところで過ごすのよと言われた。

一九七六年にカリフォルニア州に移ったときは、何もかもが違っていた。中学生の僕は、山も砂漠も見たことがなく、カリフォルニアは厳しい暑さの、乾燥した、異質な世界だと思った。新しい同級生はウィスコンシンの同級生とは違っていた――自分よりはちょっとかっこよくて、最初はウィスコンシンの仲間と比べると、全然フレンドリーではなかった。女の子たちは性的な経験でも、着るものでも、はるかに発達しているように見えた。関心はファッションで、自分たちが変と思えば誰でも仲間外れにした。

僕は濃い茶色のくるくるの髪で、一九七〇年代の人気のロックンロールの髪型にまとめることはできなかった。僕はKマートで買ったベロアのシャツを着て、コーデュロイのズボンを履いていた。そのほうがジーンズよりも安かったからだ。僕はやはりKマートやペイレスで買った、安い、いつもよれよれの、他の子が履いていた人気のブランドをまねたとぼけたロゴがついた靴を履いていた。乗っていたシュウィンの十速の自転車は重たくて、動きが鈍く、ジャンプしたりスキッドしたりはできなかった。僕のスケートボードはブルーグレーのプラスチック、音が大きく、車輪のベアリングが見えていて、南カリフォルニアで人気のあるスケートボード用の公園にはフィットしなかった。それまで海へ行ったことがなかった。ビーチは泳ぎに行くところだと思っていて、生活様式を表すシンボルだとは思っていなかった。

最初にカリフォルニアへ行ったとき、そちらの連中が「おい、パーティしてる?」と僕に聞いた。僕は故郷のラシーンで毎年みんなが集まってやる新年のパーティのことを考えた。そのパーティでは真夜中まで起きてアイスクリームを食べ、ソーダを飲んでいた。半年ほどたってやっと、葉っぱでハイになるのが「パーティ」だということを知った。七年生〔中学一年相当。ハイスクールは6+3+3の最後の三年か、8+4の四年かになり、著者は四年制のハイスクールへ行っている〕の同級生がおおぜい、眼を赤くして恍惚《こうこつ》の笑みを浮かべ、葉っぱの匂いをさせて登校してくるのを見た。実習授業の同級生には、教師がタバコ休憩をとるときだけ姿を現す秘密の仕事があった。廃品のポリウレタンの円筒を持ってきてその底をふさぎ、上の口は磨いてなめらかにして、穿孔用の機械で一センチほどの穴を開ける。僕がまごついていると、同級生が言った。「おい、俺のボンを見ろよ。ビッチンだろう」。僕にはボンが何なのかわからなかっただけでなく、それにつけた形容詞もわからなかったし、なぜそれを隠れてするのかもわからなかった［「ボン」はマリファナ吸引器具、「ビッチン」は「すごい」、「やばい」といったところ］。わかったのは、これには何だか妙な秘密があって、自分はそれを知らされていないということだった。

　僕がいた学校の生徒は、ロックンロール文化の知識を見せつけ、ドラッグや大麻の密かなコレクションを分け合うことで社会的階層を上がって行った。誘いに乗れば、その仲間になり、秘密を共有する親友になる。怖くて乗らなければ、下層の負け組になる。つまり、疑問を抱かずに喜んで流れに乗ったら、迎え入れられ、社会的地位も与えられる。その規範に疑問を抱いたり、あるいは性に合わなかったりしたら、社会の階段を転がり落ちる。自由で過ごしやすいという伝説のカリフォルニアだったが、僕が学校で過ごすうちに、「いけてる」連中の中に入るには、受け入れられる道は実はごくわずかだけだということが明らかになった。元のウィスコンシンの仲間のほうがずっと居心地がよかったが、そちらにはアメリカの最先端が収まる場所はなかった。カリフォルニアで僕は孤立しそうになった。

　僕は変人《ギーク》とかおたく《ナード》とかイモ《ドーク》とか弱っちい《ウィンプ》とかめめしい《プッシー》とか、さらには当時はやったウィンプとプッシーを合わせたウッシーとか呼ばれる連中とつきあうようになった。僕たちはたいてい、僕がウィスコンシンにいたときから熱心に聴いていた音楽を聴いたり、その話をしたりしていた。でも僕は「バーンアウツ」、つまりドラッグばかりの連中が好むバンドは好きではなかった。レッド・ツェッペリン、ラッシュ、キッス、フォリナー、スティックス、テッド・ニュージェント、バッド・カンパニー、レーナード・スキナードなどのことだ。僕の音楽の関心はそれとは違うところにあった。

　ハイスクールに入る頃には、当時カリフォルニアで形をとり始めたばかりの新しい世界のほうへ引き寄せられていた――パンクロッカーという、主流を避け、LAの大半の高校生からはばかにされていた人々だった。当時のパンクは、音楽のジャンルというだけでなく、美意識や哲学の姿勢だった。ありとあらゆる権威を否定していた。きっとだから僕には魅力があったのだ。カリフォルニアでの僕の暮らしの特徴だったアナーキーも歓迎しているようだった。パンクの連中はカリフォルニア文化の夢に幻滅しているように見えた。親の世代が抱いた希望や夢は実現せず、パンクの多くは十代で一人で放って置かれた。静かな郊外の家ではほとんど監督されていなかったからだ。離婚ばやりだった。うちのようなシングルの親は、アメリカンドリームのつけを支払うだけの稼ぎを求めて這い回らなければならなかった。子どもは行儀よくして、破壊的でも非合法でもない活動を見つけることが期待された。ロサンゼルス近郊の成長は速く、広い範囲にわたり、地域全体が無秩序に広がった大きな都市のようなものだった。ロサンゼルス郊外の理想の大きな皮肉は、多くの郊外が結局、都市の姿のひどい面を引き継いで、切れ目なく合体したことだ。十代の妊娠、ドラッグの濫用、盗み、親の保護の欠如――郊外は「都心」よりも安全な環境だという間違った前提による――は、多くの郊外の子にとっては危険な不協和を生んだ。カリフォルニアのパンク世界はそういうところに登場した。カリフォルニアのパンクは、サーフミュージック、レゲエ、フォーク、ポップなど、いくつかの影響力が混じる、混沌とした寄せ集めを支持していた。ロサンゼルス広域都市圏全体の文化的なパレットと同じく多彩だった。この混合から生じた若者特有の反抗心は、パンクムーブメントというサブカルチャーの集合的意識の奥底にしみ込んでいた。南カリフォルニアの郊外地域にあった暗黙の画一主義に対抗するパンク派は、恐れられればかにされていた。

僕は一五でパンクになった。カールした髪を短くし、真黒に染め、Tシャツに黒い文字をプリントした。ピアスやタトゥーにまではいかなかったが、当時撮った写真やビデオを見ると、威嚇的な若いパンクに見えた。ハイスクールにはパンク仲間が僕を含めて三人いて、三人とも、僕たちの外見や音楽の趣味に反感を持つ学校の連中に殴られたことがある。ある教師は、教室が僕のロッカーの隣にあり、こいつには毎日からかわれた。「パンクロック！　大丈夫か？」と、その教師は毎度同じの、いやみでばかにした口調で言っていた。教師がからかうということからして、僕にはまったく考えられないことだった。僕の両親も教師だったが、個人の問題を表に出したからといって誰かをからかうようなことはしなかった。

他の生徒からの暴力は怖かったが、それと同時に、気持ちを強くもした。それによって、同調している連中が実際にはどれほどもろいか、どれほど簡単に抑制を失うところまでいってしまうかもよくわかった。別の学校、別の地域、別の文化からのパンク仲間とのつきあいは大いに慰めになった。みな同じように抑圧といじめを経験していた。僕は西海岸の環境の社会的疎外にも何とか対応できると思うようになった。それは同調して受け入れるのではなく、疑問を抱いて反問することによっていた。個人であることを学んだのが、パンクになって得た最大の成果だった。

ハイスクール〔四年制〕も二年目に入る頃には、僕は完全に学校からは疎外されていた。生きていたのは、ウィスコンシンに帰って昔の仲間と過ごせる夏のあいだだけだった。ロサンゼルスでは、たいてい一人で、あるいは毎日パンクとばかにされ続けるのに耐えたわずかな同類の仲間外れと過ごした。ハイスクールでは、二つのことが救いになって、無意味な生活に迷い込まなくてすんだ。まずは音楽だった。僕はブレット・ガーウィッツという二学年上の生徒と親しくなった。ブレットも僕と同じパンカーで、学校には関心がなかったが、めちゃくちゃかっこよかった。バンドを始めたいと思っていて、ギター、マイク、ＰＡ装置も持っていたが、本人は歌には自信がなかった。共通の友人が、僕たちを、「ブレット、こいつはグレッグといって、歌がすごいぞ」と言って紹介してくれた。実は、僕はその時点で、一度もマイクを握ったことはなかった。ところが僕は何をどうしたのか、その友人に、僕には歌の経験があると思い込ませていて、一週間もしないうちにブレットと僕は、ギタリストとボーカルとして一緒に歌を作って演奏していた。ブレットはジェイ・ジスクラウトというドラマーを知っていて、三人で初めて一緒に練習したときには、僕は声をかぎりに歌い、こいつはすごいからまた来週会おうということになった。やはり共通の友人だったジェイ・ベントリーをギターからベースに転向させた。一か月もしないうちに、僕たちは四人編成で、ブレットと僕で作った曲が六曲あるバンドになっていた。毎日、学校が終わると母の家のガレージで練習するようになった——母屋から離れた暑くて暗い別棟で、そこは愛情を込めて「地獄の穴《ヘルホール》」と呼ばれるようになった。

そこで新たなバンドのお定まりの問題にぶつかった——バンド名をどうするかということだ。僕らのバンドの名前について尋ねる人は多かったが、僕たちはそれを、何度もブレーンストーミングを重ねて決めた。まず当時は一五歳かそこらのパンクだったことを忘れてはいけない——僕たちは人がいやがることをしたかったのだ。親でも教師でも権威のある人々でも怒らせそうなことなら何でも論議の対象になった。僕たちはステッカーやＴシャツに使う大きなロゴになりそうな名前も欲しかった。考えた名前の多くはぐっときたが、あまりにひどかった。「恥垢」だとか「潮吹き」だとか、大きなロゴにはなるだろうが、僕たちの歌を表すものとしてはすぐにだめということになった。「悪い《バッド》」が入る名前をたくさん考えた——「悪い家族計画《バッド・ファミリー・プランニング》」とか、「悪い政治《バッド・ポリティックス》」とか。「悪い宗教《バッド・レリジョン》」に行き当たったときは、完璧に見えた。その年は一九八〇年で、ジミー・スワガート、パット・ロバートソン、ジム・バッカーといったテレビ伝道師が目立つようになった時期だった。[8] 前年には、ジェリー・ファルウェルが政治団体としてのモラル・マジョリティを結成していた。これはジミー・カーターとロナルド・レーガンが争った大統領選挙にも強い影響力を持とうとしていた。宗教はホットな主題で、テレビ伝道師たちも僕らのかっこうの標的になったが、それが何年も続くとは思っていなかった。ただ多くの人は宗教的には保守的な考え方をしていて、だから僕たちの名前には大いに気を悪くするだろうということはわかっていた——プラスとして大きい。そしてブレットは、僕たちの哲学的な立場をよく表すロゴを考えついた。できたと思った。

三〇年たってもバッド・レリジョンという名は一部の人々を怒らせ続けている。僕たちのロゴもそうだ——十字架にかけられたキリストに赤い斜線が入っているのだ（十字架《クロス》バスターと呼ばれるようになった〔映画『ゴーストバスター』のロゴマークに似ている〕。しかし僕たちは誰もその名やロゴを選んだことを後悔してはいない。僕たちはクロスバスターを一種の「駐車禁止」の標識のようなものと考えている。このロゴをつけていれば、「ここにはキリスト教はない」という意味になるということだ。そしてこの名前とロゴマークは、最初から、僕たちが自分で考えようとするバンドだということをはっきりさせた。僕たちの歌は哲学的な方向性のほうが強いことも示していた。それによって、既成の約束事に反する音楽に対して不当に批判的な人々を遠ざけることになった。要するに、僕たちがしたいことをする創造の自由をもたらしたのだ。

中学から高校のときの僕を救ったもう一つのことは、科学、とくに進化との出会いだった。一九七七年のクリスマスに、母がジャケッタ・ホークスの『古代大地図』という本をくれた。それは今でも僕の本棚にある。[9] それは人類史の始まりを三万五〇〇〇年前とし、そこから今までの重要な展開を、多くの図版と年表で解説した本だった。中学生の僕はその本を隅々まで読んだ。わからないところも多かった。

その年頃には高度すぎる概念も入っていたからだ。それでも全体的な話には説得力があったので、人間の文化史について基本的な年譜の全体像を頭に入れることができた。

その次の次のクリスマスには、リチャード・リーキーとロジャー・レーウィンの『オリジン』をもらった。これは人類の進化を類人猿のような姿の先祖から説き起こしていた。[10] この本は人類のさらに豊かな歴史を紹介してくれた。ブレットと僕がバッド・レリジョンを作ろうとしていた頃で、僕が高校二年生の頃に書いた曲には、この本の影響を受けたものがある。『オリジン』の末尾はこんなふうになっている。

> 私たちは一つの人類で、すべてが平和で平等な人類の生き残りという一つの目標のために栄えることができる。この地上に生物学的な偶然の産物としてやってきて、傲慢によってそこを去るとしたら、それこそ皮肉もいいところだろう。

僕が書いたその歌は、「死ぬのは自分の傲りから」というタイトルで、一九八一年、一六歳になったばかりのときに出した最初のレコードに収録した。こんな歌詞だ。

> 現代人が支配して旧人は去った
> 考えることは違っても、目標は支配だった
> 大帝国を築き、同じ人間を殺してしまう

自分で考えてきたことのせいで、おかしくなって死んでしまう
死ぬのは自分の傲りから

この歌はバッド・レリジョンの定義文になった。今でもコンサートで歌っているし、後になると他のバンドが自分のアルバムに収録して僕らに敬意を表してくれたりした。振り返ってみると、この歌は、僕がすでに進化というレンズで世界を見るようになっていたことをはっきり示している。筋の通った自然主義的な世界観にはまだまだ遠かったが、科学の本を読み、その内容を音楽にして書くことは、僕にとっては芸術と科学に共通することが大いにあることの証拠となった。ソングライターとして認められたかったし、科学的世界観は僕の歌の元になれた。

僕にはファッションのセンスはなかったし、見栄えがよかったり髪型がかっこいいわけでもなかった。ただ進化と生物学を勉強して、独自の世界観を育てるようになっていた。独特のテーマで歌えれば、実は僕がかっこよくなくてもかまわなかったし、ドラッグをやるかどうかも関係ないという思想を全力で育てていた。パンクの世界に、独自のものとなる自分用のニッチを掘り出すことができた。底流に自然科学があって詩情豊かな歌を歌うシンガーだ。

*

進化について教わったところの一つは学校だったが、そこはあまり大した助けにはならなかった。高

校の生物の授業はたいていそうだが、僕のいた高校も進化については扱いが軽かった。進化は生物学の要《かなめ》なのに、この部分を取り上げるのは一週だけだった。だから僕は自分で勉強しなければならなかった。『種の起源』の安いペーパーバック版を買ってきて、毎晩寝る前に少しでも読むという目標を立てた。進化に関する本を集めるようになり、今では自宅の一室を占領するまでになっている。

　その授業では学年末の課題として、その年に勉強したことについて何らかの発表をすることになっていた。僕は、他の生徒がたいていするような何かの実験をもう一回やるというのではなく、有名な古生物学者のドナルド・ジョハンスンのまねをしたかった。ジョハンスンの、中でも有名な化石、ルーシー[11]を始め、自身が加わったアフリカでの発見についてのわくわくする講演も聞きに行った。エル・カミーノ高校のスライドプロジェクタを借りて、本のカラー図版を写真に撮り、史上最も粗雑だったにちがいない人類の進歩の解説をまとめた。クラスメートに向かって、進化は競争に基づいていて、生物の形によって生きやすいものとそうでないものがあることを説明した。進化はすべて完成に向かい、間違った出発点や行き詰まりも数々あるが、いちばん成功して念の入った進化の系統が人類だとも言った。また人類の特徴はもともとアフリカのサバンナでの暮らしに適応したものだったことも話した。要するに僕は、人類の存在について、生命の目的は、あらゆる種の中で最も高度に発達した完全な個体を進化させることだという暗黙の説に染まりきった、「なぜなぜ話」[12]をしたのだ。

　僕がその講演で話したことの大半は間違っていた。進化は完成に向かおうとするものではない。競争だけでなく――競争よりとは言わなくても――協力や偶然にも依存している。進化には方向もない。アナーキーだが、そのアナーキーから、精巧で美しい生物学的な存在が生まれてきたのだ。人間の重要な特徴にも、先史時代の環境に対する適応ではないものが多く、人類は進化に冠たる成果とはとうてい言えない。[13] そのときのクラスメートの大半は、僕が話しているあいだ、居眠りをしていたにちがいない。けれども僕はその授業でAをもらい、成績表には「進化について立派な講演をした」という評が書いてあった。

僕は今でもその成績が自慢だが、その当時、まだまだ勉強しなければならないことがたくさんあると思ったことを覚えている。バッド・レリジョンを組み、進化を発見したことで、生命にある重要な問題を考えざるをえなくなった。けれども、科学を含む視点から日常生活の問題について歌うためには、世界についてもっと広い視野が必要だということがわかっていた。

*

進化について言われたことの中でも有名なものの一つに「生物学では進化の光を当てないことには何も意味をなさない」[14] というのがある。ハイスクールにいた頃は、この言葉を、人は進化を理解しないと生命を理解することができないという意味だと解釈していた。僕は進化に関する科学は自分の青春時代の大きな知的疑問に答えられると確信していた。

今でも僕は、誰でも進化について、少なくとももとおりいっぺんのことでも理解しておく必要があると信じている。進化の意味によって根本をゆるがされる人もいるが、それは現代生命科学の話の必須の部分でもある。創造主義の哲学に立って進化を否定する人々には賛成できない。とくにその人たちが宗教的な権威のほうを科学より上に置くべきだという根拠で否定する場合にはそうだ。進化を否定することになるとしても、進化の基礎は理解する必要がある――そうでないと、現代社会にとって生産的なことに貢献しているとは言えない。僕にとっては、進化を認めないというのは二〇世紀の科学による前進をすべて否定して、教会の権威に沿う創造主義の自然神学が自然界についての最善の情報源だった時代に戻るということになる。

進化にかかわる仕組みは、自分の感情を生む出来事とは異なる。それでも、進化について読むことは、辛いときの自分を救ってくれた。進化は行き止まりだらけで、人生で経験することと似ている――関係が終わったり、無為に過ごしたり、曲が未完成で終わったり、目標が達成されなかったりと。生物も種もすべて死に、滅びる。誰もが死ぬことになるのと同じだ。それでもその悲劇すべてが創造性とチャンスにつながる。はるかなる進化的時間が経過すれば、種は滅び、地球は新しい種が棲むところとなる。[15] マイケル・クライトンの『ジュラシック・パーク』では科学者がこう言う。「生命はやり方を見つけるんです」。

僕はニヒリズムに陥ることはなかった。他のパンクロッカーの中にはそうなった人もいるのは知っているが。「どうせうまくいかないなら、何でわざわざ」という哲学に与したこともない。神なき世界への唯一論理的な応答は自己破壊だと考える人々は、立派なリアリストではない――せいぜい誤解しているか、深刻な場合は精神を病んでいるかだ。人がすることは、自分に近い人々だけでなく、もっと広い範囲の人々に、自分で想像するよりも深甚な影響を与える。この地球上の生命の物語の中に自分の出番があるということが、僕に居場所の感覚を与えてくれる。困難な状況を見る視点を与えてくれる。自分のまわりにいる人々にとっての自分の重みや、その人々の生命を軽んじるのではなく重んじる必要があることを認識させてくれる。

自然主義は意味のある生活の根拠を与える点で宗教に対抗できるだろうか。僕はできると思っている。

自然主義は宗教ではない。ほとんどの宗教とは違い、経験的に目撃できるような世界を超えた世界があることは前提にしていない。それでも自然主義は意味のある、内在的に筋の通った世界観のひな形を提供することができる。少なくとも、進化を理解すれば、難しい問題に対する答えについて一致する合理的な存在として一体になる土台は提供できるのだ。

第2章◉生命を理解する

進化を研究することは役に立つか、ですか。答えはイエスだと思います。それは私たちが求める世界観、私が求めるものは、唯物論的な世界観だからです。自然について学べる正しいことはすべて、物質世界についての私たちの理解に加わるし、そのことが求められています。

——リチャード・C・レウォンティン[1]

二つの見方がまったく両立しえないように見えても、自分の考えと自分の感覚とで、二つのことをまとめて、同時にどちらも信じることができる人もいます。でも、それを私に説明しろと求めないでね。私はそれは説明できることとは考えていません。

——エルンスト・マイア[2]

ダーウィンが遺したのは、生命が時間を通じてつながっているということである。

——リン・マーガリスとドリオン・セーガン[3]

僕が初めてパンクロックをステージで歌ったときは、緊張のあまり、三〇〇〇キロ以上離れたウィスコンシンの親友たちが、僕がしようとしている社会的自殺のことなど知らずに、日々の暮らしを始めようとしているところが頭に浮かんでいた。僕はカリフォルニア州サンタアナの倉庫に設営された、間に合わせのパーティ用ステージにいた。ブレットとジェイ・ベントリーが僕の両側でギターをかまえていた。初代のドラマー、ジェイ・ジスクラウトは後方のドラムキットの腰掛けにぽつんと座っていた。誰かのお父さんが、缶詰を発送・保管する小さな会社を経営していて、自分の娘のささやかな誕生日パーティと、その友人であるパンクロッカーのために、倉庫を使ってもいいと言ってくれた。ロサンゼルス中から二〇〇人を超える祝いの客が、モヒカン、ブーツ、バンダナ、チェーン、行儀の悪いふるまいでやってきたが、あいにく、ただでビールが飲めるという噂はガセだったことがわかってしまった。それで僕は、公衆の面前で初めて歌うというのに、怒れる群衆を前に歌うはめになった。

「俺たちはバァーッド・レリジョンだあ」。これが僕がとにかくステージというもので最初に発した言葉だった。僕は前屈みになって、履いていたベトナム時代の払い下げ軍用ブーツのつま先をまっすぐ見ていた。自分がパンクロックバンドのメインボーカルだなどと気にしたことはない。自分の歌で人を挑発するのが好きなのだ。けれども、それを自分の家のガレージで夢想するのと、実際にステージに立つのとでは大違いだ。僕はむちゃくちゃ上がっていた。

僕はスピードスケートの選手みたいにステージを右へ左へと歩き回り、誰の顔もまともには見なかった。この日の主役の誕生日を迎えた女の子がどこにいるか、知ったことではなかった。実は、バンドの誰もその子のことを知らなかったし、自分たちがどういういきさつでこの集まりに招かれたのかも誰一人知らなかった。僕にわかったのは、持ち歌八曲をできるだけ大声で、できるだけ早く演奏して、袋だたきになる前に脱出を試みなきゃということだけだった。何と言っても、僕たちはサンフェルナンド・ヴァレーの出身で、そこは高校のフットボールや週末のガレージセールでは知られていたけれど、パンクロックバンドで有名なところではない。実は「ヴァレー」出身というバンドでも、必死になって自分たちの出身地を秘密にしようとしていた。

最初の曲が始まると、ハウリングと、ブレットのギターから出る音量を上げすぎて歪んだ音に、パンカーさえびっくりした。注目の的が一瞬、自分からそれたことで、僕はちょっとほっとしたのを覚えている。たぶん、ブレットなら軽蔑の目を吸収できるんじゃないかと。そして僕が歌い始める番になった。最初の歌詞が口から出るとき、時間が止まったようなシュールな感じがした。八曲に込めたアイデアや構想については練りに練っていたが、どれももうどうでもよくなっていた。もう演奏するだけだった。

僕の声は、負荷がかかりすぎたアンプと、おもちゃのようなPAスピーカーによる歪みで、ほとんど聞き取れなかった。けれども歌詞が何行か進むと、顔を上げて集まった人々のほうを見る勇気も出てきた――そして奇跡を見た。聴衆の怒りが、手足を激しく揺らし、頭を振るエクスタシーへと変わったのだ。みんな、でたらめにぶつかり合い、目が据わり、ビートに合わせて叫んでいた。僕たちの作った音楽が、ばらばらの、攻撃的で、感情のままに繰り広げられる集団の動きを生み出した。僕はすぐに奇妙な安心感を抱いた。僕が歌うと群衆が反応する。一五歳のハイスクール二年生から予想されるなりゆきとは逆に、僕はこの幻想的な、嵐のような、不協和音のカオスの中心になっていたのだ。

けれども僕が何かの形で喜びを見せたら、偽物と非難されることになる。それで僕は曲のあいだではほとんど話さず、三曲目あたりで何かをつかんだ。中指を立てるポーズとスピードスケート選手の姿勢――その後何年も使う型を発見していたのだ。

演奏が終わる頃には、「お次は社会の歪み《ソーシャル・ディストーション》」と言えるほど自信がついていた。ところがみんなはそれで固まってしまい、一瞬、自分が何かを言い間違えたのかと思った。でも結局、居合わせたパンクたちは、ただもっと速いドラムと歪んだギターの音を聞きたかっただけだった――実は誰の演奏でもよかった。それでも僕は、一五歳の少年なればこその思い込みで、みんなはバッド・レリジョンに伝えられることをもっと求めているのだと思った。神だとか進化だとか、人生の大問題だとかについて、小難しい、わかりにくい歌詞で歌うことを。そして僕は、バッド・レリジョンを自分の生活の中心に据えるという妄想を十分に信じられるようになった。

*

僕たちがバッド・レリジョンを結成したのは、アメリカのロックンロール史が転機を迎えた頃だった。古い形式の音楽は衰え、新しい種類の音楽にはとてつもないチャンスが開けていた。エアロスミス、ジャーニー、キッスなどの「クラシック」なロックバンドが大きなライブを開いていたが、その音楽はもう死んでいた——ほとんど自分自身のパロディだった。ディスコミュージックが登場し、去って行ったが、これというバンドは一つも残らなかった。プログレッシブロックは、七〇年代の初めに有望な実験をいくつか行なった後、それ自身の重みに耐えかねてつぶれつつあった。

一九七〇年代半ばのパンクの登場は、いくつかの力の結果だった。[4]これは主流の音楽の膨張に対する反応でもあり、ロックンロールの原点への回帰でもあり、音楽と哲学による独立宣言でもあった。パンクの活動は、イングランド、ニューヨーク、カリフォルニアという、活動の温床となる三つの土地を中心にしていた。僕たちがバッド・レリジョンを結成した頃には、ラモーンズ、デッド・ボーイズ、ブロンディといったバンドが、ニューヨークのＣＢＧＢ、マクシズ・カンザスシティなどのクラブで演奏していた。イングランドではセックス・ピストルズが崩壊していたが、シャム６９、ザ・クラッシュ、バズコックスが有名になって、それぞれのアメリカツアーが大きく取り上げられ、さらに若いバンドに大きな影響を与えていた。カリフォルニアのパンク界はもっと多様で、ウィアードス、ブラック・フラッグ、サークル・ジャークス、X、ザ・ジャームズ、ザ・ギアーズ、ザ・ディッキーズ、フィアーのようなバンドが大きな影響を及ぼしていた。一九八一年以前のLAのパンクシーンは、いろいろなスタイルが混じり合っていておもしろかった。パンククラブはまだ生まれたての頃で、一晩のうちにゲーザXとザ・マミーメンのようなアートロックのバンドが前座を務めて、ギアーズのようなロカビリーバンドがブラック・フラッグのようなばりばりのパンクロックと一緒に出演するなんてこともあった。当時はそういう寛容な何でも歓迎の状況で、みんな自分のパンクな生活様式を表現するいろいろな道を見つけていた。ずっとそういうわけにはいかないものだが。

ブレットと僕は、「プログレ」からトップ40まで、いろいろなポップミュージックを聴いて大きくなり、その様式がすべて僕らの曲作りに影響した。けれども僕らは自分のことをパンクロッカーと思っていて、作るのはパンクロックの曲だった。とくに影響を受けたのは、ディッキーズ、バズコックス、X、シャム69、ラモーンズ、それから僕らと同じ世代のアドレセンツのような、ポップソングの構造にも怠りなく目を向けた、現実を歌うほうのバンドだった。エルヴィス・コステロなどの歌手、ジャームズなどのグループの詩的な歌詞の使い方は、自分たちの曲の意味をじっくり考えるきっかけになった。ビートルズ、エルトン・ジョン、トッド・ラングレンからさえ作り方を借用した。もっともパンクがパンクじゃない音楽に対する軽蔑を積み上げていたので、当時はそれを認めはしなかっただろうが。

規範から外れるという僕らの傾向は、アメリカ史の中でのその時期の出来事も反映していた。この国は政治的にはさらに保守的になり、画一的になりつつあった。南カリフォルニアはテレビ伝道と右寄りの地縁政治の温床だった。パンクミュージックは、この郊外地域のどうしようもない集団思考に対抗する方法を与えてくれて、政治の主流派とは別の勢力ともなった。その点で、南カリフォルニアのパンクムーブメントは、イギリスのパンクが労働者階級の不満を反映していたり、ニューヨークの場合は優勢な芸術の基準に反抗する純然たる都会のカウンターカルチャーだったのとはまた違う、郊外の不満から育ったものだった。南カリフォルニアのパンク世界の郊外の生活様式に注目すると、そこが他の都市のパンクと違うところで、後のロックミュージックを形成するときにこちらのパンクが影響を与えたのも、一部にはそのためだった。

僕らの音楽は怒りや絶望を歌ったものが多かったが、それでも自分たちでは大きなチャンスを感じていた。一九八〇年、僕らは、それまでの何十年かでくたびれたヒッピーの理想にせっせと反対する、新しい、発展途上のミュージックシーンにいた。幅広い社会変革の時期で、僕らは騒ぎに加わりたかった。後から見れば、社会全体で善きにつけ悪しきにつけ起きつつあった変化の意味が、僕らにわかっていたとは言えない。けれどもパンクは僕らにとって命の綱だった。一九六〇年代から七〇年代にかけての滅びつつあった若者文化と、新しい千年紀につながる地図のない不吉な二〇年とのあいだに引っかかった他の人々と自分をつなげる自己表現の方法は見つけていた。新しい未来の展望を生み出すのに必要な社会的な結束を音楽がもたらすと、僕らは信じていた。

バッド・レリジョンの由来をざっと見ると、進化生物学を学んだ者としては、おなじみの話だと思えてしまう。後から見ればの話だが、進化が生じるのは、生物の集団が、とてつもない、またたいていは予想外のチャンスに乗じるときだ。生物の集団は、僕らがバンドを始めたときに思ったのとは違い、いいチャンスなどとは思わない。とはいえ自然史の流れでは、一見すると小さな改革が地球的な影響を及ぼすこともある。たとえば一〇億年以上前、ある単細胞生物が、別の単細胞生物の中で生き始めた。[5]この相利共生はうまくいき、今日では多細胞生物すべての細胞は、この革新的な祖先[6]の末裔となっている。三億七五〇〇万年以上前のある時点で、魚類の一種が水中より陸上のほうで長い時間を過ごすようになった。餌を探すか、古生代の海の危険な捕食者を逃れるかしてのことだろう。[7]その魚のような脊椎動物の種は、人間も含め、その後に存在したすべての四肢動物の祖先となった。一〇万年ほど前から、優雅な体軀で例外的に脳が大きい人類の中の小さな集団が、東アフリカの故郷を出て、ヨーロッパのネアンデルタール人やアジアのホモ・エレクトゥスと呼ばれる種が占めていた領域へと広がって行った。[8]今日、すべての人類はこの東アフリカ人の小さな集団の子孫で、ネアンデルタール人もホモ・エレクトゥスもずっと昔に滅びてしまった。この移動のどの場合にも、祖先の集団は、自分の行動の結果がどうなるかについて、何も予想していなかった。ただそのときの環境条件に反応していただけだ。それでもその生物は、世界を作り変えるような深甚な変化を起こしていた。

　僕は無制限に生物の変化を文化の変化に重ねたくはない。それぞれは別々の過程だし、結果も大きく異なる。人間のすることを進化から見て解釈することに厳しく反対する進化生物学者もいる。僕が博士号のための研究をしていたとき、英米の一二人の高名な進化生物学者にインタビューしたことがあるが、その中の一人、ニューヨーク州立大学ストーニー・ブルック校のジョージ・ウィリアムズは、まぎれもなくこの陣営の側にいる。「自然な行動というのは、いやなひどいものです」と語ってくれた。[9]指導教授でコーネル大学のウィリアム・プロヴァインも、進化と文化的変化に類似を見るのを嫌う。プロヴァインがくれた手紙には、「進化は私の味方ではありません。進化は私のことは何も気にしません。私の人生の意味は、私のことを気にしてくれる人々から出てくるものです[10]」と書かれている。

僕は進化を悪と規定するところまではいけない。進化は単純に、好むと好まざるとにかかわらず、生物の世界の動き方だ。進化の現実を受け入れてしまえば、そこには変わった近づきがたい美しさがある。それは人間の理解を超える時間の中で生じる。とほうもなく複雑で、とてつもない秩序の生物を生み出した。もちろん、哲学者が「自然主義的誤謬」——自然の動きを元に倫理的な帰結を引き出せるという考え方——と呼ぶ間違いを犯さないようにしなければならない。[11]生物の進化を他人への残虐さの根拠とするのは誤解によっている。進化の概念になぞらえた考え方を元にして、抑圧的な社会制度の根拠にすることもできない。それでも、適切に理解した生物の進化は、人が日常で直面する問題について、豊かな洞察を生むこともある。そしてカリフォルニアで子ども時代を過ごした僕にとっては、生物の進化は好奇心を満たしてくれて、生命の大きな問題をもっと深く覗き込む気にさせてくれた。それは政治、宗教、文化各方面の指導者たちから聞こえてくるどんなことよりもずっと納得のいくことだった。自分自身の生について考えるときはいつも、どうしても進化にたとえたくなってしまう。

文化は伝統、思想、言葉、音楽を世代から世代へと伝え、その過程で文化も徐々に進化する。しかし文化の進化と生物がとる生物学的進化のあいだには大きな違いがある。たとえば、生物は当の個体が生きているあいだに生物学的に進化することはない。受精卵が成体になるわけだから、とんでもなく変化する。けれどもそれは生物学で言う進化ではない。生物学ではそれを発生・発達と言う。進化とは、生物の集団について、何世代ものあいだに生じる過程のことだ。集団は、特定の形質を持った個体が死んで、別の形質を持った子の代に置き換わって進化する。そのせいもあって、生物学的な進化はゆゆしくも恐ろしく見えている。それは文字どおり、生と死の問題なのだ。

進化が複数世代にわたる形質の変化のことだとして、「形質」とは何だろう。それには多くのものがありうる。形質は四肢の大きさや形、皮膚や毛皮の色、あるいは花びらの数といった、解剖学的な姿でもいいし、行動でもいいし、行動がまた動物の脳細胞の解剖学的な接続を反映することもある。あるいは、血液中を流れる化合物、骨格の分子組成など、純然たる生化学的なものでもよい。

形質にはいろいろな由来がある。今日の人々は、この形質が「遺伝子」と呼ばれる、細胞の中のDNA分子にコード化されたものから生じると考える傾向がある。[12] しかし、遺伝子は自分の形質の唯一の元ではない。人が発生する元になる卵細胞と精細胞には、DNA以外にも多くの分子があり、この分子は発生中の体に影響を及ぼす。また、人体は、栄養素、毒素、さらには子宮でさらされる音にさえ影響される。重要なのは、人は生まれたとたん、体内の生物学的分子が、呼吸する空気の成分から他人とのあいだで行なう会話に至るまで、環境にあるとてつもなく多様な因子とつねに相互作用するということだ。人間の形質を決める上でどちらが重要かときりなく論じられている「氏」と「育ち」だが、そのどちらに軍配を上げるかと尋ねられると、最近の僕は唯一筋の通る、「僕は相互影響論者だ」とだけ答えている。[13] 個体の形質は、生物学的分子と個人が生涯のあいだに遭遇する環境とのあいだで進行する相互作用の結果だ。

生物学で言う進化には、二つのことが必要になる。まず、子が親と異なっていなければならない。そのようなばらつきは、人間のように有性生殖をする生物では自然に生じる。二つの別の生物体からの、DNAを含めた生物学的分子を混ぜれば、独自の形質の組合せが生じる。また、この生物学的分子も環境も、世代ごとに変化することがあるし、その因子どうしが相互作用して子どもに差を生じる。自分が親とどれだけ違っているか、自分と兄弟姉妹とは、生物学的な親は同じなのにどれだけ違っているか、と考えてみればよい。無性生殖を行なう生物種——単細胞で細胞分裂するだけの生物——でさえ、生物学的分子の変化やその分子が環境とのあいだで行なう相互作用で、形質は徐々に変化する。

進化に必要なことの第二は、形質が生物学的に継承可能ということだ。たとえば、ＤＮＡにコード化された形質なら、卵細胞か精細胞を通じて、あるいは細胞分裂によって、子孫に伝えられる。しかし遺伝子の継承は保証のかぎりではない。たとえば、形質がコード化されているＤＮＡの部分は、精細胞あるいは卵細胞に届けられないかもしれない。環境が変化して、その形質の発現を何かの形で妨げるかもしれない。ＤＮＡで形質を世代から世代へ伝えるのは、進化には必須の成分ではあっても、形質が伝わる唯一の手段ではない。

進化生物学は、歴史的に見れば、継承される形質の特定の変化に注目してきた。形質の中には、集団の他の生物体と比べて多くの子をなせるようにするものがある。そうすると次の世代には、いずれかの継承される形質を持った個体がたくさんできる。これは単純な数の競争だ。一個の生物体（先駆的なパンクのアルバムに収められたデビュー曲のようなもの）に、新しい形質が初めて現れる。しかし、その形質がそれを持つ生物体の子の数を、集団にいる他の個体よりも多くするのに役立つものだったら、世代が進むごとに、その形質を持った個体の数を増やすことができる（曲が他の人々に自分のバンドを組むのを促すようなこと）。世代の数が十分に重なれば、生物のある集団の中で、ある形質が広まって、基本的に全個体がそうなることもある（パンクが主流になって、今日のように、パンクの曲が民放のラジオで流れるようになるようなこと）。同じことで、ある生物体の子の数が新しい形質のおかげで他より少なくなれば、その形質が存続する可能性は低い（パンクミュージックにも、バッド・レリジョンの「失われたアルバム」、『イントゥー・ジ・アンノウン』のような、失敗した試みは数々ある）。

前段では、生物の進化とパンクミュージックの歴史の類似関係を立てようとしていた。しかしあらためて言うと、二つの流れはまったく別だということに注意しておかなければならない。生物学で言う進化についていちばん広く受け入れられている見解は、形質が徐々に広まるのは、集団内のある生物が、他の生物よりも多数の、生存しやすい子を残すということだ。そうして生物の集団は、だんだん、それが暮らしている環境に適応したものになる。パンクの世界が進化するのは、継承されるばらつきによるのではなく、周囲と合わない人々による意欲的なグループを刺激する文化的イノベーションによる。それでも、進化との類似関係を立てないではいられない。以前はバッド・レリジョンの毎度のコンサートを、それぞれ一回かぎりの環境的機会だと考えていた。もっといい曲を歌ってもっといい演奏をすれば、自分たちの人気は高まり、そうすることによって、人気度という形質を増強しようとすることができた。失敗してファンを失い、結局絶滅することもありえた。いずれにしても、僕にとっては類似は明白に見えていた。

*

僕の権威への抵抗感は、結局、自分の研究にも持ち越されている。大学院では、魚類の進化に関する研究をしたことがある。進化生物学者のあいだには、魚類は海水の中、おそらくは海岸近くの浅い海で生まれたという大方の合意がある。名の通った多くの学者がこの合意を支持しているが、そういう人々でも、最古の魚類の化石が残っている堆積岩について地質学的調査をしたことはまずない。僕の大学院での指導教授[14]は、僕の若気の反権威主義に気づいて、これこそ僕にとって申し分のない研究課題だということを見抜いた。そのおかげで、古生物学界の神々のあいだにちょっとした騒ぎを引き起こすような基礎データをもたらすことができた。

一部には、魚類は湖や川などの淡水が起源だとする別の仮説を立てた学者もいた。ただこれも、比較解剖学や生理学のデータに基づいた説で、地質学的調査のフィールドから出たものではなかった。この仮説を確かめるには、魚の化石を丁寧に調べる必要があった。ごく初期の魚類の化石を包む岩石を分析できれば、もしかしたらその魚が生きていた環境を明らかにできるかもしれない。

僕は二度の夏をコロラド州のサングレ・デ・クリスト山脈で作業して過ごした。高木限界よりもはるか上に、世界最古クラスの魚の化石が閉じ込められた堆積岩がある。僕たちは、他の人のいそうなところからは三〇キロ以上も離れた、コロラドの森林を見下ろす高みで、はるか二五〇〇メートル下にはサンルイス峡谷の雄大な光景が眺められた。装備いっさいを馬の背に乗せて運び、ひと夏に何週間かをキャンプして過ごした。夏の初めには、野外調査を指導してくれたテッドが、僕らが立っていた巨大な峡谷の一方の側を指差した。「君が調べるエリアはあっちだ。僕はこっち側をやる。晩飯のときにまたキャンプで」。

僕は一日中、堆積物や骨のかけらの標本を集めた。昼には風が吹きすさぶ岩場でグラノーラとビーフジャーキーを食べた。誰とも一言も話さず、一〇時間もぶっとおしで作業していた。孤独な探求だったけれど、声を休ませたのは快適だった。歌っていると声を不自然に使わなければならないので、ときどき何も言わないでいるのはいい休息になる。

孤独な作業でも、これこそ科学というものによって元気が出た。僕が集めていたのは最古の脊椎動物、つまり体内に硬い骨格を持った最初の生物の硬い組織の断片だった。その断片を小さなキャンヴァス地のバッグに入れる。当時は西の外れに小さな町の銀行がいくつかあって、そこへ行って岩や化石を採集していると言うと、喜んで余っていた現金用の袋を売ってくれた。今でもその銀行の袋に入った採集品を持っている。

ＵＣＬＡの研究室に帰ると、堆積岩を顕微鏡で調べた。うれしいことに、この調査は大方の合意を支持しなかった。逆に、最古の魚類の化石は淡水に由来する岩石に収まっているように見えた。その岩石には塩水環境の特徴となる海洋無脊椎動物がまったく見られなかったからだ。たぶん、もっと重要なことに、この初期の脊椎動物の化石を含んだ堆積物には、浅い沖合の環境ではなく、川の流域を思わせる「署名」のような特徴的なしるしが入っている。

僕の研究は古生物学のメジャーな学術誌に掲載されたが、[15] 広く認められることはなかった。けれども古魚類学（化石魚類の研究）の分野はその後も前進を続けている。今では、僕が調べたのよりも古い魚の化石も見つかっているが、脊椎動物が海で生まれたのか川で生まれたのかという問題にはまだ答えが出ていない。科学のどんな部門でもそうだが、発見は過去について詳細で納得できる筋書きを導いてくれるが、同時に新たな問題が生じて答えを求めることにもなる。そして僕は、科学的データの収集に携わることが、権威に反抗する優れた手段になることを忘れたことはない。

フィールドでの自分の経験に照らすと、何年か前にシカゴ大学、フィラデルフィア自然史アカデミー、ハーヴァード大学の古生物学者チームが行なった、ある重要な野外調査[16]について読んで、とてもおもしろいと思った。このチームはカナダ北部の北極圏内奥深くにあるエルズミア島で化石を探していた。作業ができるのは、冬の雪が溶けて次の秋の嵐が始まるまでの夏の数週間だけで、強風と凍えるような低温に耐えなければならないこともしばしばだった。それでも、僕のように化石を探す者からすれば、地形は申し分なかった。地面には植物がまったくなく、岩石は凍りつくような乾いた空気で絶えず砕かれている。石が風化して、水中から泳いでいる人が浮上するように、中の化石が顔を出すこともある。

このチームが調べていたのは、三億七五〇〇万年前に、蛇行して海に注ぐ川にたまった堆積物でできた岩だった。当時の光景は今とはまったく違っていた。大陸移動があるので、現在エルズミア島になっているところは、当時は赤道近くに位置していた。地面は古代のシダ、トクサ、最古の種子植物など、原始の植物に覆われていた。海にはサメや魚があふれていたが、陸上に棲む動物と言えば、シロアリやサソリのような節足動物と、ごく初期の昆虫だけだった。

二〇〇四年の調査期間が終わろうとする頃、このチームは探していたものを見つけた。鱗、ひれ、ぺたんこの頭、その頭の上側に眼がある魚の化石だった。ところがこの魚には首があり、頭と胴体を別々に動かすという、現生の魚類にはできないことができた。また今日の一部の魚にあるような肺があったので、酸素の少ない浅い水に頼らず大気から直接に空気を呼吸することができた。何より大事なことに、その胸びれは一個の大きな骨が二つの小さな骨につながり、それが先端でいくつかの骨が集まったものにつながっている。これは人間の腕にある骨と同じ並びだ。生物学者はこの部分を「エピポディアリア」と「プロポディアリア」と言う。人間で言えば、エピポディアリアは足や手につながっている部分で、脚で言えば、エピポディアリアは脛骨や腓骨と呼ばれるところ、前腕部で言えば、橈骨や尺骨と呼ばれる部分に相当する。プロポディアリアはエピポディアリアと胴体をつなぐ部分のことで、人間で言えば、プロポディアリアは脚の大腿骨や腕の上腕骨に当たる。

このときの北極圏調査で見つかった化石は、ほとんどあらゆる点で魚だった。ただ、四肢のような構造は、陸生脊椎動物の最初の段階をうかがわせるもので、魚とはまったく違っていた。見つかった化石は、現地のイヌイットの言葉で淡水魚を意味する「ティクターリク」という名を与えられた。

ティクターリクは文句なしに、進化する二つの系統の移行化石の例だ。当時の海を占めていた魚の特徴も多いが、数百万年もすれば、一生の大部分を陸上で過ごすことになる両生類の特徴もある。その後、両生類は爬虫類を生み、それが哺乳類を生み、それが霊長類を生み、さらにホモ・サピエンスと呼ばれる変わった霊長類を生む。そのとおり。人類は、この脊椎動物の各系統がその前の代から枝分かれしてできた思いもよらない系列の末裔だ。

ティクターリクがその前の種から出てくる進化はどのように描けるだろう。進化の再構成は、歴史叙述と同じで、ほとんど必ず推測の部分があるが、ありそうな筋書きはこんなふうになる。三億七五〇〇万年ほど前、熱帯の植物がびっしり生えた、淡水の川に、何らかの種の魚類が棲んでいたにちがいない。個体間にある形質の自然なばらつきの一部として、この祖先の種の一部に、他より長くて関節の多い前びれができたにちがいない。このひれがある個体には、それが暮らしていた川では何かしら有利なところがあったのだろう。ティクターリクはその前びれに強力な筋肉があって、そのひれを使って水から上がったのではないかと思われる。長くて力の強い四肢がある個体のほうが餌も探しやすいので、他の同類よりも捕食しやすかっただろう（ティクターリクには鋭い尖った歯もあって、草食ではなかったことを示している）。そうだとすれば、四肢が丈夫な個体のほうが子も多くできただろうし、親よりも発達した四肢がある子も多くいただろう。一方では、向上した視力、優れた運動機能、陸上生活に向いた循環器系といった、陸上の捕食に向いた他の形質がある子も中にはいたかもしれない。何千代、何万代にわたってこの形質は子孫の集団に蓄積されることになる。先駆けとなる集団が、拘束のない陸上の環境にあるいろいろな微小生息域《ミクロハビタット》に散らばるあいだに、新しいばらつきも生じるだろう。そのうち、海で暮らしていた先祖とはずいぶん違う集団もできる。生殖が分離されれば、別の新しい種ができることになる。

種形成は、ティクターリクが水中よりも陸上で過ごす時間が長くなってきたときのような、生物種が新しい生活様式に行き当たったときにはとくに重大になる。突然、捕食者のいないところで、手つかずの資源が手に入るようになるのだ。ひとたび新しい生活様式への進出がうまくいけば、新しくできたチャンスを利用する新しい種が生まれ、さらに種の分化が急速に生じることもできる。ティクターリクから何百万年もしないうちに、両生類の多くの種が、一生の大部分を水中から出て過ごすようになっていた。そのうち、両生類に互いに似ているものや似ていないもの、いろいろな進化の系統が分かれてくる。ある特異な陸上生活様式に有利で明瞭な形質が蓄積されると、祖先の種とは異なるさらに新しい種が生まれる。

この類の、何かの祖先の種が多くの新種を生むというパターンは、「適応放散」と呼ばれる。[17] 新しい形質は、新しい生息地に進出するのに応じて進化する。種が新しい地形の領域に広がるときに遭遇する生息地が多様であるほど、何万代かを経た子孫の種が多様なものに分かれる可能性が高くなる。陸上への進出は、とくにその成果が大きかった。陸への移行を果たした最初の魚に似た動物が、恐竜やらカモシカやら、ゾウやらハチドリやら、ヘビやらヒトやらのいろいろな陸上の脊椎動物すべてに進化した。

新しい種の起源となる先行する種をたどることで、「系統樹」ができる。[18] 今日生きているすべての種は、この樹木のてっぺんにあるいちばん小さい枝の先端で表される。しかしどの種も前にいた種の子孫で、小枝から大枝、さらに幹へと時間をさかのぼってつながっている。つまり、すべての種が他の種すべての親戚なのだ。ヒトとチンパンジーのように、関係が近いものもあれば、ヒトと粘菌類のようにもっと遠縁のものもある。それでも現存のどの種とどの種を比べても、ともに何かの先祖の種の子孫なので、何か共通の似たところがある。それを見つけるには、はるかな過去までさかのぼらなければならないかもしれないが。

＊

チャールズ・ダーウィンとアルフレッド・ラッセル・ウォレスが、どんな種でも先祖と子孫の関係から生じうることを説明したのは、ほんの一世紀半前のことだ[19]。これは科学史上で最も重要な――地球が太陽を回ることとの発見よりも、宇宙ができたのは何十億年以上前のことだという認識よりも、さらには原子が何でできているかの発見よりも重要な――発見だった。生物の進化についての認識は、人間が抱く、自分のことや、自分以外の世界との関係についての考え方をひっくり返した。進化が意味することについて納得していない人が多いのも不思議ではない。

本書の第1章で引用した一句を言い換えると、ダーウィンとウォレスが自説を発表した一八五九年以前には、生物学では自然神学の光を当てないことには何も意味をなさなかった。ダーウィンとウォレスの発表以前には、今日なら科学者と呼ばれるような人々のほとんどは、目的意識を持つ神の崇高な意図を明らかにする手段として自然を研究していて、「自然哲学者」と呼ばれたり、「自然神学者」と呼ばれたりしていた。そうした学者は、生物の分布や特徴が、創造が神の意志による設計《デザイン》になることの証拠だと解釈していた。自然神学者にとっての生物種は、「神の精神で考えられたもの」で、神のみぞ知る理由で今ある形で創造され、今いるところに配置されたものだった。一八二九年、第八代にして最後のブリッジウォーター伯、フランシス・ヘンリー・エジャトンは、死の床にあって「天地創造に現れたる神の力、知恵、恵み」を論じた一連の本を出すよう遺言した。その本は、「神による被造物の多様性と形成」、

「消化の作用」、「手の構築」、「その他の無限に多様な論拠」を用いて、自然の設計における神の仕事を明らかにするものとされていた。このいわゆる「ブリッジウォーター論集」は、一八三三年から一八四〇年にかけて、八点が書かれ、出版された。[20] たとえば、一八三四年の『手――意図を表すものとしてのその仕組みと必須の才能』では、著者のチャールズ・ベルがこう書き始めている。「生命のある自然のあらゆる範囲からどんな対象を選び、あらゆる観点から熟視しても、きっと次のような結論に至るであろう。機構の構築には『意図《デザイン》』があり、生物が持つ資質が与えられていることには『恵み《ベネヴォレンス》』があり、全体として結果は『善い』ものであると」。

ダーウィンとウォレスの進化論は、自然神学をひっくり返した。生物種どうしに違いがあることの二人による説明は、神の介入がなくても、自然の過程でこの種がすべてできることを明らかにした。たとえば手は、神が人間の必要を満たすために構築した装置ではない。ティクターリク（あるいはティクターリクの近い親戚）が水中から陸に上がるのに使ったひれが、何百万代も経て変形したものなのだ。[21] ダーウィンが出版した『種の起源』以後、自然の壮大な劇での神の役割はどうでもいいことになってしまった。

進化の発見は、人々の世界観に根本的な影響を及ぼした――認められるようになるのは、ゆっくりとした、何代もかかる歩みだったとはいえ。一九世紀の半ばには、生物学者はほとんど宗教を信じていたと言っても大丈夫だろう。ダーウィン自身、ケンブリッジ大学を出て聖職者になるつもりだったが、その後、ビーグル号による五年間の世界一周をして、自然の設計に神意があることに疑問を抱くようになった。ダーウィンが自分の発見の公表を二〇年以上遅らせていたのは、それが社会的には爆弾発言になることを知っていたからだ（また、敬虔な妻を怒らせたくなかったからだ）。ダーウィンが進化論を公表した後でも、その意味をきちんと捉えることについては相当の抵抗があった。トマス・カーライルがトマス・ハックスリーに言っているように、「私の先祖がサルだったとしても、ハックスリー先生、そのことを言わないでおいてくれればありがたい」[22]。

二〇世紀初頭には、当の科学者の信仰心が研究の対象になった。一九一四年、ペンシルヴェニア州にあるブリンマー大学にいたアメリカ人心理学者ジェームズ・ルーバは、一九一〇年版『科学者人名録』に載っていた中でもとくに高名な四〇〇人の科学者にアンケートを行なった[23]。そこで尋ねたのは、「答えをもらうことを期待して祈る相手」としての神を信じているかということだった。また、不死、あるいは死後の生を信じるかとも尋ねた。その結果、三分の一ほど（三二パーセント）が人格的な神を信じていた。不死を信じている人はもう少し多かった（三七パーセント）。

一九三三年にも基本的に同じ質問をしたところ、人格神と不死をともに信じている人の割合はぐっと減っていた――およそ七分の一だった[24]。ルーバは、科学者社会で重んじられる人々のあいだでは、人格神と不死を信じる人は減り続けると予想した。

僕がこの研究のことを知ったのは博士課程の頃、指導教授のウィル・プロヴァインが、「君はもう長いこと悪い宗教《バッド・レリジョン》の曲を作って歌っているし、進化の教育もたっぷり受けているんだから、進化生物学者の信仰について調べてみたらどうか」と言ってくれたときだった。僕はすぐにそれがすごい案だと思った。そうすれば、宗教と進化のつながりについて調べながら、権威ある人々と、伝統的な信仰に対する進化の打撃についてどう思っているかについて話ができる。僕は、世界中の二八の有名なナショナル・アカデミー会員に選ばれている進化が専門の学者二七一人を対象にアンケートを依頼し、二七か国の一四九人から回答をもらった[25]。またそのうち一二人には直に会って、その考えについて突っ込んだ話を得た。

この調査で特筆すべきことの一つは、ある日の午後、イギリスのオックスフォード大学で、リチャード・ドーキンスと話したときのことだ。先生の「庭」といっても、イギリスでは「テラス」のことだが、そこで二人で紅茶を飲んだ。ドーキンスは、僕の問い合わせについていくつかほめてくれて、これは調べるに値することだと思うと言った。僕にとってはありがたい声だった。結果がどうなろうと、そのデータは、二〇世紀最後の世代に属する一流進化生物学者のあいだでの進化と宗教の両立度を測る目安になると僕は考えた。

全体としてわかったことは、ルーバの予測を確認していた。一四九人の回答のうち一三人——約九パーセント——だけが、世界で能動的な役割を演じる神を信じていた。最近になって行なわれた別の調査でも同様の結果が出ている。[26] 自然界に影響を及ぼす神を信じる人は、傑出した生物学者のあいだではゼロにはなっていないが、この世界ではごく少数派になっている。

僕の調査では、二種類の信仰を識別することもねらっていた。一方には、この宇宙のすべての物質と力を創造しても、日常の出来事には介入しない神を信じる人々のグループ。天地創造のときから後は、神は退いて自分の創造したものが勝手に進行するままにしておくということだ。この形の信仰は、一般に理神論《ディズム》と呼ばれるが、理神論の中にも相当のばらつきがある。神が宇宙を造り、その後は退いてどうなるか見ていると信じる人もいれば、神は人類が生まれるように世界を構成したと信じる人もいる。さらには人間の道徳性が神が存在する論拠だと見る人もいる。死後の生を信じる理神論者さえいる。しかし理神論は一般に、祈りに答え、人間世界に介入する神という概念は否定する。

もっと伝統的な信仰を持つ人々は、日常のことにも介入する神を崇拝している。この立場は人格神論《テイズム》と呼ばれる。宗教を信じる人の大多数は人格神論に立つ。祈りに答え、みなの幸せを心にかけ、誰かあるいは何かに都合のいいことが起きるようにする。人格神論では神との一対一の関係があり、たいていは死後の生を堅固に信じている。当然、理神論については冒瀆的と見る傾向にある。理神論は、人格を持った恵み深い神の存在を否定するからだ。

このアンケートでは、回答者が一つの宗教あるいはいくつかを組み合わせたものを信じているかも回答するようにしていた。自分が完全に人格神論者だとしたのは一四九人中二人だけだった。純粋に理神論者だと答えた人は一人もいなかった。一一六人——回答者のうち八〇パーセント近く——は、自分が純粋な自然主義者だと答えた。

組み合わせたものを信じているとした人々のうち、一一人は理神論というより自然主義と答え、四人は自然主義と理神論が同じくらい、二人は自然主義というより理神論と答えた。さらに一一人がいくぶんかは人格神信仰の成分があるとした。要するに、このアンケートでは三〇人がいくぶんかの信仰があると答えたが（回答者の一人はこの質問には答えなかった）、この三〇人のうち、この世界に介入する神を信じる人は半数未満だった。

この質問は全部で一七項目あり、自由記述欄もあったので、以前の調査よりも多くの論点を取り上げていた。とくに答えが欲しかった問いは、進化論者が自分を一元論者と考えるか二元論者と考えるかということだ。一元論《モニズム》はギリシア語で「一」、「単独」を表す言葉が語源で、自然科学で調べられる事物はすべて、自然の力で導かれ、それは自然科学の方法で調べることができると想定している。一元論者は超自然的領域が存在して物理的宇宙に何らかの影響を及ぼすことを否定する。これに対して二元論者は、超自然のものの存在を認める。こちらは、宇宙が自然の領域と超自然の領域で構成されていると信じる。

人格神論者と理神論者は、一方に自然界で構成される領域、他方で神の領域という二つの領域があると信じているので、ともに二元論者となる。

一元論は自然科学がふつうにとる世界観だ。科学では、説明は実験的証拠に基づかなければならない。少し切り口を変えると、言明が科学的説明と考えられるためには、その言明は反駁可能でなければならない——それが間違っていることを証明しようと思えば、その言明に対して適用可能な、何らかのテストがなければならないということだ。たとえば、月はチーズでできているという言い方は、それが間違っていることを示すことができるので、科学的言明だということになる。この説に関係する事実に訴えることができて（軌道の計算、望遠鏡による観測、アポロ宇宙船が持ち帰った岩石に対する実験などから出てくる月の密度や地質学的性質というように）、この説は退けることができる。

科学は懐疑主義に基づくという表し方もある。科学では、言明を支持する証拠が出てくるまでは、懐疑派がいて、その言明が正しいかどうかを疑う。テストされていない説が科学的説明の中に存在すれば、その説はもっと調査にかける必要があることになる。

科学者は、観察、実験、検証によって「真実」と呼べるものにだんだん近づけると信じている。自分の達したところが絶対の真実かどうかはわからないことがある——そういうものが定義できるとしても。しかしある言明が何度もテストされて、それ以上のテストをすれば齟齬が見つかるのではないかと疑う合理的な根拠がなくなれば、もうその言明を理論とか仮説とは言わなくなり、事実と呼ばれるようになる。こうして、地球が太陽のまわりを回るのも、人間が生きるために酸素を必要とするのも、生物学で言う進化が地球上で生きている生物の多様性の元なのも、事実となっている。こうした言明は、これ以上テストする必要がないほどに確かめられているので、それをまともにテストする科学者はいない。

逆に宗教は、少なくとも部分的には超自然の存在の作用に基づく世界観だ。神の言葉が修正されたり、新しい知識に合わせられたりすることはない。そこが科学を構成する知識と違う。伝統的な宗教は、教典に収められている知恵を明示的に確かめるために行なわれるのでなければ、新たな経験的知識の発見を促すことはない。宗教の語り方が豊かになることはあるが、反駁されることはありえない。信仰のある人は、「真理」は無言の瞑想や、個人と神との密かな対話から見つかると信じてもよい。しかしそのような知識は物理的な世界には根ざさない。個人的で、数量化できず、主観的で、内面的なものだ。したがって、信仰のある人にとっての真実は、自然主義者の知識の柱、つまり発見、実験、検証に支えられているものではないので、自然主義的世界観と言えるかどうかのテストには合格しない。

自然主義的世界観の大きな利点の一つとして、それが共通の根本規則の下に人々をまとめることの土台として使えるということがある。科学の知識は公共のもので、個人的な秘跡ではない。検証や反駁を求めて他人に委ねなければならない。自然主義者は経験的真実が発見されるのを待っていると信じるし、わずかな重要事項を信用するなら経験的真実についてみなが一致できると信じている。科学はどこの文化圏にも、どこの国にも存在できる。根本から異なる生い立ちの人々が、同じ真実に収斂できるような、世界的な試みなのだ。真理と仮説が対立するいろいろな問題で不一致がこれほど大きくのしかかる時代にあって、自然主義がハードな問題について一致を生み出せるというのは、自然主義の大きな魅力の一つに数えられる。

自然主義者は超自然のものを認めないので、僕のアンケートに答えてくれた進化生物学者の多数派の世界観が一元論だったのは意外ではなかった。人間は物質的な特性のみでできているか、霊《スピリチュアル》的な特性のみでできているか、物質的、スピリチュアル両方の特性でできているかという問いに対しては、七三パーセントが「物質的特性のみ」という選択肢を選んだ。不死の概念を否定すると言った人はさらに多い――八八パーセントだった。

このアンケートでは、進化生物学者に進化と宗教の関係についての見解も尋ねた。僕にはそこで言われることにある期待があったことを認めなければならない。それまでの調査から、神の存在を信じない人が多数になることはわかっていた。そこで僕は、進化生物学者は宗教と科学は相容れないと言うと予想した。何と言っても、宗教は自然界についていろいろなことを説いているのだ。キリスト教の聖書は、大洪水があって地上のすべてを破壊したとか、太陽が静止したとか、イエスが処女懐胎で生まれたとか、死者が蘇ったとかを述べている。中には比喩として理解できる言明もあるが、少なくとも一部には、明らかに文字どおりとることを意図されているものもあって、キリスト教の神学の多くの部分が、その言明が本当であることに依拠している。

得られた答えに、僕は驚いた。進化生物学者の大多数（七二パーセント）が、宗教は人類の生物学的な進化とともに発達した社会現象だと答えたのだ。つまり、宗教は自分たちの文化の一部だと見ているということだ。必ずしも科学と対立するものとは見ていない。

これは僕には社交辞令で、本気で考えていることを言っていないように見えた。進化論者は、自分の世界観から言えることを責任を持って調べようというより、一般社会の中で穏当な人物でありたいと思っているらしい。科学と宗教の領分を分けて、対立しているようには見えないようにすることはできるかもしれない。けれども、科学と宗教に潜在する対立を、厳しい問題を問わないことで回避するのは、科学的探求の対決的な精神を避けていることになる。権力のある人々に対しては、敬意があるから異論は唱えられないと暗黙に期待する権威による発言は、まさしく僕が調べ、反論したいと思う類の発言だ。

何と言っても、科学の基本的な営みは、あらゆる説を同じ基準、つまり観察、実験、検証によってテストすることを求めるのだ。科学者が人間の生活の領域全体を、進んで自分たちの方法から除外するのなら、どうしてその方法に誰が敬意を払うと期待できるだろう。自分のとことん一元論的な見解に対して向けられる世間の攻撃から身を守ろうとすることで、自分たちが打ち出そうとしているまさにその主義を危うくしてしまう。

*

ニューヨーク州の田舎にある僕の自宅からもそう遠くない野生生物保護区では、ときどき自然観察の遠足に来る教会の子どもたちのグループを見かける。基本的な自然史に関心があるアメリカ人は少ないので、日曜学校の先生がどんな質問にも「きっと神様がクールなことをしたのね」とか言って答えているのだとしても、この活動はなかなか非難しにくいと思う。僕は自分の二人の幼い子どもに自然の細かい観察のしかた——何かの宗教の見方にはめ込むのではなく、世界の実際の姿を見ることを——を教えた。人が自分の周囲にあるたくさんの虫や両生類や植物や岩石層が見られるようになるのなら、そうなるほどよい。

野外に出かける教会の子どもがしていることは、基本的には、二〇〇年も前の時代からある自然神学者の仕事だ。僕が願っているのは、その子たちが一生のあいだに、生物学がこの二〇〇年に経てきたのと同じような前進をすることなのかもしれない。僕が博士論文用にインタビューした生物学者の何人かは、自然界にどっぷり浸るようになって、子どもの頃の信仰を捨てている。その一人、プリンストン大学のジョン・ボナーは、「その年齢で――一四歳くらいだったかな――自分はどんな宗教も求めていないんだとある日思い切った理由は……窓の外の鳥が、スズメが文句なく立派に生きていて、ものすごくうまくやりくりしているように見えたことだった……。そのとき『あいつらは神様なしでもあんなことができているんだ』と思って、宗教は自分にはもういいやと思うようになった。ずっとそのとき［から］本当は神を信じてはいない」。

同じことがあの自然観察遠足の子どもたちに起きるかもしれない。自分を魅了し、科学に導いてもらうしかないようなことを発見するかもしれない。大学で自然科学を勉強する気を起こすかもしれない。けれども、大学に入る頃には、二元論の見方と一元論の見方のあいだの綱引きにも気づく可能性が高い。日曜学校で教わったことをまだ信じていても、科学の専門教育を受けるようになれば二元論的な見方を維持するのがだんだん難しいと思うようになるかもしれない。そして自分の発見、実験、検証の方法を仕上げていくにつれて、そのうち、一元論的自然主義の世界観のほうが、幼い頃の宗教的世界観よりも、自分の熱意を破綻なく受け止めてくれることを認めるようになるかもしれない。

誰でも自然主義者になれるわけではない。多くの人にとって、死後の永遠の生や、神との人格的な内面的関係を願うことが意識の核にある。科学的検証を求めると、その考え方に割って入り、自分が切望することの多くを否定することになる。僕自身は、哲学者や神学者が科学的データを神によると解釈したいなら、そうする権利はあると思う（何なら羽ペンで書いてもいい）。けれども、人が経験的な真実を否定する――進化を否定したり、人間はだいたい今のような形で何千年か前に創造されたと主張したりするときのように――ときには、宗教を科学に対立させている。アメリカの社会は寛容で知性を重んじると思いたいが、その願いは幻想かもしれない。キリスト教原理主義者が勝てば、また不寛容と党派争いの時代になるかもしれない。
僕が生物学を教えているときには、学生に事実を伝え、その事実が意味することについては自分で結論を引き出させるようにしている。僕が学生に何かの大事な問題、僕が学生の頃に考えていたような問題を考えるように導ければ、僕は自分のかけた手間が実を結んだと考える。
曲を作るときも同じやり方をする。僕は人にどう考えるべきかを伝えたいのではなく、自分で考えて欲しいのだ。場合によっては、それは厳しい真実を指摘して、もっと深く考えた対話を触発することを願って反問するということだ。バッド・レリジョンが二〇〇四年に出したアルバム『ジ・エンパイア・ストライクス・ファースト』〔帝国の先制攻撃〕は、中でも政治的な指向が強いものだったが、僕は次のようなコーラス部分のある「神の愛」という曲を書いた。

教えてくれ、どこに愛があるんだい？／創造は手抜きで「上」なんかない。／正義などない、ただ原因と手当だけ／苦しみはやたらとあって、みんな耐えてるだけ。／怖い怖い、みんなはそれを神の愛と呼ぶんだぜ。

人の決断や行動は、その人が世界についてどう考えているかを反映する。この社会に浸透する権威と定説にたてつくからといって、その人が破壊を目指すいかれたニヒリストだということではない。開けた心ですることなら、そのようなたてつき方は、よくわかった上での社会的思考や開けた社会に貢献することができる。進化について知ることが大事な理由は、最終的にはそれだ。自分や周囲の世界についての考え方を変えることができるからなのだ。

第3章●自然選択という偽りの偶像

自然選択は何にも作用しないし、何も選択（有利なものをひいきしたり、不利なものを排除したり）しないし、強制したり、大きくしたり、生み出したり、修正したり、形成したり、操作したり、推進したり、助長したり、維持したり、押したり、調節したりもしない。自然選択は何もしない。

――ウィリアム・B・プロヴァイン[1]

ハイスクールの頃は進化について勉強したくてしたくて、ロサンゼルス郡自然史博物館のボランティアに応募したほどだった。博物館の仕事に経験があるわけでもなく、もちろん有望な科学者の卵と認めてもらえるような成績でもない。けれども博物館の古生物学部門はいつも、職員では処理しきれないほどの発掘資料を抱えていたので、僕の応募は採用になり、化石クリーニング室での仕事に回してもらった。

ヴァレーにあった母の家からバスで片道一時間半かけて通うという手間も気にならなかった。博物館の職員が、化石が豊富に出る採集現場から大量の岩石を収集していた。化石クリーニング室には二人の常勤技師がいて、それぞれの技師用に、道具やエイリアンのような化石だらけの、手入れの行き届いた作業台があった。大学生が二人いて、そちら用にもっと小さい机があり、ボランティア用のさらにささやかなクリーニング台があった。僕の仕事は、歯医者のような道具や、歯ブラシや、ジップスクライブと呼ばれる圧縮空気装置を使って、岩石を注意深く削り、化石のまわりの砂岩を取り去ることだった。

その作業が終わると、骨はすぐに同じ建物の別の区画へと調べるために運んでいかれる。

この作業のほとんどはきわめて退屈だった。一平方インチ〔およそ二・五センチ四方分〕の骨を露出させたり、一本の歯をそれが入っているざらざらした砂岩から引き出したりするのに二時間かかることもある。僕はすぐに腕を上げたが、自分がクリーニングしている化石になった動物について、もっと知りたいと思った。そうした化石が重要な意味をなすような、もっと広い脈絡があるにちがいない。その化石が何なのかだけでなく、その化石にどんな意味があるのかが知りたかった。

生物をカテゴリーに分けることは分類学と呼ばれる。[2]この種の専門知識がある職業は多い。熟練の煉瓦職人は、煉瓦の性質について、みんなが思うよりも多くのことを知っている。使っている砂がどこの採取場のものか、焼くときの火の温度がどの程度か、どんな型が使われたかといったことも教えてくれるかもしれない。煉瓦のいろいろなタイプすべてに名前があって、それは分類学で行なわれていることと少し似ている。

自然史博物館での僕の仕事は、自然史の初心者にとって必要なことだった。生物にどうやって名前をつけ、分類するかを覚える必要があったからだ。動物や植物の正式な学名を知るのもすごく楽しかった――それは秘密の知識みたいなものだった。僕は知っているけれど、ほとんどの人は知らないのだ。とはいえ、命名も、ラベル貼りも、分類も、ものごとに厳格な秩序があることが前提で、生命で本当に大事でおもしろいことは静止的なものではない。それはいつも変化している。僕が興味を持ったのは系統学――化石と現代の生物との関係――だった。

無名のロックバンドについて百科事典のような知識がある人に出会ったことはあるだろうか。音楽が塩化ビニルの円盤に録音されていた頃（最近はまた復活しつつあるとはいえ、今どきの子はたいてい、一二八キロビットで圧縮した録音以外のものは聞いたことがないだろう）、レコード店でラックをかたっぱしから見て回って過ごしていた人々を僕は知っている。そうした「塩ビの虫《ヴィニル・ヴァーミン》」というあだ名がぴったりの奴らの中には、無名バンドのマニアもいた。連中はバンド名のリストを集め、売られてはいても希少なアルバムをすべて知っていた。一枚のアルバムを出して五〇〇枚プレスしただけのイギリスの無名アマチュアバンドもいたかもしれない。他の誰もそんなバンドの名は聞いたこともなかったが、塩ビの虫ならこちらが知りたくもないことまで教えてくれた。

塩ビの虫の困ったところは、評価よりもトリビア知識ばかりというところだった。百科事典のように細かいことを覚えていても、そのバンドのどれかが本当にいいのかどうかについて、連中と話したという記憶が一度もない。一枚のアルバムを五〇〇枚プレスしただけのバンドは埋もれていた宝石だったかもしれないし、音楽がひどくて、他のレコード会社がバンドを採用してまたアルバムを作ってくれることはなかったのかもしれない。塩ビの虫が音楽のグループやジャンルの質についてどう考えているか、僕は全然知らなかった。連中が話すことは、トリビアや細かい数字以外のことばかりだったからだ。

僕は塩ビの虫から、情報集めで肝心なのは、それで何をするかだということを学んだ。分類学の「秘密の言葉」は自分が別格になったように思わせてくれたかもしれないが、化石の種（あるいは無名のレコード）に付与される単語では僕は満足しなかった。分類学は美しい技だが、その背後の理論がなければ、分類学は博物館のラベルに書かれた単語というだけで終わる。今日でも、驚くほどの勢いで新種が発見され、記載されて、新しく発見される種は、それぞれに一つだけの正式名称をもらう。けれどもその命名と種の整理をすることで、その種が他の種や人々との関係について何がわかるのだろう。僕が欲しかったのはただの知識ではなく、それをまとめる知恵だった。[3]

自然史博物館での経験は、その頃自分で気づいていたわけではないが、ダーウィン以前の化石収集の歴史と似ていておもしろい。一六世紀には、ヨーロッパの自然史家はすでに、またある程度は他の国々の自然史家も、化石や変わった動植物を始め、自然のいろいろなものを集めるようになっていた。[4] みな、そうしたものをコレクションにまとめ、一般の人々が料金を払って見る「驚異の部屋」に展示することも多かった。そうした場所は、かつてのレコード屋のように、よくわからない遺物の宝庫だった。今の有名な自然史博物館の中核をなすのは、この当時のいくつかの大規模コレクションだ。

こうした初期の自然主義者は二元論者で、秩序のある、知的な意図で作られた自然を信じていた。それは絶えず変化しているというより、神の好奇心の強い子らが発見するのを待っているものだった。すべての種は、神によってそれぞれ別個に造られたものとされた。生物どうしに明らかな類似があるのは、神の計画の一部であるにちがいない。しかし初期の自然史家は、こうした類似は自然に内在するものではなく、神の恣意によって造られたものなのだからと、収集した動植物を整理して命名するために、自分で独自の方式をとってもかまわないと思っていた。それによってひどい混乱が生じた。たとえて言えば、塩ビの虫がバンドやジャンルを分類する方式を自分で勝手に立てて、相談したり共通の分類を守ろうとしなかったらどうなるかということだ。きちんとした分類学がないと、自然の中にある神の意図も理解できそうにないのだが。

生物を命名し、整理するという問題を解決したのが、一八世紀のスウェーデンの物理学者、カール・リンネだった。リンネは、人が一般に姓と名の二つを持っているのと同じように、すべての種について二つの名を用いる方式を考案した。第一の名は、おおざっぱに似ている生物からなる一族を表し、そこに生物を入れる。この第一の名は、人のファーストネームと似ている。人間でも、同じファーストネームの人は何人もいる。ただ、ファーストネームだけでは人は特定されない。それと同じことだが、リンネの目標は、生物種の最初のほうの名に生物の大きなグループ——「属」と呼ばれる——を指定させることだった。たとえば、*Canis*という属にはイヌ、コヨーテ、オオカミ、ジャッカルなどが入る。二つのうちの後のほうの名（「種小名」と呼ばれたりする）は、広い属の中の個々の部分集合を特定する。この部分集合が「種」と呼ばれる。たとえば、ニューヨーク州の田舎の僕の家の近くにある森を歩き回るコヨーテは、*Canis latrans*という。リンネ方式で言うと、人類は*Homo sapiens*となる。現時点では、ホモ属にいるのは今の人類だけだが、過去にはこの属には他にいくつかの種が、時期によっては同じ時代に存在していた。

リンネは、発見されていた種については百科事典のような知識があり、種と種のあいだに、いろいろなレベルの解剖学的類似があることを知っていた。けれどもリンネは、自然は造物主によって注意深く計画されているという二元論者の前提に立って作業をした。その目的は神がとった方式を明らかにすることであって、天地創造に作用する超自然的な知恵に疑問を抱くためではなかった。たとえば、世界のあちこちに、いろいろな種が似たような生活をして、似たような生物学的機能を果たしている。しかしこれは、リンネの時代には説明を要するほどのことではなかった。それはすべて神の構想のうちだったのだ。社会的に受け入れられる形の知的探求は、知的に設計された世界に各種の動植物がどう沿っているかを示すことだった。一七世紀から一九世紀にかけては、生物の研究から知見が得られる機会はほとんどなかった。

＊

ダーウィンとウォレスがもたらした進化の説明は、自然神学の安心確実な知を粉砕した。二人が示したことは、生物のわずかなばらつきによって、個体がそれぞれの環境で生き残る可能性に差がつくということだ。この形質が継承されるなら、子に伝えられ、将来の世代ではもっと行き渡ることになるだろう。ダーウィンはこの過程を「自然選択」と呼んだ。要するに、集団の中にある特徴の中から、動植物の育種家が好都合な特徴を持った生物を選んでその特徴が優勢になる子を生み出すのと同じように「選ぶ」からだ。自然選択は、昆虫が姿を枝や葉に似せる擬態、花の美しさ、捕食動物の獰猛さ、人間の毛のない肌、直立姿勢、大きな脳など、それまでの生物学者が神の御業のせいにしていたとてつもない多様性について、とことん機械的な説明を提供した。

ダーウィンは自然選択を説くには強力な論拠がなければならないことを知っていた。現存するもの絶滅したものいずれにせよ、生物どうしのあいだには明らかな類似があるので、何らかの枝分かれがあったにちがいないと推測する生物学者は、ダーウィンの祖父エラズマス・ダーウィンを始め、前々から何人もいた。しかしこの説が広く受け入れられることはなかった。共通の祖先から相似の種がどう枝分かれするかを明らかにすることができなかったからだ。その仕組みとなったのが自然選択だった。それによって、一つの種の集団が、神の叡慮に訴えなくても、ただ生殖ができるかできないかという平凡な営みを通すだけで、何世代もたつうちに、徐々に別々の形質を得ることができることが示された。ダーウィンの論証の要は自然選択にあったので、その説を述べた一八五九年の著書の正式なタイトルは、『自然選択による種の起源、生きるための争いで有利な種族が保存されること』となっていた（「種族《レース》」とあるが、ダーウィンはただ、特定の形質を持った生物の集団のことを指しているだけで、「人種《レース》」と呼ばれるような人間の集団のことではない）。自然選択は、ダーウィンの世界観に偏りを生む役を演じ、自然神学が間違っていて、自然の設計には「叡慮」などないという信念を植えつけた。[5]

『種の起源』は要するに、自然選択擁護論を一冊の本の規模で行なったものだ。ダーウィンは、生物の形質には、体のどこかを繰り返し使ったり、あるいは使わなかったりによって生じるものがあるとも推測しているが、基本的には、新しい形質がランダムに現れることを前提にする。この形質が、ダーウィンの言う「差のある生存と生殖」を生む――個々の生物は、その形質によって生きもすれば死にもする。わずかに有利な形質に助けられたほうは、それほど有利でない形質のものよりも多くの子を得る傾向がある。ダーウィンはさらに、生物が作る子は環境が長期的に養えるより多いことにも気づいた。そのため、すべての生物は不足する資源をめぐって競合するという意味で、個体どうしは「生存競争」の関係にある。その結果、世代ごとに、有利な形質の組合せのものが少しずつ増えることになる。それによって、子孫の集団は先祖の集団とは違ってくる。ダーウィンはこの過程を「変化を伴う継承」と呼び、この過程があれば、生物の集団が少しずつ分化して新種の形成につながるという前提に立った。

ダーウィンの自然選択の表し方には、一九世紀のヴィクトリア朝時代の人々に訴えかけるところがあった。ヴィクトリア朝のイギリスでは、「生存競争」という考え方は、日常生活の状況にはまっている。乳幼児の死亡率は今と比べるとずっと高かった。ダーウィンの一〇人の子のうち二人は生まれて間もなく亡くなったし、娘のアニーは一〇歳で亡くなり、この悲しい出来事で、ダーウィンは残っていた信仰の最後のかけらも捨ててしまうことになった。[6] 当時の工場労働者は、辛く危険な環境で長時間、低賃金の手作業をするのがあたりまえだった。生存のために闘うことは、当時の多くの人々の生活を表しているように見えた。

自然選択が一九世紀のヨーロッパ人に訴えるものがあった理由は他にもある。それは多くの人々の目には、社会にある巨大な不平等を説明し、根拠を与える作用のように映ったのだ。社会の中の弱い側の人々は、徐々に——貧困、飢餓、病気などによって——衰亡するが、強いほうの側の人々は繁栄し、子孫を残す。ダーウィンの「生存競争」は、当時の哲学者ハーバート・スペンサーが言い出した「最適者生存」という言葉で捉えられた。ダーウィン自身さえ、この言い方を自然選択の優れた表し方と認めた。

自然選択は当時の多くの科学者にも受けたが、それは自然選択が生物の世界の無法なアナーキーに秩序をもたらすように見えたからだ。それが提供した仕組みは、他の諸科学に登場する自然法則に似た、論理と必然性を備えているらしかった。生命が樹状に枝分かれすることは、「変化を伴う継承」を背後から支える仕組みとなり、それによって、現存種（今生きているもの）と化石でしか知られていない絶滅種を結びつける、必然でわかりやすい話に見えた。[7]

自然選択には、漠然とした神学的な魅力さえあった。生命に方向、あるいは最終的な目標を与えているように見えたのだ。時間を経ると、生物はもっと複雑になるように見えた。新世代の生物が新たな形質を得て、進歩して環境にさらによく適応するようになる。神の御心にあらかじめ定められた叡慮を示す、これ以上の証拠があるだろうか。神を信じない人々にとっても、自然選択によって秩序が生み出されるおかげで、神の監督がなくなったことが、少なくとも一部なりとも補えるように見えたかもしれない。

＊

進化の説明の多くは、要するに自然選択と、それが種の多様化に果たす役割を述べて終わる。その解説は、進化の仕組みを示して、その提示された説明ですべてカバーできるものとしている。けれども僕は長年のあいだに、だんだん自然選択では、進化的変化の説明としては満足できなくなった。それに僕は何かの定説《ドグマ》がドグマだと思えたら――宗教でも科学でも音楽でも――異を唱えなければならないものだと信じているので、時間をかけて、自然選択を批判的に検討した偶像破壊的な人々の考え方を調べてみた。その結果、標準的な教科書にある解説とはずいぶん違う進化の構図が得られた。[8]

ただし自然選択についてもっと細かく見ていく前に、全体について一言断っておかなければならない。進化生物学者が標準的な進化論の解説に問題があると言うと、必ず創造主義者がその発言を取り上げて、進化には致命的な欠陥があるとか、「進化論が危機に陥っている」とかの証拠として喧伝することになる。そんなばかな話はない。この本でもすでに指摘したように、進化があったことには異論の余地はない。神が信者の信仰心を試すために、あらゆる化石を土の中に埋め込んだという考え方はばかげている。僕には現代の「知的《インテリジェント》デザイン」論を唱える人々との話し合いに応じるドアを開けておく気はまったくない。

その上でなお、生物学者は誰でも、進化の研究はとても完成しているとは言えないし、永遠に完成しないかもしれないということを知っている。生物が進化する様子、進化的変化の速さ、進化に対する環境の影響、生物の発達と進化的変化との関係など、多くのテーマをめぐって、魅惑の問いがたくさんある。進化生物学はまだまだ盛んな分野だ。つまり、科学者がまだ答えの出ていない問題を調べ続けているのだ。

進化生物学者の発言を曲解する創造主義者の傾向は、根本のところで知的に不誠実であることを明らかにしている。独自の検証可能な説を出すのではなく、生物学者の説や言葉を攻撃することに時間を費やしている。とくに、「インテリジェント・デザイン創造主義者」と呼ばれる創造主義の一派は、自分たちの進化論批判は科学的研究に基づいていることを標榜している。たとえば、生物の構造や機能の中には複雑すぎて自然には進化しえないものがあり、だから神のデザインの手が加わっていることの反映にちがいないと言う。けれどもインテリジェント・デザイン創造主義者は、その説を支持する科学的成果を一つも出していない。その研究とやらは、おおむね希望的観測でできている。そこに何かの衝撃力があったとすれば、自身が意図していることと逆のことだった。新しい生物学的構造や機構が発見されると、進化生物学者は急いで進化論と整合する証拠を探しにかかるものだ。[9] 創造主義者は「隙間を埋める神」方式に頼る。つまり、科学的に確実でない部分を神の不可思議な作用だとするのだ。ただこの方式は創造主義の大義を危うくしかねない。科学の趨勢は、時間がたてばその隙間を埋める流れにあるからだ。発見が増えれば、それだけ隙間が増えるという認識から逆説が出てくる。隙間に新しいことが見つかると、見つかったことの両側で隙間が二つになり、事実の並びには穴が増えることになるのだ。つまり、データが増えるほど、謎も増える。「インテリジェント・デザイン創造主義者」は、この人の知識の隙間に神が存在すると主張するが、新たな発見がなされればその分、神の作用や意図について、わかることは少なくなる。インテリジェント・デザイン論を唱える人々はここらへんで止まったほうがいい。新しい発見があるごとに、どんどん後退しているのだから。

　インテリジェント・デザイン創造主義者の実際の進め方は科学的ではない。進化という自然主義の一元論的世界観の代わりに過度に人格神論的世界観を置き換えようというのがその意図だ。進化を攻撃するのも、目的に合わせた手段になっている。たとえば、インテリジェント・デザイン創造主義支持の一大勢力は科学文化センターという団体で、シアトルにある保守派のシンクタンク、ディスカバリー協会が後ろ盾になっている。このセンターの目的は、一九九九年に流出した内部文書に記されているところでは、「科学的唯物主義とその破壊的な道徳的・文化的・政治的伝統を打ち破ること」とされている。[10]その思想は、インテリジェント・デザイン創造主義を「くさび」として用い、科学を「無神論的自然主義」への忠誠から分断するというところにある。インテリジェント・デザインを支持するデータは一片も出していないが、学会を後援し、一般向けの本や論文を支援し、講演会を催し、保守派の政治家と協力して理科の授業で宗教を教えるという提案をしている。こうした努力が大きな成果も上げている。公立学校の生物の教師に創造主義を解説させるという案は、地方の教育委員会や州議会に何度も持ち込まれている。たいていこの案は退けられるとはいえ、運動自体は衰えずに続いている。

創造主義者は、「異論を教える」ことを教員に義務づけるべきだと論じることもある。[11]しかし科学上の異論はない。あるのは社会的な異論だ。僕の博士論文を指導してくれたウィル・プロヴァインは、この社会的な異論があることを認識して、教養科目の進化に関する授業では創造主義者を招き、学生と話をさせる。多くの学生にとっては、先生と創造主義者との対話は非常に新鮮に映る。先生は学生に、期末レポートに創造主義の考えを入れてよいと言っている。創造主義の学生の多くは、自分の考え方がダーウィン以前の自然神学者とよく似ていることに気づく。創造主義的思考様式から離れられなくても、先生の授業でいい成績をとることはできる。しかし少数派とはいえかなりの学生が、授業を受けた後、創造主義の見方を変えている。学生は、ダーウィンが科学的世界観をどう変えたかについて、初めて注意深く考えることができたのだ。そうしてインテリジェント・デザイン創造主義は科学ではなく、科学として扱うべきではないことを理解するようになっている。

しかし自然選択に戻ろう。ダーウィンは世代間での特徴の継承に関与する生物学的仕組みを知らなかった。その後、二〇世紀の最初の一〇年のあいだには、科学者が遺伝学という分野を発達させるようになり、これがダーウィンの理論に欠けていた成分を提供した。遺伝学者は生物学的特徴の継承を、両親から精子と卵子を通じて子へ伝えられる遺伝子と呼ばれるものによるとした。何十年かのあいだはこの遺伝子がいったいどういうもので、それが細胞のどこにあるのか知らなかったが、交配による実験研究を通じて、特徴が世代から世代へと伝わるのには固有の方式があることは明らかにしてきた。ただ、「遺伝子」の正体はなかなかわからなかった。

遺伝学の発達は、二〇世紀でも最大級の科学の発達をもたらした。一九三〇年代の末から四〇年代の初め、欧米の何人かの遺伝学者が、遺伝学、進化論、数学を組み合わせ、「現代総合説」(あるいは現代総合進化論)と呼ばれるものを立てた。[12] 現代総合説は美しい理論だ。科学のいろいろな分野の知見を総合し、進化的変化について、定量化できる予測可能な説を生み出す。現代総合説は、数学の厳密さや説明できる範囲の広さによって、すぐに進化生物学の支配的パラダイムとなった。

ある意味で、現代総合説はステロイド増強した自然選択だ。現代総合説は自然選択を、集団にいる生物の形質を絶えず監視する能動的な力と見る。この形質は、その生物にある遺伝子と一対一に対応するものと想定される。遺伝子のランダムな変化が形質のばらつきを生み、それに自然選択が作用する。したがって、自然選択は進化の監督者となる。集団の成員が示すいろいろな形質の中から取捨選択するのだ。

現代総合説は、生物の「適応度《フィットネス》」という概念に大きくよっている。適応度は、それぞれの生物が環境にどれだけ適応しているかを表す理論的な尺度で、おおよそ、その個体が得る、生活できる子の数で表すことができる。同じ集団のある成員が他の成員よりも多くの子を残せば、その個体の適応度は他より高いと言われる。地元のジムや温泉療養地でのフィットネスは、個人がどれだけ運動するかによって決まるが、自然界のフィットネスは、個体がどれだけ子を作るかによっている。

現代総合説に採用された数学的形式によれば、種は言わばフィットネスによる地形にできる山の頂を占めている。高いところ（山頂）が、フィットネスが他より高い領域を表す。集団の遺伝子、ひいては形質が変化すると、集団はこの理論的地形の山から谷へと移動する。谷を渡って別の山の頂へ登ることになれば、その集団は存続する。しかし遺伝子や環境の変化によって集団が適応度の谷に押し込められると、その集団は自然選択によって、その形質や遺伝子とともに、容赦なく消されてしまう。[13]

この見方の問題点の話へ進む前に、現代総合説がもたらした不幸な結果がいくつかあったことを認識しておこう。まず、生物の形質の源として、遺伝子やＤＮＡに圧倒的に力点を置いてきた。今はゲノムの時代と言われたりする。まるで生物学のすべては遺伝子について何かを言うことに帰着できるかのようだ。けれどもＤＮＡは生物学的仕組みの一部にすぎず、それだけで何でもできるわけではない。パンクロックで中心的な活躍をするのが歌詞だと言って、ミュージシャンや、パンクというサブカルチャーの集合的環境を構成するファンを無視すれば視野が狭いということになるだろうが、それに等しい。

ＤＮＡに力点を置きすぎたことで、遺伝学の考え方や、人々の生物学一般についての考え方にも重大な歪みを生じた。学部の学生は、野外研究よりも、遺伝学の授業や実験に力を注ぐように言われるのが通例で、その結果、学生は野生の集団にあるばらつきについて、よく理解することはない。もしかすると指導する教授たちは、野外研究より実験室で勉強したほうが学生も就職しやすいと思っているのかもしれない。しかしたいていの生物系の学科には、ただただ遺伝学が他の生物学研究よりも重要だとする考え方の底流もある。たとえば、医学部はたいてい、新入生に少なくとも一年間遺伝学を勉強することを必修にしている。ところが比較解剖学、解剖実習、野外生物学実習は半期の必修もない。

社会一般のＤＮＡの重みについての認識も歪んでいる。多くの人が、ＤＮＡを研究すれば、人間によくある病気の治療法ができると思っている。しかしそんな約束は、わずかに顕著な前進があるとはいえ（細菌にヒトのインスリンを作らせるといったこと）、たいていは誇張だ。たとえばヒトゲノムの配列決定は、パーソナルな医療とバイオ医療革命の黄金時代の幕開けと考えられた。実際には、少なくともまだそうはなっていない（人々が期待するような形でそうなることはないと思えるだけの理由もある）。自然選択が進化の中核にある単純さを明らかにしたと考えられたのと同じように、遺伝学研究は生物学の中核にある単純さを明らかにしたと考えられた。ところが、遺伝学について知れば知るほど、それは複雑になっていく。ヒトのＤＮＡの大部分は、人体での作用がわかっていない。また、環境にある因子によって、遺伝子の活動のスイッチを入れたり切ったり調節したりの「制御《コントロール》」を行なう領域もある。ＤＮＡのうち「遺伝子」と考えられる部分は比較的少ないが、その部分のＤＮＡは互いに、また環境とも、無数の、しかしほとんどわかっていない形で作用し合う。何かの病気のリスクが高いかどうかを確かめるためにＤＮＡのサンプルを送って調べてもらうことはできる。しかし受け取る結果は、よくて解釈しづらいこと、多くの場合にはむしろ、不必要に心配をあおるものになっている。これまでのところ、ゲノムの時代はほとんど行き詰まっている。

一方的にならないように言っておくと、現代総合説は進化の理解の面では大きな前進だったし、僕はそれを勉強することで多くのことを学んだ。しかし、現代総合説にうまく合わない事実を観察した生物学者も多い。広く認められている見解に疑問を抱くより、観察したことをパラダイムに合わせてねじ曲げようとする人もいる。しかしそうすることで、生物学の真の豊かさや多様性をわかりにくくもしている。現代総合説は、自然主義的世界観の土台の役をするというその能力の多くを進化から奪い、生物学の戯画を生んでしまっている。

＊

現代総合説に生じた重大なひび割れの一つは、一九六〇年代、分子生物学者が生物にあるタンパク質の成分を調べるようになったときに生じた。このタンパク質は予想よりもずっと多様だったのだ。同じ生物種のタンパク質でも、機能はある程度同じなのに、大きな多様性を示す一方で、その多様なタンパク質のいずれも、他と比べて選択で有利になるところがあるようには見えなかった。[14]

これは筋が通らない。現代総合説によれば、自然選択はタンパク質のうち最「適」の変種以外はすべて取り除いてしまうはずだ。タンパク質にこれほどばらつきがあるなら、自然選択は進化的変化に対する冷徹な支配力を維持できていないのではないか。

実は、この発見は現場の生物学者にとってはそれほど意外ではなかった。自然の生息地にいる生物を観察して過ごしたことがあれば、誰でも生物は多くの生産性に反する行動をしていることを知っている。自然選択が強ければ、そういう行動は決して残っていないだろう。僕がＵＣＬＡの学部生だった頃、野外に出ることが多いある授業をとって、大学の外に出て、メキシコ中央部の熱帯の落葉樹林にいるハキリアリを調べた。僕が調べた種（*Atta*属のもの）は、林床に跡をつけて小路にする。アリは土に跡をつけるほど大きくないと思われるかもしれないが、よくよく見れば、落葉のない浅いくぼみができているのがわかる。幅三インチから一〇インチ〔七・五～二五センチ程度〕の街道筋が森にできている。この小路は樹木の根元に続き、そこでアリは木に登り、樹冠に潜り込み、葉に乗って、小さな葉の切れ端を収穫し始める。大きな顎で蠟《ろう》質で覆われた熱帯の葉を切り取る。それぞれのアリが円盤形の葉の断片を頭上に持ち上げて、小路網を伝って、場合によっては三〇〇フィートから四〇〇フィート〔一〇〇メートル前後〕の距離がある巣に戻る。地中にある巣の中には働きアリが葉の断片を置き、さらに細かくする貯蔵庫がある。この貯蔵庫は要するに地下のキノコ栽培園で、キノコが成長して葉を分解し、アリはその分解された葉を食べて暮らしている。

これは万事整った活動で、人間の効率的な工場にも匹敵すると見えるかもしれない。けれども、僕がこの過程を調べ始めたとき、効率が悪いところがすぐにいくつも見えてきた。多くの例では、働きアリは手ぶらで巣に向かっていて、荷物を持った働きアリさえ、多くは間違った道をたどったり、道筋から遠く外れたりしていた。さらに、「アリ街道」は見たところ巣から必要以上に広がっているようだった。このアリが収穫の対象とする植物は四種なのに、夜ごと何百フィートも遠出しては、全然違う植物を収穫していた。何というエネルギーの無駄だろう。

この種のカオス的現象は、自然にはあたりまえにある。現代総合説の忠実な信者なら、そのようなカオスも自然選択で説明しようとするだろうが、その論証はすぐにごちゃごちゃとしてくる。非効率やカオスは錯覚にすぎないと言われるかもしれない。もしかすると、ハキリアリの行動に見られるカオスがあればこそ、集団がもっと広い範囲を探して新しい食料源を利用できるのかもしれない。「長期的には、すべてのアリの集団が限られた資源をめぐって争い、そうなると自然選択が容赦なく作用して効率が悪いアリを排除することになる」と言われるかもしれない。

けれども僕は、この*Atta*属のアリが明らかにしているのは、生命に関する別の、もっと重要なことではないかと思う。現に今、自然には自然選択とは無関係なものがたくさんある。人が自然に見ているもののの多くは、実は豊かさが浪費されている代表例で、従来から教科書で言われているような自然選択は、自然でアナーキーな豊かな生命の形を整える点では非常に効率が悪い。

ニューヨーク州の田舎にある僕の自宅あたりで毎年秋になると見られる例も、自然選択に説明できないことがあるのをまざまざと思い起こさせてくれる。一〇月になると、落葉樹の葉が鮮やかな赤、黄、橙色になって、豊かな秋の色をもたらす。夜の気温が下がり、日照が少なくなると、樹木の葉では生化学的変化が起きる。従来の新ダーウィン主義〔現代総合説の別名〕の説明では、枝は丈夫なので、冬の厳しさに耐えられるが、葉の組織は繊細なので、葉を落として損傷が生じるのを防ぐ木が有利になるように、自然選択が作用するという。この説明はよくできているが、秋の落葉樹でいちばん目立つ形質――色――については何も言っていない。

現行の説明は樹木の生化学的な仕組みに関するものだ。日光が葉に当たるとき、その細胞内にある小さな特殊な細胞器官の中に、自動的に生化学的反応を生む。それは葉緑素という光合成用の色素を生み、それが人間の眼には鮮やかな緑に見える。葉緑素によって樹木はそれが消費する糖分を作ることができる。秋になって日照時間が短くなると、できる葉緑素も少なくなり、他の色素の色が現れてくる。ほとんどの植物は何種類もの色素を作るが、日光が強いときは葉緑素が他の色素を圧倒しており、他の色素の効果を覆い隠してしまう。その結果、赤の色素のような一部の色素は、秋の短い温かい昼の日差しで強調される。

このとおり、落葉樹のいちばん目立つ華麗な形質は、自然選択とはほとんど関係がない。日光の多さ（日照量）と秋の気温の副産物として生じるものだ。このことは、生命のおもしろい姿には、ほとんど偶然でそうなっているものがあることを思わせてくれる。

　自然選択が説明原理として不十分であることは、人間にいちばんなじみの種、つまり他ならぬ人間自身を見ると、とくに明らかになる。新ダーウィン主義の方式を使って人間の形質を説明する生物学者は多い。そこでは、人間のいちばん大事な形質――直立姿勢、体形、大きな脳、言語など――をもたらしたのは自然選択だと想定される。しかしこうした形質を丁寧に調べてみると、答えより疑問のほうがずっと多く浮かび上がってくる。

　異論の余地なく自然選択が表れていると言える人類の形質は非常に少ない。たとえば、住んでいるところによって人の肌の色が違うことの第一の理由として、あたりまえのように自然選択が持ち出されてきた。おおまかに言えば、先祖が赤道に近いところに暮らしていた人々は、先祖が高緯度のところで暮らしていた人々よりも肌の色が濃くなる。これはメラニンという、多くの脊椎動物に見られるタンパク質でできた色素による。人間の皮膚の細胞は、日光に対する反応としてメラニンを生み、人によってその量が違う。たとえば僕は、日光を浴びるとそばかすがたくさんできるが、そのメラニンの塊はあまり日光から守ってはくれず、すぐにひどい日焼けになってしまう。

　僕の肌の色と他の人の肌の色に関与している進化の因子は二つあるように見える。15 日光が強い地域では、色黒だと皮膚を損傷から守れる。アフリカの赤道地域に暮らすアフリカ人の場合、アルビノで生まれメラニン色素がなかったら、皮膚がんのリスクが高くなるが、ノルウェーで暮らす人の肌の色が薄くても（メラニンが少ない）、ずっと危険度は低い。しかし日光が強くないところでメラニンがないことは有利なのだろうか。確かに、体が日光をよく吸収できるので有利になるかもしれない。日光は、いろいろな病気を防ぐのに必要なビタミンDを、体内で生産するのを助ける。そして北ヨーロッパの人々やアジアの人々の皮膚の色には、進化の歴史で優遇されたように見えるものがあって、自然選択が北方の集団の人々の皮膚の色を薄くしたという説を支持している。

とはいえ、多くの教科書が人類に見られる自然選択の典型例として用いる皮膚の色についても、いろいろな例外が存在する。タスマニアの原住民は、この孤立した島で何万年ものあいだ暮らしていた。ところが一七七二年、ヨーロッパ人が初めてこの島に上陸したとき、タスマニアの緯度はイタリアなみだというのに、人々の皮膚の色はアフリカにいた先祖と同じように黒かった。同様に、一万年以上前に、アジアからはるばる南北アメリカへ移住した人々には、皮膚を日射量の違いに合わせる時間があったはずだ。それなのに、一四九二年にコロンブスがアメリカ大陸に渡ったとき、そこで見た赤道地域の人々の浅黒い肌の基調は、北方にいるカナダのイヌイットのような先住民とあまり違わなかった。つまり、日射と肌の色は自然選択の例としてあまりよくないということだ。それにそもそもそばかすは何の役に立っているのか。

僕は、皮膚の色は人間の多くの形質と同じく、またたぶん他の哺乳類の形質とも同じで、従来から定義されているような自然選択よりも、人類の性選択の産物ではないかと思っている。[16] 人が特定の肌の色をした人を配偶者として優先的に選ぶとしたら、自然選択はまったく因子にはならない。逆に、人が魅力的だと思うからというだけで長続きする形質がある。同じ作用が、身長、体の大きさ、体形などの形質にかかることもあるだろう。人間の形質の認識のしかたには、あらゆる文化的因子が影響している。つまり、人間の進化には文化が大きく作用しうるということだ。文化には独自のルールがあり、遺伝子はそれについてきただけということもあるだろう。さらに、同じ作用は他の多くの種にも生じうるだろう。たとえば鳥はいつも適応度が高い雌を引きつけるために、羽や声を懸命にディスプレイしている。

選択がかかわっているとしても、雌が行動や体の特定の形質に引かれるようになるのに関係する因子はたくさんあるかもしれない。場合によっては、最適者に見える雄が、選り好みする雌のために、その最適の行動をしないこともある。子ができなければ、生物の適応度はゼロなのだ。

　昔から人類学者は、人間集団の体の特徴を自然選択によるものとしようとしてきた。たとえば、東アジアの人々の眼にある内眼角贅皮《ぜいひ》は、氷河時代の祖先にとっては雪原によるまぶしい反射から眼を守る役目をしていたので進化したという。あるいはアフリカのピグミーに見られる背の低いずんぐりした体格は、アフリカ赤道地方の熱への適応と言われてきた（ほんの数百マイル離れたところには、背の高い痩身のアフリカ人がいることは無視しつつ）。実際には、こうした推測の根拠は薄弱で、検証もされない、キプリングの「なぜなぜ話」だ。最近の研究からは、肉体的な特徴のほとんどは、現代人類が東アフリカの故郷から世界中へ広まるあいだに、ほとんど偶然に変化したものだということが示されている。[17]

　僕が言いたいのは、自然選択を使ってすべてを説明しようとしても、すぐにこじつけになってしまう場合があるということだ。前章では、ティクターリクの発達した前肢の進化的変化について、ありそうな説明をつけた。しかしティクターリクが水の外で過ごしたり餌を探したりする時間が長くなるように丈夫で長い脚を発達させたのかどうか、本当のことは誰にもわかっていない。この遠い先祖が、単純に雌が丈夫な四肢を持った雄と交配したがったとしたらどうだろう。それは野生での自然選択だろうか。実際の進化の仕組みは、従来の自然選択の見方とはかなり違っていた可能性もある。

　進化の仕組みをめぐる論証は、進化生物学者が心の奥に抱いている確信に基づいている場合が多く、その点を忘れないようにしなければならない——何と言っても、生物学者も人間なのだ。誰でもたいてい、心の奥に抱いている確信を捨てたくはない。とくに生物学者は、進化の目的論的な説明に引き寄せられることが多い。目的論とは、すべての活動は何らかの目標の達成に向かうという考えのことで、「すべてを目的に即して」を根底に置く、古代ギリシア人が掲げた哲学的世界観だ。その視点からすると、種の目標は先に解説した適応度地形にある山の頂に達することとなる。種がその理想に達しなければ、最適より下の生活を送らないように、自然選択によって修正されるか排除されるかする。多くの生物学者が、それぞれの種に見られるばらつきの大半は不適応で、集団の中のごくわずかな部分が最適に達するものと想定している。けれどもそれは僕が自然の中に見ているのとは正反対だ。どんな種でもばらつきだらけなのだ。すべての特徴がぬかりなく監視している自然選択によって最適化されているなら、ばらつきは自然ではすぐに除去されるだろう。たとえば植物の育種家は、人が食べる果物や野菜の大半からほとんどすべてのばらつきを排除してきていて、その結果が、予測がつきやすい、市場向けの（しばしば味の薄い）食物となる。けれども自然の集団には、人為的な製品のような一様性はない。

生物学者が議論を最適性に向けた瞬間、生命の特徴は、一見すると不適応の、アナーキーででたらめなもので、最適であるとする見方への顕著な反例に見えてくる。自然選択至上を支持する生物学者は、デザイナーとしての神の代わりに自然というデザイナーを置きたいらしい。そうなると、その自然なるものは神の知恵の表れということにならないわけがない。その点で、目的論（とそれに仕える最適性）は、インテリジェント・デザイン創造主義者の思うつぼになる。最適は理想であり抽象であって、宇宙にあるすべてのものについて、神の目的によって神学的に説明するのと変わらない。人がそこに秘められた可能性に従って動かなければ、神に対して、あるいは自然選択に対して罪を犯すことになる。

*

少数派の生物学者は、自然選択以外に進化に作用しているかもしれない機構を調べていて、いくつもの候補が見つかっている。

まず、前章で触れたように、世代をつなぐ精細胞と卵細胞にある情報の担い手はＤＮＡだけではない。卵細胞と精細胞には、子の特徴を変えることができる他の分子――構造をなすタンパク質、ＤＮＡに似たＲＮＡという断片的な分子――もたくさんある。さらに、ＤＮＡ分子は、ＤＮＡの特定の部分が活性化するかどうかを制御する他の分子に修飾されている。個人が一生のあいだに得る経験は、卵子や精子にあるＤＮＡ上のこのような分子を変えて、ＤＮＡの配列が変わったせいではない変化を子に引き起こすことがありうる。これは現代総合説を心の底から信じている人々には忌み嫌われる。たとえば、メチル化した餌が多い食餌を与えられたマウスは、ＤＮＡのメチル化した部分が多くなり、このような変化が子に伝わることがありうる。つまり、すべての遺伝情報がＤＮＡ分子の文字を通じて伝わるのではないし、生物が重ねた経験が遺伝に影響することもありうるのだ。[18]

生物学者は前々から、ＤＮＡの配列がある程度同じでも、育つ環境によって異なる特徴が発達する場合があることを知っている。[19] これは森の樹木や蔓《つる》を観察すれば自分でも確かめられる。とくに熱帯の森林にある樹木は、低いところの枝と高いところの枝では葉の形が著しく違う。一本の木の葉なのでＤＮＡは同じなのに、葉が育つ環境によって、色のつき方や形が大きく異なっている。さらに、樹木にとって重要な他の環境因子、たとえば温度、水分量、害虫によって、森林の上下方向で異なるし、こうした因子も葉の発達に影響することがある。

動物園へ行けば、こんな簡単な例もある。フラミンゴがピンク色をしているのは、餌のせいだ。野生のフラミンゴは、いろいろな甲殻類を食べていて、そこから色素（カロテノイド）を引き出す。野生でカロテノイド濃度が低い他の餌を見つければ、フラミンゴの羽は白くなる。実は、鳥の大胆な色は、たいてい、餌に含まれる色素に由来する。派手な色の個体ほど交尾ができる。進化生物学の言い方をすると、適応度がいちばん高い。その鳥の羽の色は、その土地で何かの餌が多いか少ないかによって変化しうる。環境はこのように、鳥が保有する遺伝子とは無関係に、生殖の成否にきわめて大きく関与することがある。

こうした例を挙げていると、ある不快なことを告白したくなった。僕の足はひどい形をしているのだ。子どもの頃からいろいろなスポーツをしてきて、僕の足は、あらずもがなの衝撃を受け、ひねられ、打撲を受けた。その結果、ゾウの皮膚なみに厚いたこができているし、骨は変形し、非対称になっている。体じゅうの皮膚の細胞にある遺伝子はすべて同じだが、皮膚のある部分が摩擦を受ければそこにたこができる。骨や筋肉も同じように可塑的だ。物理的なストレスにきわめて感度が高い。ちょっとした力でも、長期間加われば、表現型はがらりと変わることがある。歯列矯正器をつける「ビフォー」と「アフター」の写真を見るだけでわかる。顎や歯は形を変えることができるし、それに伴って咀嚼筋《そしゃくきん》も変化する。それでもこの変形で遺伝子が変化しているわけではない。

要するに、人間が選択を行なっていて、その自然選択ではない選択が、表に出る特徴を決めることがあるということだ。人間の子どもは親からDNAを受け継ぐだけではない。人間どうしが話し、家で暮らしたり、コンピュータを使ったり、場合によっては教会に通ったりする環境も受け継ぐ。この社会的環境によって引き起こされる形質のばらつきがあり、その中には長く残るものもある。[20]

一般に、多くの観察から、進化は自然選択に設計され制御されるなめらかに動く装置のようには見えないことが示されている。私は進化をむしろ滝のように見たい。いろいろな条件下での水の性質や、重力と相互作用して水の方向を変えそうな因子を理解することができる。流れの形態を調べ、滝のその他の特性に影響する水深、最大流量、堆積物の量、有機物の量などの特徴を特定することができる。しかし滝はいつも変化している。一部が凍っているときもあれば、ちょろちょろと落ちるだけのこともある。春になれば浸食作用の強い堆積物を含んだ激流となり、流れの道筋の形を変え、遷移点（水が落下を始めるところ）を削る。滝の細かいところを調べようとして写真を撮って並べれば、時間とともに少しずつ変化しているのがわかる。しかしすべての写真をまとめると、成長段階を経て一生を過ごす一人一人の個人のように、滝も、それをとりまく環境条件とともに、絶えず変化する一個のものであることがわかる。それぞれに特徴を持った生物は、滝の注ぎ口を超えて流れる水のようで、ある分子はまっすぐ下に落ち、またあるものは岩石やその周囲の分子によって方向を変える。空気の分子がかかわることもある。強風で落下する流れの一部がはがれて霧になることもある。この系全体が絶えず動いていて、すべて記述しつくすのは非常に難しい。

それぞれの生物学的存在は、分子、細胞、組織、器官、個体、種による生きているすべての瞬間で同時に相互作用する膨大な集団でできている。この世界にこれ以上記述が複雑なことになりうるものはない。どの時点であれ、そこに存在する個体は、歴史的なものでも直近のものでも、はかりしれないほどの数の原因から生じた結果だ。人はそうした原因の一部を特定できるが、進化のパターンを決める上で、どのタイプの原因が他と比べて重みがあるか、なかなか確信はできない。進化は一体になって作用する原因すべての結果なのだ。

これまでのところでは、進化の流れや結果に影響する中でも重要な因子の一つについて、まだ何も言っていない。ただの、盲目的な偶然のことだ。多くの生物が生まれて死ぬのは自然選択によるのではなく、ランダムで予想できない出来事による。隕石が地球に衝突して地球上にいる生物種の相当部分を滅ぼすこともあれば、卵細胞が不毛の土地に産みつけられ、成長できないこともある。捕食者のクジラの群れが魚群と出くわしても、ほんの一部しか食べられないこともある。ペストを媒介するネズミが船にまぎれ込んで、中東地域から中世ヨーロッパに移動することもある。生命の履歴にどれだけの気まぐれがかかわっているか、誰にもわからない。進化は、その終わりのない、野放図な創造性を通じて膨大な数の機会を生み出す。その機会のどれが実現されるか——その機会にどんな悲劇が対抗するか——は、ほとんどが運の問題だろう。

運は気まぐれで、分析も類推もしにくいが、生物学における偶然の重みについて問う人であれば、自身の生活の中でのその役割についてしばらく考えてしまうはずだ。

*

僕はずっと、青春時代は、ものすごくラッキーだったなあと思ってきた。もし警察ともめたり、薬やアルコール依存になったりして、あっさり全然違う人生になっていたことだってありうるのだから。ほとんど毎晩、勉強するどころか、友達と一緒に、わくわくすることがあるところにいようと、いつもハリウッドへ出かけたものだ。どんな夜でも、薬、セックス、いざこざを手に入れることができ、警察とパンクの奴らが街の支配権をめぐっていつも遊撃戦をしていた。僕は運よく、自分も他人もさして傷つけることなくこの時期をくぐり抜けることができた。十代の頃の仲間の中にはそれほど運がよくなかった奴もたくさんいる。

ロサンゼルス広域圏は面積が約五〇〇〇平方マイルあって、一九八〇年代の初めにはこの都市のパンク連中は広域圏全体に散らばっていた。しかしLAのパンク界の一体性を体現するたまり場は、オキドッグという、サンタモニカ大通りとヴィスタの角にあったくたびれたホットドッグのスタンドだった。実は、オキドッグについては、「ホットドッグ」ではとうてい語りつくせない。ゴムみたいなウィンナとアメリカの「ナチョ」用チーズとチリソースと胡椒を重ねて巨大なトルティーヤに包んだものだ。僕はそれを、パンクの仲間と何時間もたむろっているあいだに何百個も食べた。オキドッグは一六歳のパンク少年が望めるものすべて、脂っこい食べ物と軽い女があることで魅力だった。

サンタモニカ・ブルヴァードあたりは麻薬の売人や薬でいかれたヤク中や、車で徘徊するゲイや各種のパンクで知られていた。何曜の夜でも、レザーの服を着て、髪をぴんぴんに立たせた夜行性の連中が、何十人とオキドッグに集まっていた。食べるものと社交の場の両方を求めてのことだ。ダービー・クラッシュ、アクセル・G・リーズ（ギアーズのボーカル）、ベリンダ・カーライルのようなパンクの有名人がよく顔を出しては、他人のタバコやフライドポテトをたかっていた。そこは不適応の奴らだらけで、人のファッションセンスや出身地を批判しにきていた。「おまえ、ヴァレーの奴かぁ？　どんだけ負け犬だよ」とか、「そんなパンクのリストバンドをサンセット・ブルヴァードのポーザーズで見たな」とか。

僕らのグループは、いつもの気楽で冗談を言い合う仲だった。僕の他には、たいてい、ジェイ・ベントリー、グレッグ・ヘトソン（サークル・ジャークスでパンク世界の王族になりつつあった）、船乗りのアーネル、看護士のアレックス、ピーター・ファインストーン（前の年にジェイ・ジスクラウトに代わってドラマーになった）、顎なしケニー、にやにやケヴィンとその「妻」ベッカ、「テンハイ」（安いウイスキーの代名詞）クラブの十代の酔っぱらい——リサ、ローリー、シャノン——がいた。たいていの夜、ジョークを言ったり、他の人々を笑ったり、近々あるライブの話をしたりしていた。建物正面には、見晴らしのよい、明るい光が当たり、地位の高い人々が群れて居並ぶ折りたたみテーブルがあったが、僕らがいたのはそちらではなく、東側の駐車場だった。まだ子どものパンカーが交じってもかまわなかった。マッド・ソサエティというバンドが、一一歳のシンガー、スティーヴィ・メッツを擁して、自分たちがアジアにいたときのことを歌って名を上げていたところだった。「子どものときはベトナムで、ナパーム、ナパーム、ナパーム。ナパーム弾にやられてた」。

店のあらゆる部分が使われた。ハリウッドのパンクは折りたたみテーブルや角の歩道のところに集まっていた。オレンジ郡のパンカーは東側の駐車場側の、僕らの隣に広がっているのがつねだった。ビーチパンクは建物の両側の歩道を、通行人をからかいながら、スケートボードで走り回っていることが多かった。オキドッグの女の子はたいていフリーだった。どこか一つのグループだけとつきあう子はいなかった。僕らのユーモアを気に入ってくれて、僕らのところにいても楽しそうにしていたが、その子らがつきあいたがっていたのは、たいてい、僕らよりも経験があって、自活していて近くの家か安アパートに住んでいる年上の男たちだった。ヴァレー出身ということは、ハリウッドでは長所ではなかった。僕らの人の不幸を喜ぶ穏当なばか話より、ヘロイン中毒やすでに名の通ったミュージシャンのほうが、いつも引力は強かった。

当時僕はほとんど性欲だらけだったが、後から見れば、オキドッグのつきあいは重要な活動だった。その頃には、今ならネットワーキングと呼ばれるようなことで地位が固められた。バッド・レリジョンは、一九八一年に自分たちのレーベル、エピタフ・レコードで出したコンパクト盤[21]〔シングル盤の大きさのレコードに33回転で録音して収録時間を長くしたもの〕がちょっとヒットしていた。一九八二年には、最初のアルバム『ハウ・クッド・ヘル・ビー・エニ・ワース？』〔いったいこれ以上悪くなりようがあるか〕を出して、大いに関心を集めたので、僕たちのバンドのことを知っている人はたくさんいた。それでも、オキドッグの駐車場でできたつながりは、僕らが築いた中でも重要なもので、そのおかげで、もっと有名なバンドにいる友達に呼ばれて実績になる演奏ができたこともある。とくに、グレッグ・ヘトソンの人柄と、オキドッグでの僕らの楽しい考え深そうな話に加わろうという意欲のおかげで、バッド・レリジョンに、当時のLAで人気も影響力もあるパンクバンドの一つ、サークル・ジャークスとのつながりが育まれた。ヘトソンのバンドが、日曜夜のラジオ番組「ロドニー・オン・ザ・ロック」にゲスト出演したとき、僕らのことをラジオで話し、デモテープの一曲をかけてくれた。当時、KROQでロドニー・ビンゲンハイマーが司会をしていた番組で、新しいバンドにとっては重要な売り込みの場だった。僕は、自分の声がラジオから流れるのを初めて聞いた。その後、ロドニーが週間ローテーションに僕らを加えてくれて、グレッグ・ヘトソンはバッド・レリジョンが出るときは、必ずゲストで出演してくれるようになった。

アドレセンツは当時オレンジ郡出身のバンドの中では人気があった。このバンドがLAで演奏するときには、打ち上げはオキドッグで、それで僕らとのつきあいが生まれた。その後、コンサートに呼ばれるようにもなった。バッド・レリジョンが僕の母の家で練習しているときに、アドレセンツが一度訪ねてくれたことを覚えている。本当の王族をお迎えでもするような感じだった。僕はアドレセンツの有名な曲をピアノバージョンで披露したりして、みんなで大いに笑った。今でもつきあいは続いている。

オキドッグにはいろんな連中が集まったので、もめごともあった。僕が高校三年生だった一九八二年春のある夜、オキドッグでたむろっていると、通りで叫び声がした。「そうだ、僕はゲイだよ。それがどうした」。クラブから帰ろうとするゲイのカップルを、スケートパンクがからかっていたのだ。一瞬のうちに、叫んだ男と連れは、そのパンカーたちに取り囲まれた。スケーターは二人を駐車場に追い込んで殴り倒した。カップルの一人が後ろに倒れ、頭を車止めのブロックにぶつけた。コンクリに頭がぶつかり、ぼこっといういやな音がして、連れが逃げようとするのを、他のスケーターが追い回していたのを今でも覚えている。オキドッグにいた他の人々も見に集まり、それから怪我をした男を助けにかかる中、ジェイと僕は、もうたくさんだとジェイのトラックに乗って家に帰った。後でニュースを見ていたら、サンタモニカ・ブルヴァードでゲイの男がパンクロッカーとの喧嘩で頭を打って死亡したと言っていた。

それはLAのパンク史の転機になって、パンク社会で急速に大きくなっていた暴力についての評判を強めることになった。スキンヘッドなど、暴力的傾向のあるグループがコンサートにやって来るようになっていた。バンドやファンを取り締まる警官に殴りかかる奴も出て、状況は悪化した。

オキドッグでの死亡事件は、僕の記憶にはまだなまなましい、他の大事件にかぶさるものだった。夜が更ける前、ハイスクールの女生徒が、バカンスに出かける両親を見送るパーティというのをして、そこにどこかのパンクバンドが出るというのを聞いていた。それは僕には奇妙に思えた。ヴァレーには他に地元のバンドはいなかったからだ。それどころか、このあたりで唯一のPAシステムはブレットのもので、それは僕らが毎日練習していた僕の母の家のガレージに常駐していた。その日の夕方、ジェイと僕はそのパーティに出かけた。なりたてのパンカーがやたらといた。その日の午後に頭を剃ったり髪を染めたりしたばかりという連中だった。ステレオから響く音楽は当時のパンクのスタンダードだったが、庭のテラスに楽器を並べているバンドが誰なのか、さっぱりわからなかった。「新人のバンドかな。この頃やたらと出てくるから」と僕はジェイに言った。
ところがジェイはスケートやサーフィンの様子をもう少しよく知っていて、テラスのあたりに集まっている面々の中に知った顔を見つけていた。それはヴェニスのドッグタウンという伝説のスケーターのグループだった。僕は全然知らなかった。このグループが現代のスケートボード文化を創りつつあった頃は、僕はウィスコンシンの小学生だった。それが今や、ＬＡの片田舎での地元のパーティで、その連中と面と向かっていた。その一人がジェイと僕に、ジム・マイアの弟が歌うのに間に合ったなと言った。ジム・マイアは、一八歳でドッグタウン・スケーツを始めた先進的なスケートボーダーでサーファーだった。弟のマイクは、「スーサイダル・テンデンシーズ」〔自殺傾向〕というバンドのリードボーカルになっていて、その夜、まだできて間もないバンドの演奏をすることになっていたのだという。[22]
そのバンドが何曲か歌った後、僕は人をかきわけて外に出た。ピーター・ファインストーンが、オキドッグで見知った何人かと一緒にやって来ていたからだ。突然、玄関前の庭にいた何人かの他のパンカーが、街灯を背にした何人かの暗い人影にからかわれているのに気づいた。どうやらパンクのパーティが、何軒か先で行なわれているハイスクールの生徒のパーティの関心を引いたらしい。中の一人が近寄ってきて、何かはっきりしない罵声を上げたとき、僕はそれがクラスにいる、フットボールのチームにもいる奴だということに気づいた。そのまわりには八人いて、みんなエル・カミーノ・リアル・ハイスクールのフットボールチームのメンバーだった。「これはおもしろくなりそうだ」と僕は思った。僕は学校では数少ないパンク派だったので、毎日、こういう連中にからまれる心配をしていた。ところが今は、まわりはパンカーだらけで、フットボールチームも数では負けている。
運動部が仲間のところへバットやゴミ箱の蓋などをとりに行かせているあいだに、パンカーのほうも誰かが家に駆け込んで、バンドに地元の奴らが表でばか言ってるから、演奏をやめろと言った。裏庭の音楽が突然止まると、正面に立っていた運動部が「パーティなら他のとこでやれよ、クソガキ」。そのとき恐ろしいことに、向こうの誰かの大声が聞こえた。「グラフィン、おまえか？　ほらほら、そこのおまえだよ。こんなパーティ、どうせおまえが考えたんだろ。ディーヴォ連中にどっかへ行けって言ってやれよ」。

ほぼその瞬間、ヴェニスの仲間や二五人ほどのパンカーが玄関から出てきて、僕の高校の運動部のほうへまっすぐ歩いて行っていた。「ディーヴォ連中がどうのこうの言ってる奴はどいつだ」と、ドッグタウンの最初のメンバーの一人で、その晩、後でオキドッグの外の襲撃のときもいたジェイ・アダムズが言った。運動部は人数で負けているのがわかって、立ったまま動かず、動揺を隠そうとしていた。別のスケートパンクが向こうの一人のところまで行くと、バットを奪い取った。自分たちの武器が自分たちに向けられそうになって、運動部は一瞬で後退を始めた。自分たちがパーティをしていた家に駆け込み、パンカーはそれを追った。一帯に、がしゃん、きゃあ、どしんと音が響きわたった。運動部のほうはクロゼットに閉じこもったり、街路を追いかけ回されたりしていた。それで何発か殴られたり蹴られたりしたが、それ以外には、大した怪我もなかった。しかし向こうがパーティをしていた家はめちゃくちゃになった。ドアは蝶番から外され、窓は割られ、家具はずたずたで、誰かがバーナーでも持っていたら、きっと火がつけられていただろう。

後ろのほうで騒ぎを見ているときには、ヴェニスのスケートパンクたちが恐れることなく、僕の学校生活を生き地獄にしていた偏狭な運動部員のプライドをずたずたにしていることに、仲間意識を感じ、いいぞと思っていた。同時に、自分がやばいことになっているのもわかった。連中が名前で特定しているパンカーは僕だけだった。ヴェニスの連中はよそからきていて、夜明けにはどこかへ行っている。ジェイとブレットはもうハイスクールを中退していて、運動部と顔を合わせることはなかった。ウェストヴァレーでパンクと言えばバッド・レリジョンで、僕のハイスクールでは、バッド・レリジョンと言えば僕だった。月曜日に学校へ行けば、必ず仕返しの標的になる。

運動部員の家を襲った後、パンクパーティはすぐに解散になり、みんな車に乗ってオキドッグに向かおうとしていると、最初のパトカーの一隊がこちらに向かってきた。マイク・マイア、トニー・アルヴァ、ジェイ・アダムズと同じ車に乗り込んでいるとき、運動部の一人が叫ぶのが聞こえた。「グラフィン、月曜に学校でな」。僕はもう死体になったようなもので、学校は僕の墓場になると思った。

どうしてドッグタウンの三人と車に乗り込むことになったのか、覚えていない。三人とも酔っぱらっていたか、ラリっていたか、両方かだった。高速でカウェンガ峠を飛ばしているとき、一人が開いたドアの窓枠に座って、隣の車に小便をひっかけていたのを覚えている――時速一〇〇キロで。ドライブのあいだ、僕はいちばんの心配事を話していた。「心配すんなって。「月曜になったらあいつら学校で僕を殺すよ」。マイク・マイアが僕をなだめようとしていた。おかしなことをしたら、あいつらの家の郵便受けに爆弾を入れといてやるよ」。けれども僕は、ヴェニスのパンクがウェストヴァレーに来ることは二度となくて、僕は一人残されることはわかっていた。

せっかくの金曜の夜がとんでもないことになった――音楽もない、演奏もない、ただ、いやなストリートの暴力だけだった。こんなはずではなかったと思ったのを覚えている。いつも、自分で演奏したり聞きに行ったりしていて楽しかったのに。ところが今は、僕に考えられるのは、月曜に学校へ行けば、フットボール部の金曜の夜の屈辱感と全力の怒りに襲撃されることだけだった。

月曜の朝、僕は淀んだ気持ちでジーパンとTシャツを着ると学校へ向かった。最初の襲撃は一時間目と二時間目のあいだ、僕が廊下を歩いているときだった。首の後ろにものすごい一発をくらった。金曜の夜のパーティにいた運動部の一人で、その仲間が二人、いつでも加わる気でいた。しかしどうやら誰かが学校の守衛室に、運動部が僕を襲おうとしていると教えていたらしい。連中が僕に襲いかかる前に、ガードマンが割って入って、僕と相手を引き離したからだ。ガードマンに押しとどめられるクラスメートの眼に浮かんだ怒りも覚えている。「殺してやるぞ、このやろう。あいつら俺をチェーンで追い回しやがった」。

運動部の一人が僕のところへきた。そいつはフットボール部のクォーターバックで、僕とは仲がよかった。僕は金曜の夜のことを話し、向こうは僕に、チームの連中がどれだけ怖がって怒っているかを話してくれた。僕はあのパーティとは関係がなくて、たまたま居合わせただけだと説明し、そいつはチームメイトをなだめてみると言ってくれた。その一方で、噂が学校中を駆けめぐっていた。僕は運動部を襲ったパンクギャングの仲間だと言われていた。実際にはギャングどころか、僕だけで、僕は一人で何の後ろ盾もない。

昼休み前の数学の時間、学校のガードマンが教室に入ってきて、「グレッグ・グラフィンはいるか？」と尋ねた。みんなが僕のほうを向き、僕は手を挙げた。ガードマンは僕を廊下に連れ出し、そこには警官が待ち受けていた。僕に手錠をかけて警察署へ連れて行くという。他の生徒から見えないように、廊下に呼び出したのだ。けれども手錠が後ろ手でかけられたとたん、チャイムも鳴ったので、そっとやるという警察の計画は破綻した。生徒が昼食に行こうと廊下にあふれ出たのは、長い廊下で警察が僕を連行し、外へ出て、歩道に止めてあった警察車両に乗せられるところだった。ものすごい屈辱だった。ただ、同時に警察は僕にとっては助けでもあった。一回の「容疑者連行」で、警察は僕を「恐ろしい奴」にした。僕がハイスクールやそれ以外でつきあった奴は誰でも、僕がそんな評判に値するようなことをしたことがないのは知っていたのに。ささやかれる噂を聞いた学校の友人は、「週末にハリウッドであいつを殺したのはグラフィンにちがいない」と言われている、と教えてくれた。

僕は正式には決して逮捕されたわけではなかった。警察が言うには、金曜夜の器物破損事件を調べていて、被害者が耳にした唯一の名前が僕だった。警察署まで車で行くと、僕はパーティにいた連中は誰も知らなかったし、この辺の奴ではないと言った。すると警察は、ウェストヴァレーは一つの共同体で、僕がハリウッドでつきあっているようなパンク仲間はこの辺のことや町のことは何も考えてない、よからぬ連中だと講釈をした。その忠告にわかったというそぶりを示さなかったのは確かだ。しかし後から考えると、警察は僕が主犯の類ではなく、僕が暴力的な人生を送ろうという気はないのを認識したという点では、まっとうな感覚があったと思う。僕はその日の最後の授業までには学校に戻った。生徒全体が僕はすごい奴にちがいないと思っていた。何せ、僕は「逮捕」されたくらいだから。運動部の連中に悩まされることもなく、夕方には僕の家で、バッド・レリジョンはのりのりの練習をしていた。

＊

一九八二年のその頃に、情緒面でちょっとでも成熟していたら、何かが起きるところにいたいという自分の欲求は、とんでもないことになりかねなかったということに気づいていただろう。僕はトラブルを回避するほど賢くはなかった。酔った向こう見ずの連中と車に乗って、怪我もせずにオキドッグまでたどりつけたのは、ただの幸運にすぎない。警察に連行されて一目置かれるようにならなかったら、運動部の連中から叩き殺されていたかもしれない。それでも当時、あることを理解する程度の頭はあった。パンクが喧嘩や器物破損や報復の恐れや警察への連行に明け暮れるものなら、僕はそんなものとはかかわりたくないということだ。

僕はパンクの非合法で危険な面に引かれることはなかった。自分にとってスリルはいつも、自分たちで書く曲に備わる権威への知的な反抗にあった。けれどもその反抗は激しい言葉で演奏されていた。ファンと警察はコンサート会場の外で衝突したし、演奏は何度も中止された。バンドの大半は暴力的ではなかったが、パンクのライフスタイルへ転向する流れは止められなかった。ついこのあいだまでパンカーに侮辱的な暴言を浴びせていじめていた奴らが、サーファーカットにして、ライブに来て、ビールを飲んで盛り上がっていた。多くのパンクバンドにとっては困惑する時期だった。自分たちの攻撃的な曲は、いくら歌詞で狭量な行動とは反対のことを歌っていても、喧嘩のきっかけに使われていることにも気づいていた。そのせいもあって、解散したり、別種の音楽活動に変身したりするバンドも多かった。ロサンゼルスでこの頃、それほど暴力的でない「グラム」メタルが始まったのは偶然ではない。少なからず、短かった髪を伸ばして荒々しい仮面をかぶったミュージシャンたちにあおられてのことだ。

バッド・レリジョンは、一九八二年の夏には、フローレンタイン・ガーデンズでのTSOLとのライブや、ソーシャル・ディストーションとのウィスキー・ア・ゴーゴーでの二晩のライブと、大きな演奏を何度か行なった。僕らのライブで事故が起きたことはなかったし、大学に入る前の夏の大盤ぶるまいで使われる金ももたらした。友人でアドレセンツにいたトニー・カディーナに勇気づけられた。このグループは当時「リップ・イット・アップ」〔引き裂く〕という歌を歌っていた。

もう暴力はたくさんだろう。
殺すだけなんて意味なんかない。
俺たちはおまえらのくだらない喧嘩の背景じゃない。
闇から出てこい、連帯しないか。
引き裂いたから強いと思ってるんじゃないか。

僕は混乱していた。すぐにでも喧嘩を始めようという客の前で歌いたくはなかった。けれども暴力への応答として根づき始めていたグラムメタルにも親近感は持てなかった。そこでブレットと僕は、その後ずっとパンクから一度だけ離れたアルバムを書き始めた。それは『イントゥー・ジ・アンノウン』〔未知の中へ〕というタイトルで、一九八三年にエピタフ・レコードから出た。収録した曲は、僕らがパンクの暴力的なサブカルチャーとは関係したくないという意思を明らかにしている。ただ僕らも、自分たちの曲を聴いてくれる人々にどう受け止められるかはまったくわかっていなかった。このアルバムにはパンクらしいところが全然ない。むしろ、ジェスロ・タルとピンクフロイドとREMと一緒にしたようなものだった（REMはファーストアルバムを出したばかりで、僕らは聞いたことはなかったが）。今に至るまで、このアルバムには複雑な思いがある。スタジオでの作業ということで言えば、レコード作りについていろんなことを覚えた。けれども、ミュージシャンとしては、確立したスタイルからがらりと変えて、しかもファンを納得させることはできないことも知った。振り返ってみると、このアルバムはできがよいとはとても言えない。別の形で離脱したパンク仲間への無意識の反抗だった。バッド・レリジョンの新鮮でオリジナルだったところは、一九八三年にこの『イントゥー・ジ・アンノウン』を出す頃にはなくなっていた。このアルバムで、バンドも基本的に分裂した。ジェイはこのアルバムのための練習には出てこなくなり、一九八六年になるまで戻ってこなかった。前の年の衝撃を考えると、誰もパンクの世界には加わりたくないと思うのも理解できる。僕はすぐに大学に入って活動を中断し、ブレットも中断して音楽産業について勉強し始めた。僕が再びレコーディングスタジオに入るのは二年後のことだった。

僕の青春時代は、科学と音楽への興味が大きくなったこと以外は、向こう見ずにさまよう紆余曲折だった。僕がしたこと、よく行ったところ、つきあった連中は危ない奴らで、ちょっと違っていたら僕は学校を退学になるか、逮捕されるか、何かの依存症になるかしていたかもしれない。結果として、僕は比較的無傷でくぐり抜けた。大人になってからの生活の結果は、若い頃の間違いとはほとんどつながっていない。ただ運がよかったとしか言いようがない。

幸運を単純に説明することはできない。誰かが宝くじに当たったからといって、本人にそれを説明しろと求めたりはしない——運がよかったんだと言うしかない。その人の暮らしぶりを調べ、くじを買う習慣に至る行動を調べることはできるが、それでどうして当たりを引くことになったのかが理解できるわけではない。それと同じことで、生物の多様性を一つの因子——自然選択——のせいにする必要はない。

生物種は危険を冒して時間をくぐり抜ける。その「成功」とは、それをどう定義したいと思っても、恵まれた遺伝子と同じく恵まれた運の産物だ。種は絶えず変化する世界と相互作用し、集団の移り変わりと新たな関係を生み出し、環境にある目の前の障害を乗り切ろうとする。絶えず変化する環境の迷路を案内してくれるものはほとんどない。その生物種の特徴は、死んでしまった先祖からもらったものにすぎず、今の新しい条件下でうまく機能する保証はないからだ。ある生物種が絶滅するまで、それがたどる道筋について予測できることはほとんどない。急速に繁栄して巨大な集団になる種もいれば、少ない個体数で、将来成功する見込みも少ないまま、当てもなく環境空間をさまよう種もいる。

パンクロックは暴力と結びつくことによってほとんどつぶれかけた。わずかなバンドが一九八〇年代半ばの低調をくぐり抜けて残らなければ、一九八三年には完全に消滅していたかもしれない。パンクロックは生き残った。白亜紀の哺乳類のように、目立たない場所に隠れ、その後の繁栄に適した条件になるまで。

第4章◉無神論という偽りの偶像

人間の不幸の源は自然を知らないことである。幼い頃に埋め込まれた闇雲の見解に執着しているので……いつも間違うことになる。

——ドルバック男爵[1]

僕が小学校五年生のときのゴアスキー先生は、厳しい元陸軍軍曹で、指されてもいないのにしゃべるのは認めない、生意気な意見はまったく容赦しない先生だった。ある日、太陽系の惑星を覚えてくるようにという宿題を出して、翌日、僕にその惑星の名を順番に言うよう求めた。

「冥王星《プルートー》、海王星《ネプチューン》……」と僕が始めると、

「太陽から外側に向かって」と先生は言った。

僕はとまどった。僕が惑星の名を覚えるのに使った太陽系を立体的に描いたポスターでは、冥王星がいちばん手前で、水星はいちばん奥だったのだ。そこで先生の言うことにかまわず自分流で言うことにして、

「ネプチューン、天王星《ユアレイナス》……」と言った。

「違う、ユアリナスだ」と先生は言った。

そのとき僕は、逆順の惑星の覚え方を認めず、邪魔ばかりする教師にむかついていた。あまりにこの場が絶好なのに気づいて、僕は言った。「でもゴアスキー先生、ユアリナスのまわりにはクリンゴンは

いません。うんちの拭き残し《クリンゴン》があるのはあなたの肛門《ユアレイナス》のまわりでしょ」『スタートレック』のクリンゴン人にひっかけて、スポックが真面目な顔をして「艦長、海王星《ユアレイナス》のまわりにクリンゴンがいます」と言ったという古典的ジョーク」。

五年生の教室は爆笑になったが、ゴアスキー先生は怒りでみるみる顔色が変わった。僕の席へずんずん進んでくると、腕をつかみ、廊下に引きずり出した。校長室へ連れて行かれるのかと思ったが、そうではなく、その場で説教が始まった。先生は僕が自分自身にとってためにならないことをしていると言った。指を僕の鼻先に突きつけて、「わからないのか。みんなはおまえのことを笑っているんだ。おまえと一緒に笑っているんじゃない」。

それが正しくないことはすぐにわかった。みんな、僕の冗談が気に入ったのだ。親友の何人かは、やり返すのもうまく、休憩時間にはみんなで五年生らしい駄洒落を言い合って笑っていた。ゴアスキー先生は、実際には何の根拠もないことを僕に信じ込ませようとしていたのだ。僕が物笑いの種だという憶測を先生は確かめることはできないのはわかっていた。先生は自分がそうであって欲しいことを言っているだけで、実際にそうだということではないのは明らかに思えた。たぶん、この種のしつけは軍隊では機能したのだろうが、証拠がなければあちらとこちらのどちらが正しいかわからないことは、五年生の子どもでもわかっていた。実際、先生の間違った解釈は先生自身に不利な作用をした。規則を定めるだけで、その理由を説明しない教師はたくさんいた。「簡単なルールですよ。指されてもいないのにしゃべったら、校長室へ行ってもらいますからね」。そういう先生はあまりやる気にさせることはなかったかもしれないが、そういう先生の言うことのほうが、ゴアスキー先生よりもまともにとられていた。そうした教師たちは、形式的な権威と、生徒にそのルールに従うロジックがわかるという期待とを混同することはなかった。いちばん実効性のある権威は詮索をいっさい受け付けないものだと信じていた。とはいえゴアスキー先生は、力と支配権を握っていた。僕のほうではない。学校で権力構造と戦っても、いいことは何もない。それに、僕が先生をいつもばかにしていることを両親には知られたくなかった。そうはしたくなかったのだが、そのときは廊下で頭を下げた。「はい、先生。そのとおりだと思います。みんな僕を笑っているんです。それから惑星は太陽のほうから覚えたほうがいいんです」。でも口には出さずに思っていた。「先生は間違ってるよ。いつかそのことを証明してやるから」。

こんな話をするのは、僕が生意気な子どもだったことを明らかにするためではない——そんなことはとっくにおわかりだろう。子どもが自分の思考過程に偏狭な制約がかかることで対処しなければならない、やっかいな状況を思い出していただくためだ。子どもは頭も回り、独立した人間だが、自分で信じていることから論理的にかけ離れたところにいることはなかなか認識できない。子どもの熱意は大人によって芽を摘まれることが多く、子どもはこうした要求を突きつけられるとふつう抵抗できない。「そんなことと信じてはいけません」とか「いったいどうしてこんなことができるんだ」とかのことは、親からあたりまえのように言われている。そうした発言は、子どもを萎縮させるだけでなく、自分がいる共同体で社会的に期待されていることのおおまかな方向性を与えることによって、ある考え方を教え込むことになる。子どもが自分の個性を身につけていくうちに、その行動や信じていることを、自分の迷路のような経験を通じて、大人が教えることと、どうにかして合わせる必要がある。子どもはそうするための経験の土台があまり広くない。

僕はこれまで、成長期の自分の話を、僕が音楽と科学に導かれて、自然主義的視点に立って世界を理解するようになったことを示す意図で行なってきたが、この章と次の章では、二つの重要なことを検討するために、その流れを中断しなければならない。一つは子ども時代の強力な経験が、どんな大人になるかに対して及ぼす影響。もう一つは、悲劇が人の世界観をどう作り、どう歪めるかということ。こうしたことが人生に影響するのは避けられない。ところがそれについては、世界を理解するのに使う知的な枠組みによって、人それぞれの解釈のしかたがまったく別になることがある。

*

すでに言ったように、僕は神を信じたことはないので、専門用語では「無神論者《アテイスト》」ということになる（接頭辞の*a*は「非」とか「無」を意味する）。けれどもこの「無神論《アテイズム》」という言葉に僕は疑問を感じる。この言葉は、人が何であるかよりも何でないかを定義しているのだ。僕がバッド・レリジョンのボーカルと言われず、非楽器担当と言われているようなものだ。自分が何でないかを定義しても、自分が何であるかはほとんど言っていない。

この数年に現れた無神論の本やウェブサイトに対して僕が抱く最大の異論はそれだ。単純に言うと、無神論では建設的な世界観は出てこない。無神論を採用すれば、もちろん世界観は根本的に変わるし、そういう面があればこそ、「黙示録の四騎士」（リチャード・ドーキンス、クリストファー・ヒッチェンス、サム・ハリス、ダニエル・デネット）による本が売れたのだと僕は思っている。[2] けれども無神論は自然主義的視点のほんの一部でしかなく、加えて否定的な部分ということになる。誰かを無神論者と呼んでも、社会的に意味のある関係や制度を築く方法にはならない。視野を広くするより狭くする。また無神論からは、必ずしも知識への確実な道は出てこない。それは自然や生命や人間社会を調べることを通じてこそ見つかるものだと思う。無神論を人々の社会にどうはめ込むかは明らかではない。用語としての無神論は、支持者か否定派かどうかは無関係に、人々を怒らせるだけらしい。

自分のことを、特定の世界観に反対すると規定することには別の問題もある。無神論は否定によって定義されるので、自分が対立する「神」の意味が明らかになることはない。物理的な出来事に恒常的に影響を及ぼす、介入する神を崇拝している人もいれば、人の世に影響を及ぼすことがないとは言わなくても、そうそうあるものではないと信じる人もいる。神がいる証拠は自然を見れば明らかだと信じる人もいるし、神の存在は超自然の啓示を通じてのみ明らかにされるとする人もいる。複数の神を信じたり、あるいはぼんやりと「霊《スピリチュアリティ》」と言われる、特定の神や神々の存在を必要としないものを信じたりしている人も多い。

無神論者が抱く見方も、同じように幅広く曖昧かもしれない。たとえば、神々のような話に関心がないために神を信じていない無神論者もいれば、神々は存在しないと思っている人もいる。後のほうの無神論者が、神の存在証明がいつか実現する可能性を認める、特定の哲学的立場を支持している場合もある。中には、神の存在を証明するにしても反証するにしても、十分な証拠がないので存在するかしないかわからないと思っていて、そのため不可知論者と呼ばれる人々もいる。しかしこの人々も、神の存在を証明するために十分な証拠が存在するとは思っていないのなら、無神論の基準の少なくとも一つは満たしていて、たいていのことについての姿勢は、自分を無神論者と言う人々と区別できないこともある。同様に、自分が「スピリチュアル」だと考える人々は、自分ではそう言わなくても、事実上無神論者かもしれない。

多くの人が、理由は違っていても、無神論という言葉に僕と同じく反感を抱いている。多くのアメリカ人は、自分に他の集団に対する偏見があることは決して認めない人々さえ、無神論者に対しては不合理な強い偏見を示す。二〇〇四年のアメリカ人に対する世論調査によれば、無神論者が「アメリカ社会の見方を共有している」と思う人の比率は、イスラム教や、近年の移民や、同性愛などの少数グループに対する比率よりも低い。[3] この調査によれば、無神論者は、平均的アメリカ人が子どもの結婚相手として考える可能性がいちばん低い少数派となる。

「無神論」という言葉は恐ろしく、多くの人々は神をあまり信じていなくても、あるいはまったく信じていなくても、自分が無神論者だとは言わない。アメリカ人が世論調査で無神論者かと問われると、「イエス」と答える人はほんの数パーセント（用いられる言葉遣いや抽出される集団によって数字は異なる）。しかし、自分は宗教的ではないと答える人はもっと多い。こう答える人々が神を信じている程度にも、少なくとも疑問の余地がある。[4]

たいていの人がほとんど知らない考え方の立場について、なぜそんなに恐れるのだろう。その本能的で無思慮な姿勢は、みんな子どものときに身につけた信じ方で動いていることをうかがわせる。しかしこうした信じ方がそんなに強くてなかなか変わらないのはなぜか。子ども時代に信じていたことはすべて、基本的には変わらないのか。それとも自分が何かを学習していることに気づく前からでも、学習する内容の影響力に抵抗できるのだろうか。

僕がリチャード・ドーキンスを訪ねたとき、二人で、幼いときには暗示にかかりやすいほうが自然選択的には有利になる可能性について話をした。ドーキンスが言うには、たぶん子どもの脳は遺伝子の自然選択で、「親が言うことは何でも信じろ」というおおざっぱな規則に従うようにできているんだろうね。一般的には、この概略規則に遺伝子の生き残りに価値がある理由はすぐにわかるよね。世界は危険なところで、子どもには試行錯誤で発見している時間はない。「川はワニがいるから泳いではいけない」というようなことを、学習で覚えるのは危険すぎる。親が言うことを信じるだけにするしかないだろう。［宗教の神話が］世代を超えて継続できるのは、子どもの脳が「親の言うことは信じなさい」というおおざっぱな規則に合わせてできているからだ。[5]

この視点からすると、親によって引き継がれた、流布している宗教概念（ドーキンスの言う「ミーム」）と広く対抗するには、無神論を唱え、広めなければならない。[6]

　とはいえ、この考え方にはまだ異論がある。自然選択は思想の採用にはほとんど関係ないかもしれない。それでも、子どものときの経験や物語には一生残るものがあることは、誰でも知っている。それが自分の行動に及ぼす影響が、長じてから調べられることはほとんどなく、無神論が多くの人々にとってなじめない理由はそれだと思う。子どもはほとんど誰でも、最終的なよりどころとなる権威は神だということを教えられる。「この世界もおまえも、作ったのは神様だ」。親が子どもに「私がおまえに言ういろいろなことに疑問を抱いてもいいよ」と言うことはまずない。僕の両親はそう言っていたし、僕も自分の子にはそう言っているのだが。「お父さんは（お母さんは）人間がどこからきたのか確かには知らない。自分で探しに行ってごらん。車には気をつけてね」などと。そういうことを言う親が増えれば、人はもっと権威に異を唱え、いろいろな世界観に対して寛容にもなるだろう。

僕の親も僕に多大な影響を与えているので、子どもは親の影響を受けやすいという考え方は僕も支持する。ただその影響は、僕が神とつきあうようには作用せず、音楽との関係に作用した。

＊

僕のいちばん古いほうの記憶に、両親が別室で何かのメロディを口ずさんでいるのが聞こえたというのがある。父が近くにいると、いつもハミングや口笛の音がしていた。僕はいつも父の歌が心地よかったし、その感じは今も、休みや何かの折に父のところへ行くと甦ってくる。僕がものごころついて以来、父はどんなときでも必ず歌い始めた。ツグミやモノマネドリが鳴くように、自然に音楽が出てくるのだ。歌詞もあとあとまで残る影響を及ぼした。今になっても、父が歌っていたばかな歌詞や、きれぎれの往年のヒットソングを思い出す。「ボンゴボンゴボンゴ、コンゴを離れたくない……」とか、「ジョーンズ君はもう兵隊、私用電話はかけられない。以前はベッドで朝食かい、ここじゃあそれももうできない」とか。母には母の好みがあった。地域の合唱団で歌っていて、毎年季節ごとのコンサートがあった。幼い頃に母が喜歌劇の「ペンザンスの海賊」に出ているのを見た記憶もある。その頃、家のまわりで、母は主人公のパートをよく歌っていた。「われこそはお手本のような現代の少将。いろいろ知るのが職掌。植物、動物、鉱物のことを少々、イギリス王の代々の継承、マラトンからワーテルロー、いくさの歴史の順序」。

今日も僕は家で、庭で、ハミングしたり歌ったり口笛を吹いたりしていて、それが自分が受けたのと同じように、子どもに影響を与えているのは確かだ。頭に浮かぶ歌に深い意味はないが、明らかに僕の気分には影響されている。気分がいいときには、とくにその気分以外に明らかな理由もなく歌を歌い、子どもがその辺にいると、気分がいいことが多い。子どもがもっと小さい頃は、何かの単語を言っては僕にまいったと言わせようとしたもので、すると僕も実際にある歌から思いついた歌詞を言ったり、歌ってやったりするはめになった。子どもが「ピザ」と言えば、フランク・ザッパの「クルー・スラット」の「ヘイ、ピザ奢ってやるよ」と歌うし、「キャンディ」と言えば、イギー・ポップの「キャンディ」を持ち出して、「キャンディ、キャンディ、キャンディ、君と別れられない」と歌ったものだ。このゲームは何度も何度も、子どもがくたびれるまで繰り返される。たいていは、小さい子どもが思いつく言葉なら何でも歌詞を思い浮かべることができたが、ときどきずるをして、勝手につけた歌詞を使わざるをえないこともあった。僕は一五〇曲近く作ってきたし、ブレットと一緒に作った他の曲もある。ステージで演奏する歌詞はすべて、記憶《メモリー》に組み込まれている。コンサートに向かう前におさらいする必要もない。音楽が聞こえてきて、口から言葉が出てくるだけだ。

僕は一九六四年生まれなので、一九六〇年代のことはほとんど何も覚えていない。それでも六〇年代からさらに五〇年代のロックンロールは僕に大きく影響している。父はジョニー・キャッシュのレコードを聴いていた。母はポップのラジオが好きだった。父が安物のステレオのボリュームをめいっぱい上げるので、ぺらぺらのスピーカーの音が歪んでいたのは懐かしい思い出だ。「僕らは熱くなって、ペッパーよりホットになって結婚。僕らの熱が冷めて、話すことはジャクソン。今僕は向かう、ジャクソン」。

ラシーンは両親が離婚した後も父が居残った、ミルウォーキーの三〇キロほど南にある土地で、僕は車に乗せられてミルウォーキーとのあいだを往復し、両親や祖父母や友達と過ごした。二つの都市で暮らしていると、ませたことも感じるようになった。ラシーンの親友たちは僕と同じ町内で育っていて、それでラシーンは小さな町に見えてきた。他方ミルウォーキーでは、スポーツの試合などいろいろなところへ行くような、大都市ならではのことができた。それは申し分なかった——大都市の学校の面々といるとかっこいい感じがしたし、週末には父の家の近所の友人がいた。

車の運転はたいてい父の仕事だった。父は金曜日に僕と兄を学校まで迎えにきて、日曜日には母の家に送り届けた。車ではいつもラジオがかかっていた。父は五〇〇ドル以上する車は買わなかった。何年かもつ車もあれば、すぐに壊れる車もあったが、どの車にも共通してついていたのは、実に安っぽいラジオだった。プリマス・フュリーに乗っていたときは、電波は十分なのに、ばりばり言う雑音を消すために二、三分ごとにダッシュボードを叩かなければならなかった。

父の車にはFMはついていなかったので、AMのトーク番組やラジオドラマや、夏になると野球——ブリュワーズ、カブス、ホワイトソックスの試合——を聞いていた。僕はたいてい、後部座席で放っておかれた。天気がよければウィンドを下ろして顔を出し、自分で好きな歌を歌っていた。それは兄には迷惑で、いつも大声で歌をやめろと言っていた。父は僕の歌を大いに結構と許容して、やめろと言うことはなかった。

母の車のときは違っていた。母の車は父のよりも広々としていた。いちばんよく覚えているのは、一九六九年型のビュイック・ルサーブルで、これは後部座席にもスピーカーがついていて、そこで、ヒット曲を流す、ミルウォーキーのWOKYを聞いていた。僕は一九七二年の小学校二年のときから、毎週のラジオのトップテンを歌えた。いつも後ろ向きになって、後続の車に顔を向けていた（当時はシートベルトを義務づける法律はなかった）。相応の背があったので、スピーカーの上に頭を乗せて、七〇年代ポップのトップシンガーと一緒に歌っていた。スティーヴィー・ワンダー、エルトン・ジョン、サイモン＆ガーファンクル、ポール・マッカートニー、ドン・マクリーン、ジェームス・テイラーなどだ。

運転席では母が一緒に歌っていた。ただ母は、ポップスターのようには歌おうとしなかった。むしろラジオから流れてくるポップソングに合わせてハモって歌うのが好きだった。ときどきそれが僕のしゃくに障った。僕は母と一緒に歌いたかったし、自分にわかるのはメロディだけだったからだ。それでも、母がハモっていたのは、長じてからの僕の音楽の聞き方に深いところで影響した。今では頭の中で他のパートの音も聞こえていないと曲を書いたり歌ったりすることができないし、バッド・レリジョンのレパートリーはたいてい、二声、三声、四声になっている。

父はクラシックのオペラやジャズについては立派なコレクションを持っていて、そこにわずかなポップのアルバムが混じっていた。父がウィーバーズ、ピート・シーガー、ビートルズをかけるときは必ず、一緒に歌う気でいた。僕はとくに、曲と曲のあいだに聴衆の歓声が聞こえるライブアルバムが好きだった。そうしたアルバムを聴くのは、みんなが大事にしていた家族の行事だった。

母のステレオは父のより音がよかったが、母のレコードはそれほど多くもなく、種類も少なかった。母がアルバムをかけるとすれば、ギルバート・アンド・サリバンか外国語の歌のオペラだった。母はいつも音楽と一緒に歌っていたが、聞くのはたいてい掃除や料理をしているときばかりで、僕は家事コーラスに加わるより、別の部屋で聞くだけだった。

それでも一九七二年、母は自分のオペラ好きとベトナム戦争時代のロック文化が融合したアルバムを買ってきた。『ジーザス・クライスト・スーパースター』だ。アルバムの中の、「アイ・ドント・ノウ・ハウ・トゥ・ラヴ・ヒム」〔あの人をどう愛すればいいかわからない〕という、ラジオでよくかかっていた一曲を母が歌っていたのを覚えている。これはマグダラのマリアがイエスに寄せる想いを歌ったものだが、夫と別れて独立した女性という新しい階層の心に響いたにちがいない。母の家で、ステレオのスピーカーから左右の耳それぞれから三〇センチほどになるところに腹這いになって、『ジーザス・クライスト・スーパースター』の歌詞と音をすべて覚えたこともある。僕が好きな登場人物は、いつも疑い深く思いやりのあるユダだった。まだ幼くて、音楽についてはよく知らなかったが、ユダのように歌いたいと思っていたのは覚えている。このアルバムは、一流のミュージシャンとか、歌の才能とか、スタジオ制作のことだけでなく、新約聖書の基本的な話も教えてくれた。何というおまけだろう。聖書を読まなくても、イエスの生涯の要点がわかったのだ。

自分のものになった初めてのアルバムは、小学校二年のときに母に買ってもらった『ジャクソンファイブ・グレイテストヒッツ』だった。僕はマイケルに一体化した。みんなの人気者だったし自分よりほんの何歳か上の年代だったからだ。レコードは聞き倒した。父やその友人たちとミルウォーキー・バックスのバスケットの試合に行ったことがあり、試合の後に入ったピザ屋でジャクソンファイブの曲がかかっていた。「これ大好きなバンドだ」と言うと、父の友人の一人が「ほお、この女の子は声が高いね」と言った。自分の大好きなシンガーが女の子みたいと言われて僕はむっとしたが、こいつもポップカルチャーについて来られない古い世代の例として頭に刻んだ。

パンクをやるようになってからは、自分がポップミュージックが好きだとは誰にも言わなかった。けれども僕の曲作りや歌い方には、隠そうとしても隠しきれないポップの感覚が残っていた。

五年生のときにはプログレッシブ・ロックを紹介された。小学校のときの親友の一人、ジェフ・シミータの家の隣にレスター・サヴェッジという高校生がいた。レスターはプログレに夢中で、イギリスからはるばる地元のレコード屋に届いた、よく知らないＬＰすべてを、僕らのためにかけてくれた。僕はそのレスターが持っていた、リターン・トゥ・フォーエヴァー、ジョン・マクラフリン、マハヴィシュヌ・オーケストラ、スティーヴ・ヒレッジ、ハットフィールド・アンド・ザ・ノースといったバンドのアルバムを熱心に聞いたが、その音楽はよくわからなかった。わかったのは、ジェフのほうの音楽を聞く環境だった。ジェフは一人っ子で、両親が地下室を音楽室にするのを許していた。天井からはブラックライトやサイケなネオンカラーの網がぶら下がっていた。足下には、地元のカーペット屋にあった一フィート四方のサンプルを、コンクリートの床に一枚一枚接着剤で貼りつけて敷いていた。壁は濃い紫と黒で塗られ、ロジャー・ディーンが描いたポスターが飾られていた。ステレオラックにはストロボライトとラバランプが置いてあった。アンプとターンテーブルは最高級品、スピーカーは中型のキャビネットタイプで、ウーファーとツィーターを覆う謎の黒い格子がついていた。ジェフの家で大音量で鳴らし、ブラックライトをつけられるなら、レスターの変わったプログレを聞くのも気にならなかった。

最近は自分の子どもが同じような行動をしているのを見ている。娘やその友達の音楽の趣味は毎週、ポップ系のラジオで全米トップテンのカウントダウンが放送されるたびに変わる。けれども、最高級品のオーディオ装置を使ったり、地下室の特製リスニングルームに下りて行ったりはせず、小型のノートパソコンを囲んでいろいろなウェブサイトやｉＴｕｎｅｓのプレイリストを流している。ノートパソコンの硬貨ほどの大きさの超小型スピーカーから出る音楽は、音が小さくきんきんいっていて、ボーカルが強調され、音はたいてい歪んでいる。どうして二階の僕のスタジオへ行って、プロ用のステレオで聞かないのか、僕には理解できない。娘たちは音質などどうでもいいらしい。歌と一緒に踊り、歌い、曲やシンガーについてあれこれ話している。そうして帰属感を育てているのだと僕は解釈している。どういう音がしているかは、本当にどうでもいいのだ。大事なことは他にある。誰がその曲を作っているか、それぞれの歌が何を表しているか、他の誰がその曲を好きか。音楽は娘たちに、互いの結びつきや、広い世間とのつながりを与えている。その身近な友人どうしの輪の外に、自分たちを迎え入れてくれる文化が存在すると信じている。

ジェフと音楽を聞いたとき、僕は初めて、ウィスコンシンの自分たちの周囲よりも広い世界に所属しているという感覚を抱いた。レスターの影響もあって、他の人々が、僕らはプログレッシブ・ロックが好きだからという理由で受け入れてくれると信じていた。このつながりの感覚は、予想外の形で現れることもある。人はいろいろな音楽や他の刺激に全面的に引き寄せられることがある。つながりの感覚がどこに由来するかは、有限でも数えきれない因子の組合せによる。僕は音楽のジャンルでは判断しないし、自分では理解できない音楽を聞いているからといって人をばかにしたりはしない――社会的・知的発達の道筋が違っているだけだ。もちろん、ジェフとともに音楽につながるようになったのは、自分にとっては重要な発達だった。

幸い、レスターはELP、イエス、ピンクフロイド、ジェネシス、ジェスロ・タルといったもっと主流のプログレのアルバムも持っていた。こちらは伝統的なジャズフュージョンよりも、歌を指向していて、とっつきやすかった。おそらく僕にとって何より重要だったのは、ボーカルがみな超一流ということだった。僕はごく早い段階で、優れたミュージシャンでグループを構成することはできるが、本当に歌を生かすのは、ボーカルの歌い方だということを認識したのだ。

ジェフと僕は学校のコーラス部にいた。ジェーン・パーキンスという優れた指導者もいて、僕らが年に二回の発表会でポップソングを歌うのも許してくれた。パーキンス先生は、毎朝練習の前にロックのアルバムを聞く時間をくれて、生徒もたいてい、エルトン・ジョン、レッド・ツェッペリン、ビートルズ、ジャクソンファイブ、クィーンと、自分が好きなアルバムを持ってきていた。けれどもジェフと僕には、コーラス部の遅れた連中の無知をばかにできるような秘密兵器があった。トッド・ラングレンを知っていたのだ。ジェフと僕がパーキンス先生の誕生日プレゼントを買うことにしたとき、レスターはトッド・ラングレンの新しいバンド、ユートピアの『アナザー・ライブ』を強く薦めた。そのアルバムは聴いたことがなかったし、パーキンス先生も、プレゼントしたときには同じだった。けれども僕らには現代音楽になかなかの鑑識眼があって、それがいたく気に入り、自分用に一枚買うほどだった。そのアルバムは僕のその後の音楽スタイルに巨大な影響を与えた。

ちょうどその頃、僕はLPをカセットテープにダビングする方法を知った。都合がつけば、ジェフからアルバムを借りて、いいところをカセットに録音した。ELPとピンクフロイドを何曲もコピーすることができて、それは僕の芸術的雰囲気の音楽コレクションに加わった。ソニーのラジカセでFMも録音した。当時のFM局は、「アルバムロック」という看板を掲げていても、ヒット曲をかけていた。僕はレッド・ツェッペリンやキッスやテッド・ニュージェント、シン・リジィの曲は録音しなかった。どういうわけか、そういう曲は、僕が「抜け殻」と思うようなもっと本流の奴らのものと思っていたからだ。それでもときどき、イエスの「ラウンドアバウト」や、クィーンの「ボヘミアン・ラプソディ」の短縮版や、ピンクフロイドの「ドッグズ」がかかると、その場で赤い「録音」のボタンを押すという即席編集で、DJのおしゃべりを入れないようにしていた。音楽の立派なコレクションを買うことはできなかったので、名曲のテープが何本かあるだけでうれしかった。

FMでトッド・ラングレンを聞いたことはなく、そのため、自分はDJが知らないことを知っているのだと信じていた。ジェフと僕は選ばれた少数だけに知る権利があるすごい秘密に出会ったのだと思った。トッド・ラングレンは、僕たちにとっては見えない神で、力強く、それでいて精妙で、なみの音楽ファンでは批評できるとは思えないものだった。

何年も後に、バッド・レリジョンのあるレコードで、トッド・ラングレンにプロデューサーを務めてもらう機会があった。直に会うと、トッドは髪はぼさぼさ、せっかちでいらいらしていた。バンドの他のメンバーは、本当はトッドの制作スタイルが嫌いだったが、僕はその作品群をよく知っていたので、トッドとの共同作業は創造性を一歩前に進めるものだと思った。できたアルバムが『ザ・ニュー・アメリカ』で、これは今でもお気に入りの一枚だ。けれども、毎日スタジオで一緒に仕事をしているうちに、僕の子どもの頃の理想は損なわれる。トッドは神ではなく、単なる仕事仲間になったのだ。性格のネガティブな面も見るうちに、この仕事が始まる前に抱いていた崇拝の念はしぼんでいった。それでもその才能はすごかった。組んだ中では最高のギタリストで、歌の作り方も驚異的。何やかやで、子どもの頃の憧れよりも大事なことをもらった。仕事上の刺激も受けたし友達もできた――それ以上の意味のあることがあるだろうか。

僕は正式な音楽の教育を受けたことはないが、よく母のピアノを弾いていた。コードは独学で覚えた。母はアップライトのピアノを持っていて、僕は学校が終わった後の午後、音楽を聞いていなければ、そのピアノを弾いて、音楽を演奏することを夢見ていた。弾き方を覚えた最初の曲が、トッド・ラングレンの曲だった。歌うのはあたりまえだったので、よく歌詞を作っては、単純なコード進行で歌った。初めて曲を作ったのは三年生の頃だったが、歌詞はCのキーで遊ぶ幼稚園児でも書けそうなものだった。「バイバイバイ、あの子の眼は青い、けどよく見えない、ダンスを教えてあげたのに、全然乗ってこない、ダンスを教えてあげたのに」とか何とか。

そうやってとりとめもなくピアノを弾いたのが、離婚家庭の静かな鍵っ子生活の相手であり慰めだった。兄とはあまり一緒に遊ばなかったし、母は仕事で忙しい。となると、放課後はステレオとピアノが中心だった。基本的に僕は、ラシーンの父の家に戻って友達と遊べる週末になるまで、暇つぶしをして過ごしていたのだ。

*

子どもの頃のこの経験は僕の人生に深く影響した。バッド・レリジョンの曲で使ったコード進行には、きっと、ミルウォーキーで放課後に母のピアノで弾いたものがあるだろう。そしてきっと、成長する過程に宗教が入っていなかったことが僕の世界の見方にも影響した。僕は怒る神に反抗する必要もなかったし、永遠の地獄の責め苦を受けるリスクもなかった。

　生命でいちばん大事な問いだと自分で信じていることの多く――人はどこからきたのか、人はどう行動すべきか、何を信じるべきか、この宇宙での自分の目的は何か――は、疑いもなく、本人の子どもの頃の体験に発している。身のまわりにある物語、伝統、行動パターンは、もちろん衝撃を受ける出来事の影響も含めて、その後の人生で学ぶことではひっくり返せないことが多い。いつも怠らず注意して変えようとしていれば可能かもしれないが。もしかすると、そうして信じていることの中には、幼い頃に発達中の脳で作られる神経の接続に組み込まれてしまっていて、ほとんど恒久的になっているものもあるかもしれない。だから、自分が強く抱いている信念については、なかなか異論を受け入れることができないのだろう。[7]

子どもはたいてい、言われたことを言われたとおりにするよう、きつくしむけられる。子どもの世界の見方は、親を始め、子どもにその世界観を無条件で受け入れることを期待する大人たちによって敷かれる。そうした親の規制にはなかなか反抗できず、親の期待が搦め手から表されていて、言われたほうもそれが親の期待だと気づかないなどのことで、逆らいようがない場合もある。信仰のある家庭の子どもにとってはとくに、宗教が本人の生活内部で筋の通ったロジックをなし、疑念を抱こうとする欲求が生じても、聖書の言葉が引かれそれを消していく。『ローマ人への手紙』14章23節には「疑いながら食べる人は、確信に基づいて行動していないので、罪に定められます」〔新共同訳による〕とある、などと。

信仰は人の気性にも関係するかもしれない。信者は忠実で新しい経験には消極的だが、信者でない人は新しい経験に積極的で社交的に活発であることを示す調査もある。[8] さらに、大々的な催しが特定の考え方や感じ方に人を閉じ込めてしまうこともある。多くの宗教が、思春期に、バルミツヴァー〔ユダヤ教の成人式〕や堅信礼〔キリスト教の信仰確認の儀式〕のような、成長過程の区切りとなる儀式を演出するが、それはそのためかもしれない。日曜学校、教区立学校、祈りの集会といった形の宗教教育が、宗教規範を強化する。宗教的な見方にこれだけの影響力が作用しているとなると、自分の考えを変える人がいることのほうが驚きだ。

けれどもそういう人は多い。[9] 宗教色の強い家庭に育つ青年の多くが、後に信仰を捨てている。そのほとんどが、疑問を抱くところから始まる。なぜ女は司祭になれないのか、どうして神は物理的な世界の出来事に手を出せるのか、なぜ神はこれほどの人の苦しみを許容するのか。自分に見えている世界と、周囲の信者に見えている世界との距離が広がり始める。自分の信仰がそれまでよって立っていた前提に疑問を抱き始める場合もある。それによって親や友人から否定されて辛い思いをするが、それでも真実を求め続けるという人も多い。そうして多くの人が、要するに自然主義的な世界観に至る。自分の頭の外の世界にあるものが何で、何が想像力の産物かを知るために、人間の発見の力を使うということだ。僕にとっては、それは圧倒的な反対に立ち向かう勇気と粘りの話となる。

他の人や社会制度が自分の道を迷わせていることを認めるのは、とくにその人々が身近な家族であれば、なかなか難しい。科学的な話を拒否する人々の大半は、必死になって自分の世界観を守ろうとしていて、新しい情報はそれにとって非常に危険なのだ。新しい情報を受け入れるというのは、自分自身の行動について推論し、場合によっては理解するための新たな方向が見つかることを意味する。友人や家族との縁が切れたり、周囲の人々から苦労して本当のことを隠し続けたりということかもしれない。

「自分は宗教を信じてはいないが、霊《スピリチュアル》的なものは信じている」と言って、自然主義の見方と妥協をする人もいる。僕はずっと、それが意味することの理解に苦しんでいる。そういう人々にどういうことかと尋ねると、「あなたには私が信じていることは理解できないでしょうね」とか「これは私の個人的な信じ方だ」とか言われる。つまり、自分が信じていることを細かく詮索されたくないということだ。そうした人々の中には、伝統的な宗教との折り合いが悪い人もいる。どんな宗教も自分の見方を表していないと感じているかもしれない。宗教的な家庭に育ったのに、そこで学んだことの多くを受け入れなかったということかもしれない。それでも自分の究極的な問いに対しては超自然の説明を求めている。

スピリチュアルなものを信じるとは、「自分よりも大きな存在があることを信じる」ということにすぎないと説く人もいる。そういう信じ方をしている人は、一元論のこともあれば二元論のこともある。実は、僕自身、自分より大きいものをたくさん信じている。けれども僕は強固な一元論者で、生命のカオス的な予測できない展開が何十億年か前に始まったと思っている。

スピリチュアルを、自然界の「謎」と呼ばれそうなものに対する畏敬や驚きの念で捉える人もいる。僕は謎は好きで、不確かだと思うことを前にして後ずさりすることはない。逆に、そういうことについて知ろうという気になり、新しい真実が謎をわかりやすくして、自分と自然界とのつながりの感覚を強くしてくれると確信している。それに、何かが謎だからというだけでは、自動的に科学はそれを説明できないという結論に飛びつけるわけではない。実際のところでは、謎と言われていることでも自分で調べている人にとってはそれほど謎ではないということもある。科学者がその説明を一般の人々に伝えるのはあまり上手ではないこともあるが、科学的説明がもっと広く知られれば、それを「スピリチュアル」と言う人は少なくなるのではないだろうか。

人は多種多様な信仰や信念を抱いていて、何人の人が神を信じているかを特定するのは難しい。先にも触れたように、あえて自分を「無神論」と言う人の数はアメリカでは非常に少ない。けれどもどう呼ぶかはともかく、内容の点では無神論という人も多い。本人は自分をそう呼びたくなくても、信じていることは聖典に出てくる神々とは無関係で、したがって伝統的な信仰を持っている人々の気持ちを逆なでしていることもある。ある世論調査によれば、アメリカ人の二〇パーセント以上が自分を無神論者、不可知論者、スピリチュアリスト、ニューエージ派、東洋の宗教の信者、あるいは何らかの形の非人格神信者と考えているという。[10] この集団は、ひとまとめにすると、アメリカのどんな宗派の人にも負けない大きさになる。[11]

一神教の神を信じない人の数は、他の国ではもっと高い。イギリスでは三一パーセント、フランスでは四八パーセント、ノルウェーでは五四パーセントに上る。[12] 世論調査では、スウェーデンでは八二パーセントもの人が「人格神」を信じていないことがわかっている。あらゆる国の無神論者、不可知論者、非信仰者の数を数えれば、世界中で五億人から七億五〇〇〇万人くらいが人格神論者ではないだろう。そしてアメリカを含め、多くの国々で、信者ではない人の割合は増えつつある。これは人口に占める割合としては大きく、世界の主な宗教を信じている割合にだいたい等しい。こうした人々の多くが何らかの自然主義的世界観を抱いていると僕はにらんでいるが、広い範囲の調査データはない。

非信徒の割合が高い国々は、自由で安定した、教育水準の高い、健康状態もよい国々だ。平均寿命、識字率、教育水準といった因子で測る発達度を考えて国の順位をつければ、上位五か国――ノルウェー、スウェーデン、オーストラリア、カナダ、オランダ――はいずれも信仰のない人の割合が高い。この尺度で下位を占める国々は宗教色が強い。殺人の率が高い国々は宗教的である傾向がある。男女平等の水準が高い国は宗教色が弱い。こうした対応関係は、無神論が好ましい社会指標となるとか、その逆だとかはまったく言っていない。ただ、無神論は道徳、誠実、信頼の点で劣っているという考え方は、調べれば調べるほど否定されているということだ。

＊

僕は歌で、あるいは学生に教えているときに、無神論を薦めたりはしない。たとえば、チャールズ・ダーウィンについて講義するときは、ダーウィンが人格神論を捨てた決定的な理由に触れることはほとんどない。それよりも、生物学的現象を理論化したということのほうが、ずっと大事なことだ。僕が教えている入門レベルの学生の関心は、自然界に見られる過程や相互関係に向けられるべきだろう。種が神によってそれぞれに創造されたかどうかという議論は副次的な意味しかなく、生物学入門の授業で論じるには時間がない。
それでも誰かに問われれば、自分の意見は喜んで伝える。ダーウィンは人間が自然の一部であることを明らかにした。人間には独特の特徴はあるが、他の種より上とか進んでいるということはない（要するに、どの種も独特なのだ）。学生がこの結論の論理を理解すると、神のお気に入りの創造物という人間の特権的な地位についての確信がゆらぐことになる。あるいは少なくとも、自分の信仰や思い込みについてもっと注意して考えるよう促される。

僕が曲を書くときは、ゴアスキー先生にされたようなことはしないようにしている。特定の世界観に従うよう強制することはない。伝統的な宗教による見方よりも生産的なものごとの見方があるかもしれないよと、ヒントを出しているだけだ。『ジーザス・クライスト・スーパースター』を聞いていたときに得た経験が反映されているのかもしれないが、僕はずっと、音楽が人の奥底を無視できないほど変えることがあると信じてきた。一部の科学者が唱えるように、音楽が「本で勉強する」のとは違う別種の学習に依拠しているとすれば、感情ではなく思想を歌うことは、こうした別の学習モードにつながる方法かもしれない。[13]そのため——もちろん両親の育て方にもよって——僕はずっと、自分の子が宿題をするよりｉＰｏｄを聞きたがれば、断固それを支持してきた。宿題をしなくてもいいなどというのは、たいていは逸脱だということを認識しているが、それでも、音楽を聞くことによって、何か価値のあることを学習していることは強く信じている。

自分で歌詞を書くようになったとき、断言するよりも問いかけるほうが多くなる傾向があった。歌であまり強い主張をすると、音楽としてのまとまりが落ちると思っている。たとえば、バッド・レリジョンのアルバム『アゲンスト・ザ・グレイン』〔性分に反する〕の「ゴッド・ソング」には、少しやりすぎたところがある。


あの昔の足はアメリカの緑の草原を踏んだだろうか。

あの人間中心の神は衰え、その考えや信念は見えなくなっただろうか。

そんなことはない。神はいて、他は息をひそめ、人が自分の魂を祝福するために命を売り渡した相手とはりあっている。

それで奴らはおまえに考え方を教えてくれたか。腐った勝手な心を清めてくれたか。

それとも監視から解放して、たっぷり腐敗させてくれたか。

みんなもう宗教がただの合成の虚飾で、俺たちの広がるグローバルな文化の力には必要ないことは見えている。

もう自分で自分の未来を閉じ込めたこの袋小路が怖くならないか。こんなに近く、こんなに厳しく。


僕の考えでは、この歌のいちばんひどいところは、宗教について不遜なことを言っているところ（「宗教がただの合成の虚飾で」）だ。他の部分は、神を信じていようといまいと、誰にもあてはまるイメージを現出させている。そしていちばん迫ってくるくだりは、自分の考えでは、問いのところだ。この歌はバッド・レリジョンのファンのあいだでは定番の――信者・非信者関係なく――人気曲で、ヒットした理由の一端は、出てくる問いが誰もが考えることだからだと思う。

バッド・レリジョンの曲の多くは、無神論者の合い言葉になるかもしれないが、ブレットと僕は、深みや意味に欠ける、革命だとか安っぽいスローガンをあからさまに言う言葉は避けてきた。音楽のイメージを太い筆で描いておけば、聞くほうが自分で結論に達することができる。『ジ・エンパイア・ストライクス・ファースト』〔帝国の先制攻撃〕というアルバムの「無神論の平和」という歌には、僕はこう書いている。


知的に論争するにはもう遅いかもしれないが、混乱の名残は残っている。

時代とともに変わり発達して苦しむ心は平均的市民の苦痛の素になっている。

俺たちは何と戦っているのか、教えてくれ、もう覚えていないんだ。

ときどき甦るだけ、
そして獣を抑えられなければ世界は終わるかも。おまえが解放する信仰から無神論の平和がくる。

政治の力は、不満のきつい冷たい風を吹き出し、現代が勝ち誇って登場した。

でも今俺たちは停滞して、歴史の暗い部分に対抗して生き直すときになってきた。

俺たちは何と戦っているのか、教えてくれ。戦争から進歩があったためしはない、増えたという偽りの感覚だけ。

世界は真実が皿に載って出てくるのを待ちはしないが、後はもう無神論の平和で盛り上がるだけ。

この歌は信仰を持つ人々への容赦のない攻撃に転じることもありえた。けれども僕は、人を批判するのではなく、やる気にさせようとしたかった。問いかけるというソクラテス的方法は、ただの攻撃よりもよい結果をもたらす——少なくとも僕にとってはそうだった。世界をあるがままに見て、その元や意味に疑問を抱くことを促されると、学ぶ態勢ができる。そのうち宗教から転じる人々が問いかけるようになると、問いを立てる人々は、教えよりも証拠と理由に基づく世界観を確立できる。先入観のベールを切り裂かなくても、直接に世界とかかわれる。

僕は自分の自然主義的世界観について言うときには、慎重になろうと努める。神を恐れて、それが自らを覗き込んだり懐疑的になる能力を偏らせている人々がいることは知っている。神が嫌いで、別の形で意味のある探求や対話の障害になっている人もいる。神を恐れる人々は、この世の生命は何かの知的な存在に導かれていて、人の究極の焦点は、死んでからどうなるかに向かうべきだと言う。神を嫌う人々は、宗教を信じるのは洗脳されて何も考えてないからだと思っている。この神を嫌う人々の中には、自分たちの指針となる文書、集会場、ほとんど宗教的なコミュニティの感覚を備えた社会集団を（ウェブ上だけにでも）作ろうとした人々もいる。暗黙の「ご一緒しませんか《カム・ジョイナス》[14]」の声は、そういう人々のウェブページにも、講演にも明らかだ。僕から見ると、こうした信じない人々の集団は、それが嫌っている側によく似てくることがある。

宗教が取り上げる究極の問いは、「自分はどこからきたのか」、「自分が生きる目的は何か」、「辛いことにどんな意味があるのか」といったことだ。この種の「大きな構図」の問いはたくさんあり、それは難しく、時代とも無関係なので、人間の最も重要な制度は、ほとんどの人を満足させる包括的な答えを提供するために発達してきたと考えるのも無理はない。たとえば宗教が提供する答えは、「あなたには欠点があるけれど、神がそのようにしたのだから心配はない」とか、「神はあなたがよい生活をすることを望んでいる」とか、「神は完全だから、その意思にも叡智にも疑問を挟んではいけない」といった方向に沿ったものになる傾向がある。言い換えれば、こうした究極の問いの話になると、あまり議論の余地はないということだ。

流布している無神論の言説に出てくる答えには、それと同じく独断的なものに見えるものがある。あなたが神を信じているなら、「モラルテロ[15]」の被害者かもしれないとか、たぶんただ洗脳されているだけだろうけど、「子どものときにそういうふうに脳が「配線」されたのだから当然で、大人になってから「配線し直す」望みはほとんどないなどと。そのような理屈を説いたのでは、人生の大きな問いを探り続けようという欲求を刺激するよりも、そこから遠ざけることになる。

それでもとことん激しく議論する必要のある問題がある。化石は人の由来について何を語っているか。生命の分子的起源はどこまでさかのぼれるか。老化はどうやって遅くできるか。他の惑星にはどんな生命がいそうか。こうした問いへの答えはすべて、「大きな構図」にかかわる意味を持つ。そして僕は、こうした自然主義的な探求の領域をめぐっては、霊媒や祈りにあるのと同じくらいの謎があると思っている。けれども手順が違う。自然主義の伝統は、情報を共有しデータを照合することだ。世界中の人々が、科学の言語でやりとりできる。無神論者／人格神論者に分かれて論争すると、この調和のとれた社会的活動が困難になる。

そろそろ、神の存在に関するきりのない、終わらない論争は置いといて、生命や生命に内在する創造性——と避けがたい悲劇——に目を向ける必要がある。

第5章◉悲劇——世界観の構築

［それは］私に残っていたそれまでの二元論的世界観を一撃で破壊した。
——エルンスト・ヘッケル、一八六四年、妻の死について[1]

私は家庭の喜びと、私たちが老いてからの慰めを失ってしまった。
——チャールズ・ダーウィン、一八五一年、一〇歳の娘アニーの死について[2]

あなたの身の上に起きた悲しい出来事のことを考えよう。家族や友人の誰かを亡くしたことでもいいし、思いがけない事情でチャンスを逃したことでもいい。職場を解雇されたり、今でも辛くなる恥ずかしい瞬間かもしれない。人生には大小の悲劇が積み重なり、正気を保つには、その悲劇の意味を理解しなければならない。初期の進化論者にとっては、個人の生活での悲しい出来事が、自然主義的世界観を育てる上で強く影響したかもしれない。そう信じる学者もいる。[3]

確かに僕の知的な面での発達を動かしたものの中には悲劇があった。僕の人生がとくに悲劇的だったわけではない。多くの友達が耐えなければならなかったような衝撃的な出来事はなかった。けれども、悲しいことを悲しいと言うことで、他の人を支え、他の人に支えを求めて、自分の困難を伝え、他人のことに耳を傾けようという気になってきた。人生には悲劇がつきものなので、僕はそれがすべての生物を貫くあたりまえの糸だと見るようになっている。すべての生物はいつも衝撃的な変化に影響されていて、人間的な見方では、それが悲劇と解釈されているのだ。そして生命の悲劇的な意味は、自然主義的世界観に必然的に伴っている。

＊

一九五九年一〇月二九日、「チャーチズ・オヴ・クライスト」〔キリストの教会〕という、聖書の原点に返ることを掲げる宗派の有名な長老、エドワード・マイケル・ザーの運転する車が、インディアナ州マーティンズヴィルという小さな町で他の車と衝突した。ザーは腕と脚と何本かの肋骨を骨折して、病院に運ばれる途中で昏睡状態に陥り、四か月後、ザーは意識を回復することなく、八二歳で亡くなった。

ブラザー・ザーは文筆家、教師、説教師として多産で、会報に寄せる記事、歴史上の引用句を聖書的に解説した本、自習用の聖書に関する二巻のQ&A集を書き、六〇年以上にわたり、ニューイングランドからカリフォルニアまで、八〇〇〇回以上の説教を行なった。「まことの富」、「あなたのもとへ帰る」という、今でも「チャーチズ・オヴ・クライスト」の礼拝で歌われている二曲を始め、いくつかの宗教歌の作詞作曲もした。

とはいえ、E・M・ザーでいちばん有名な成果は、一九四七年から五五年にかけて出版された聖書に関する六巻の注釈[4]だろう。ザーは教会の支援を受けながら、週に六日、朝の四時から八時までこうした本の仕事をしていた。この本は驚異のテキスト分析だ。ザーは明らかに旧約、新約の聖書のすべての言葉に精通していて、聖書の意図の細かいところについて、権威をもって注釈できた。「創世記」から「ルツ記」までを取り上げた第一巻の序文には、「憶測を避けるのが私がつねに心がけていることである」

と書かれている。「ただの当て推量に基づいた説明はしていない。自分で理解してると確信していないところでは、いかなる注釈も加えなかった。私の目的は、ただただ聖書についてもっと深い理解を促すことにある。そういうことが行なわれれば、かけた時間と労力が報われたと思えるであろう」。

E・M・ザーは僕の曾祖父で、母方の祖母の父親だった。この祖母は、冬のあいだはロサンゼルスの母のところで過ごしていた。母は僕が生まれてから宗教にはかかわっていなかったが、曾祖父の信仰のかけらのような痕跡は家にまだ残っていた。ザーのいたチャーチズ・オヴ・クライスト派は、音楽は楽器を伴わず声のみで歌われるべきものと信じている。楽器の禁止は「エフェソの信徒への手紙」5章19節にある「詩編と賛歌と霊的な歌によって語り合い、主に向かって心からほめ歌いなさい」〔新共同訳〕という一節に由来する。曾祖父の宗派はこの語句を文字どおりに解釈して、純粋な人間の声に楽器が伴うべきではないという意味にとる。[5] 聖書にあるすべての言葉が文字どおりに解釈されるのだ。ザ・チャーチズ・オヴ・クライストは信仰回復運動に連なり、それをさらにさかのぼれば、一九世紀初頭の第二次大覚醒から育った。この運動が求めたのは、聖書の文字どおりの解釈に立ち戻り、キリストが樹立した教会を回復することだった。

E・M・ザーは、自身の子どもを教会に連れて行き、孫にも宗派の規律に従うよう期待したが、母やその兄弟のスタンリーは、ピアノやギターを弾くことを許されていた。二人とも宗教的な感覚はあまり植えつけられずに育ったが、音楽のほうは、二人とも、今に至るまでずっと好きだ。

E・M・ザーが聖書解釈に没頭したことに発する一家のもう一つの伝統は、教育に価値を認めることだった。母もスタンリーおじさんも博士課程まで進み、教育の価値は僕や兄やいとこたちにも伝わっている。感謝祭に母の家に一族が集まるときには、一緒に歌うだけでなく、学術的な話でも盛り上がる。

話は朝食のときに始まり、午後遅くまで続くことも多かった。中心は母とスタンリーおじさんだが、招待された友人、頑固なティーンエイジャー、小さい子に至るまで、論争に加わってよかった。穏やかな秋の朝から午後になっても、社会政策や時事的な出来事について熱い議論が続くことが多かった。けれども夕方になると、きまってスタンリーおじさんがギターやバンジョーを弾き始め、それで平和が戻った。古い歌でみんなが声を合わせると、一族が一体になった。[6] 音楽が始まると、とげとげしい態度は続かなかった。バンジョーで古い曲をじゃらんとやられると、楽しくなる以外のことにはなりえない。この世の憂さはすべてどうでもよくなってくる。

ザーじいさんが亡くなったのは、一家にとって早すぎる突然の事態だった。曾祖父が生きていたら僕など憐れむべき迷える罪人に見えただろうが、一緒に歌うときには喜んで参加しただろうと思う。事故に遭ったときは、まだ元気で活発だった。その曾祖父が亡くなったことで、一家はその後もずっと、悲劇はいつでも起きるのだという思いを新たにした。

*

一九八〇年代にＬＡのパンク界で育っていたら、誰でも暴力が突発的で予想外で悲惨になりうることを知っている。僕の友人たちは、コンサートで騒ぎになると、いつも警官に殴られていた。さらに悲惨なことに、自殺したり薬をやりすぎる友人もいた。僕はマリファナも他のドラッグもやらなかった。カリフォルニアに引っ越したときドラッグ文化に触れたときのショックから、中学や高校の連中のようにぼろぼろにはならないと誓った。けれども友人は、週末にパンク仲間が集まって開くドラッグパーティに僕を呼んだ。自分だけが素面《しらふ》で見ているのは落ち着かなかったが、仲間から離れたくはなくて、最初はやめろとは言わなかった。ときには、ヘロインや覚せい剤を注射する手伝いまでした。今になって、どうなっていたことかと思って背筋が凍ることがある。分量など考えていなかった。僕が誰かに致死量を注射してしまい、友人をドラッグで死なせて何年か投獄されていてもおかしくはなかった。

　二〇代の初めの頃、バンド仲間から「聞いたか？　ゆうべボブがヘロインをやりすぎて死んだぞ」と聞かされた。それからほんの何か月か後には、「昨日トムが死んだ。駐車していたトレーラーに車で突っ込んだんだ」。ボブもトムも、ドラッグをやっていなかったら死ぬことはなかっただろう。どちらも薬をやっていないときは、明るい、おもしろい奴らだった。ところが薬をやるときは、こっそりと隠れて、僕とはあまり一緒にいなかった。二人の死は自分がそれまでしていたことを考え直すきっかけになった。ドラッグが友人の人格をあんなにも変えるものなら、僕はそんな世界とかかわりたくはなかった。自分の人生であんな実験をしたいとは思わなかった。ボブとトムが死に、自分にはドラッグをやる遺伝的な傾向も心理的な強迫観念もなかったことから、自分がいかに幸運だったかと思わされた。

　僕は「悲劇」を多くの人々よりも広く考えている。僕が考える悲劇は、あたりまえだと思っていることの突然の変化だ。それまで途切れることがないと思っていた生活や人間関係が破壊される。悲劇的な出来事は、自分が理解していることに異を唱える、驚くべき予想外の変動をもたらす。悲劇に勝者はいない。情け容赦のない喪失があるだけだ。

　個人的な悲劇は社会的関係が元になる場合が多い。人々を互いに情でまとめる普遍法則には、対人関係について自分[7]が信じていることを強化する作用がある。たとえば、人は愛の暗黙の法則を検証しようとはまず思わない。けれども、恋人が亡くなったり結婚生活が終わったり子どもが親から疎遠になったりすると、その法則が破られたと感じ、深い悲しみを感じる。

　僕は僕で悲劇に終わった関係が応分にあり、その一部は自分の理解不足のせいだと思っている。一〇代の頃には、自分たちの集団の中にいる女のパンカーは、あらゆる点で男のパンカーと同じだと思っていた。社会の圧力に打ち勝つという欲求でつながっているのだと。力点は自分たちの集団がまとまって騒ぐところにあって、個人的な問題にはなかった（「俺」のことを歌うより、「俺たち」の歌のほうがずっと多かった）。僕や僕のパンク仲間は、理解するより寛容を実行するほうが得意だった。残念なことに、その寛容からして、男と女の求めるものの違いや見方の違いをちゃんと取り上げないことの言い訳になった。今でも僕は、女の求めるものに寛容になることにはたけているが、その求めをちゃんと理解はしていない。それではよい夫にはなれない。僕は家族が必要とすることより、音楽、教育、研究のほうを上に置く傾向がある。最初の結婚が破綻したことは、僕にとっては大きな心の痛みとなった。初めて両親が離婚したときに経験した苦痛を理解せざるをえなかった。また結婚する機会があれば、もっとうまくやろうと誓うことにもなった。

　自分は悲劇を経験していないと思い込もうと、感情面で度を越えた無理をする人は多い。自分が感じる悲しみを認めると、すべてそれに呑み込まれて社会的関係の邪魔をするかもしれないからと思って、認めるのを怖がっている。世間では、自分の悲しみは呑み込むものだと思われている。泣いたり、過度に感情を表に現したりといったことは、しないようにする。これこそ大いなる陰謀だ。誰もが悲劇の現実を認めていれば、人生が実はどれほど辛いことかにも気づくだろう。

　僕は自分の苦痛は大したことではないと思い込んで安心を感じたことはない。大きな喪失感があれば、他の人はもっと大きなものを失っているとか、もっとわけがわからなくなっているとか、もっとひどいことが起きているなどと言われても、何の慰めにもならない。僕の感情は僕のもので、それを他の人の感情と比べることはできない。僕の苦痛と人の苦痛は必ず違っている。その大きさを測る手段はない。ただ、それを無視するのは間違い以外の何ものでもない。

あまり公然と感情を表に出すと、自分の悲しさに打ち勝とうとしている他の人の邪魔になると信じている人もいる。まるで、他の人がそのもろい感情を処理するのは助けなければならないが、その一方で、自分の気持ちをわかってもらいたいという欲求は無視しなければならないと思っているかのようだ。そんなふうにして悲劇が身近にあるのを否定することもある。けれども、苦痛を整理するには、人生のどこにでもある部分として、他の部分とつなげて扱う以外にはない。

悲劇は自然や進化に内在するものでもある。長いあいだ自然史につきあっていれば、生物の世界に生じる、破壊、恐怖、死が膨大にあることに気づかないわけにはいかない。自然界にある悲劇をもっと理解すれば、自分の人生にある悲劇に対処しやすくなるだろうか。僕はしょっちゅうそのことを考えている。確かに化石の研究は、未来の悲劇を回避することとはほとんど関係ない。他方では、歴史の研究――過去の文明やその環境とのつきあいについてデータを集めるといったこと――は、今の環境問題を解決しようとするときには非常に重要なことになりうる[8]。先行する生物が環境について犯した間違いは避けることができると認めるなら、歴史的知識には実践的成分があるという結論にならざるをえない。この実用性は、自然史の領域の奥へも広げられるだろうか。僕はまだ納得のいく答えには達していない。けれどもできると答えようとしてきた。僕が生命の歴史を研究してきたのは、単に学術的な理由だけではないものを求めてのことだった。僕にとっては、過去の生命の研究には感情にかかわる成分もあるのだ。

＊

チャールズ・ダーウィンとアルフレッド・ラッセル・ウォレスが進化論を考えようとしていたとき、同じ国のある人物の論文が二人の考え方の要点を形にしていた。一七九八年、トマス・マルサスが、人間の人口増加は、それを養うのに必要な資源の増加よりもはるかに速いと書いていたのだ。それによって、人間の集団にとって死と飢餓という結果は避けられない。マルサスは人格神論者で、飢え、苦痛、競争などのこの世のいやなことは、神が何かを教えるためにあると信じていた。飢餓と貧困という容赦のない脅威がなかったら、人間には懸命に働き、自分や他人のためになることをする理由はなくなるだろう。少数の人の幸福と引き換えに苦痛がはびこるのは、ある意味で人間の美徳の源だと、マルサスは論じた。

ダーウィンとウォレスがこの論文を読んだとき見てとったことは、マルサスとは違っていた。二人はそれぞれ別々に、自然界での個体数と資源の不均衡は、ダーウィンが自然選択と呼んだことを支える仕組みの元になれることに気づいた。自然界で生まれる生物の数は、生き残って子孫を残せる数より多いのだ。その結果、適応度が高い生物は将来の世代に自分の形質を残すが、適応度の低い生物は、飢えや病気で死んだり他の動物に食べられたりする。必要な資源を得るのに必要な能力にわずかなばらつきがあり、集団の中で生き残るものと死滅するものが生じる。

このように見ると、進化論は、自然界に多くの悲劇が存在することについて、その根拠となる筋書きを与えてくれる。ダーウィンは進化をそのように見たらしい。「生存競争」、「最適者生存」、「資源をめぐる競争」といった言葉はすべて、この世の苦しみの少なくとも一部を説明しようとする、もしかすると無意識の努力があったことを指し示している。この進化観は、適応度の役割を誇張することによって、悲劇を正当化する根拠を与える。死は、様々な形質を持つ生物による集団の中から、適応した側の個体だけが選択されるという、進化の主要な「メカニズム」の副産物と見られる。

しかしすでに見たように、生命のばらつきのほとんどは、選択が作用する閾《いき》よりも下にある。適応していない形質や行動は、人間の場合も含め、生命にはあたりまえにある。悲劇は、適応度の高い個体に道を開くという高次の目的に役立ってはいない。生物学者がたいてい想定しているのとは違い、でたらめで方向性もなく、アナーキーなものだ。

死の存在を説明するには、別の見方をしたほうがよい。世界は限りある場所で、長い長いあいだにわたって、新しく生物が生まれることを、生物が死ぬことによってバランスをとらなければならない。[9]このバランスが維持されないと、世界は生物だらけになって窒息してしまう。つまり、生物はすぐに消えてしまう。破壊の力のほうが優勢になったことが、過去に何度かあった。ただそういう時期をすぎると、またすぐにバランスが復活する。進化の観点からすれば、悲劇には正当化の必要はないし、また正当化する根拠もない。死は単純に生命を補完するものとして必要とされる。

化石は逃れられない死の存在を間違いなく証言している。この世の生命の歴史全体が、化石として時間の中に固定された死屍累々によって記録されている。発見された化石はそれぞれ、生物学的事象の連続体の中の特異な名残となっている。過去の一場面を後に発見する人々にもたらすのは死なのだ。

死を伴う予想外の結果は、あらゆる水準——細胞から個体から集団、種、生態系——での生物学的分析に、あたりまえに見られる。生物という団体の最下層にいる単細胞生物——二〇億年以上のあいだ、地球にはそれしかいなかった時期がある——は、二つに分裂するだけで、死なないと言っていいかもしれない。この生物の系統は、生命が始まってから今に至るまで、途切れなく続いている。単細胞生物は、人間の腸の暗いくぼみから、日の光を見ることのない深海の岩から、はるか上空の電離層に至るまで、地球のほとんどどこにでもいる。それは地球に最初に登場した生物で、以来ずっと存在してきた。単細胞生物も死ぬことはある——たとえば環境が変化したり、他の生物に食べられたりしたときだ。けれども僕は、単細胞生物はむしろ小さな代謝機関で、いつもその辺をうろついていて、ときには感染症を起こすこともあるが、たいていは、表には見えない、気づかれない、それでももっと見えやすい形の生命の暮らしにとって生死にかかわるほど重要なことをしているものだと思っている。

死が、一見すると無駄で無意味でも、生物学的に必要なあたりまえの出来事になったのは、多細胞生物が進化してからだった。単純な機能をてんでに行なう単細胞あるいは細胞の小規模な集団から多細胞生物になると、複雑な組織や器官ができて、高度に複雑化した生物の利益と見えることのために協調して機能するようになる。多細胞生物の特徴の一つは、体細胞と生殖細胞（配偶子）との「労働分業」にある。配偶子は遺伝情報を世代から世代へと伝える。この細胞が子の発生を始めると、子が生まれた後は、体の他の部分は、生物学的にはもう要らなくなる。体細胞は年をとって死ぬだけで、生物体そのものもいずれ死ぬ。

この何十億年かにわたる多細胞生物の進化は、神経系の発達も可能にした。この専用の細胞によるネットワークが、生物に多くの特殊な能力をもたらした。神経系を持った生物は、環境の状況を、それがない生物よりも高い感度と明瞭さで感知することができる。体の一方から他方へ高速に信号を送ることもできる。神経系の各部分どうしで通信することもでき、最も進んだ形態では、「思考」と呼ばれるものも生む。

さらに、神経系は動物が怪我をしたときに痛みを感じて、そのことを銘記することができる。人間以外の動物にも、程度は様々でも「意識」と呼ばれるものがある。つまり、人間とは別の形でもおそらく痛みを経験しているということだ[10]。しかし痛みは、そのことを思い出して将来危険を避けるという役目もする。

複雑な神経系の進化は、人類やチンパンジーやクジラやゾウや、さらには社会的昆虫のような、高度に社会的な動物にもつながった。こうした生物には、自らを他者との関係で考える様々な能力がある。たとえば、こうした動物は、子や親族や仲間を死が襲ってそれを亡くすと、いろいろな形で喪失感を経験する。ガゼルなどの有蹄類はつねに、ライオンやオオカミのような肉食獣に食べられている。この仲間の動物は、家族や集団の他の個体が殺されても行動にほとんど変化はない。一方、チンパンジーやゾウのように、身近の誰かが失われるとそれにうちのめされて、通常の機能ができなくなる動物もいる。もうこの世がほとんど生きるに値しないかのようになる。もっと高度に発達した神経系を備えた動物――とくに大きな大脳皮質がある動物――は、悲劇をさらに深刻に認識するらしい。

人類には、それこそ高度に発達した大脳皮質があり、死が避けられないことを概念化できる唯一の動物らしい（もちろん、他の動物が高度に発達した大脳皮質を使って何を考えているのかは正確にはわかっていないが）。この能力は、人間に特有の苦しみ方をもたらす。人は身のまわりのすべてが去ってしまうことになるのを認識している。ところがその認識によって慰めは得られないし、悲劇が襲ったときの痛みが小さくなるわけでもない。

苦痛は進化から導かれる避けがたい帰結だ。自然主義者は悲劇を、細菌の寄生、新生児の死亡率、感染、飢餓、災害、種の絶滅など、歴史全体を通じて多細胞生物の身の上に起きてきた自然な過程の表れと見る。いったいこの苦痛は、思い出して将来の苦痛を避けようとする以外の目的に役立っているのだろうか。悲劇の問題に最終的な答えを提供するというのは、どんな世界観からしても──自然主義に基づこうと宗教に基づこうと──荷が重いのかもしれない。

＊

人は何かのときに、宇宙のとてつもない大きさを突きつけられることがある。子どもの頃、ウィスコンシン州での夏の夜、ときどき、エアコンのない父の家の息が詰まるような蒸し暑さから脱出しなければならないことがあった。そこはミシガン湖から一キロも離れておらず、ミルウォーキーやシカゴの街の灯りも遠すぎて、漆黒の夜空を照らすことはなかった。ときおり、父の双眼鏡を借りて、家の前の芝生に寝転がって星を見ることもあった。兄も僕も、自分が見ているものが何なのか、ほとんど知らなかったが、カール・セーガンのテレビ番組を見ていたので、自分が見ている光が、一年に一〇兆キロ近く進んでも、ここまで届くのに何千年、何万年もかかっているかもしれないことは知っていた。そして、そこに長くいるほど見える星の数が増え、無限の闇の向こうへ広がっていた。兄に「宇宙はいつからあったの？」と聞いたことを覚えている。兄は「ずっとあったのさ」と答えた。その答えは、ティーンエイジャーになる前の訊きたがりの僕にとっては十分だったが、今はもっと行き届いた科学的な答えがあることも知っている。

父の家の庭での経験は、本格的に進化生物学を勉強するようになった際には、とてつもない長さの時間という、たいていの人にとって考えにくいこととつきあいやすくしてくれた。人はたいてい、日とか月の単位で考えるものだ。せいぜい十年単位のこともあるか、くらいのところだろう。個人にとって意味がある人間的な出来事の時間の枠組みはその程度の幅なので、そうなるのは自然なことだ。けれどもそれは、天文学的な距離を、日常移動している道路のイメージで考えるようなものだ。時間はどこまでも延び、宇宙の暗い空虚はどこまでも広がっている。

人がたどれる先祖はたいてい、ほんの何世代か前までだ。しかし一世代の平均的な長さを二五年とすれば、キリストの時代と今とを隔てるのは八〇世代ほどになる。それは誕生と死が八〇回、世代から世代へのＤＮＡ伝達が八〇回、その当時の先祖から今の自分に至るまでの系統が切れる可能性が八〇回繰り返されたということだ。

さらに、進化の観点からすれば、八〇世代という時間はまったくのゼロに等しい。二〇万年前の東アフリカで解剖学的に見た現代人となってから今まで約八〇〇〇世代の隔たりがある。そしてこの八〇〇〇世代でも、チンパンジーとの共通祖先との隔たりとなる人間の単位で二五万世代、あるいは恐竜の絶滅の当時から隔たる二五〇万世代、地球上の生命の起源から隔たる一億四〇〇〇万世代と比べると微々たるものだ。

人間にはこれほど巨大な数を理解するうまい方法さえない。一〇〇〇《サウザンド》くらいなら把握できるかもしれない――一〇分余りかければ一〇〇〇まで数えられる。しかし、一〇〇万《ミリオン》となると、いくら新聞などでそれを超える数には毎日お目にかかっていても、なかなか把握は難しい。以前、ライブをやるためにＬＡからサンフランシスコまで車で行ったとき、ブレットと僕は運転しながら、どうやって退屈をまぎらわそうかと考えていた。ふざけて「壁に百万本のビールがある。壁に百万本のビールがある……一本落ちたら？」というむちゃくちゃな替え歌を歌い始めた〔元歌は九十九本から始まる〕。（長い間《ま》）……壁に九十九万九千九百九十九本のビールがある。（２番）壁に九十九万九千九百九十九本のビールがある。
壁に九十九万九千九百九十九本のビールがある。……一本落ちたら？（長い間）……壁に九十九万九千九百九十八本のビールがある」。それから五分くらいして、後部座席にいた二人のガールフレンドが「もういや、やめて」と言った。「でもまだ九十九万九千九百九十二だよ」と僕らは言い返した。すると二人は、百万まで数えるのにどれだけ時間がかかるか調べてみてと言い出した。そこで僕はブレットに時間を計ってもらって五分間数えた。それから、今度は大きいほうから小さいほうへ数え直した。そのあたりになると、後部座席の二人はこのおしゃれでないゲームにうんざりして、自分たちでしゃべっていた（その後、二人はそのときのツアーのずっと後までついてこなくなった）。

結局、二人の人間が一日八時間のフルタイムで数を数える以外のことを何もしなければ（昼休みはなし、土日は休み）、一〇〇万まで達するのにおよそ二〇週かかることがわかった。大学の一学期より五週長い。

科学研究によって、しかじかの出来事が、宇宙史、太陽系史、地球史の中でいつ起きたかを推定する力は得られている。放射性原子が崩壊して他の原子になる速さは正確で、何かの同位体がかつてどれだけあり、現在どれだけあるかがわかってきて、月や地球や最初の化石ができた年代がいつか、正確な数字が得られている。[11]こうした年代は絶対の確実さで計算できるわけではないので、こうした年代について、地質学者は「一六億五〇〇〇万年プラスマイナス八二五〇万年」のような言い方をしたりする。たとえば、いくつかの独立した証拠に基づいて、地球の年齢は四五億四〇〇〇万年プラスマイナス四五〇〇万年と推定されている。経過した時間のとてつもない量からすると、驚異の推定だ。

地球最古の生物の証拠は、三四億年プラスマイナス一億年前の化石にある。[12]この最古の化石の頃から今いる生物それぞれに至るまで、生物的事象が無数に連なっており、それぞれの生物がこの過程の一部となっている。進化の道筋にある出来事の連なりを僕なりに表せば、「有限でも数えきれない」となる。

過去は、今とはまったく違う生物、変わった大気状態、見慣れない地形だらけで、宇宙の広さや地質学的時間が人間の把握を超えているのと同じくらい、想像を絶する。たとえば、時間をさかのぼって、およそ五億四〇〇〇万年前のカンブリア紀初期の砂浜へ泳ぎに行くとしたら、水は快適だろう――温度はフロリダ州キーズやオーストラリアのグレートバリアリーフ、メキシコのカンクーンなどの熱帯の礁《リーフ》と変わらない。ところが、シュノーケルと水中眼鏡をつけて浅い海の礁の世界を覗くと、そこに見えるものは、今の海とは全然違う。今の礁は、ほとんどが刺胞《しほう》動物に属する生物で構成されている。これに属する動物はクラゲ、イソギンチャクなどが含まれる巨大な分類をなし、その中に、群れをなす小さなコップのような形の生物がいて、これが現代の海の珊瑚礁世界のカルシウムによる骨格を作る。カンブリア紀の初期の礁は、アルケオキアツス〔古杯類〕と呼ばれる生物で構成されていた。これは解剖学的構造や分類区分としてはカイメンに近い。現代の礁を構成するクラゲやイソギンチャクとは、人類とアサリなどの貝との違いと同じくらい遠く離れた生物だった。カンブリア紀の礁にも少しは刺胞類の生物がいたが、その頃のものはもう絶滅している。

タイムマシンに戻って、今度はおよそ八四〇〇万年前の中生代中期の礁を覗けば、また別の変わった光景が見えるだろう。アルケオキアツスはどこにいるのだろう。こちらの刺胞類はどういう種類だろう。今度の海で礁をなしているのは、現代のカイメンのような動物ともサンゴのような動物ともまったく似ていない生物だ。白亜紀末の礁は、ルディスティス〔厚歯二枚貝〕と呼ばれる二枚貝で構成されている。この動物は、円錐形で、高さが二〇センチほどの貝殻を持ち、集まってコロニーをなし、沿岸の石灰質の堆積物に縦方向に固着している。中生代中期以前の礁にはルディスティスの痕跡はまったくない。ジュラ紀より前、およそ二億年前にはまだ進化していなかった。それが先に見たカンブリア紀初期の海に見られなかったのも不思議はない。

今日の礁は主に、刺胞類の仲間に属するイシサンゴと呼ばれる種でできている。白亜紀末の礁では、イシサンゴが占める割合はごく小さかった。ところが六五〇〇万年前、恐竜を滅ぼした大量絶滅のとき、ルディスティスも全滅した。陸上も海中も、優勢な生物群が絶滅したことで、進化に新しい時代の幕が開いた。

大量絶滅は、生命の歴史上で何度か起きている謎の多い出来事だ。それがあったことは一五〇年以上前から知られていた。一八六〇年、ある地質学者が、イギリスの化石を手がかりにして、地質年代ごとの全動物種の数と思われる値の推移を示すグラフを描いた。[13] 当時は放射性年代測定という「時計」はなかったので（放射能自体が発見されていなかった）、絶対年代はつかめていなかったが、それでも、自分が調べていた生物種のうち、相当の比率が絶滅したことに関与する出来事が、過去に二回あったことは明らかにすることができた。[14]

今日、その二回の出来事は、地球史上の重要な画期と認識されている。いちばん新しい大量絶滅は六五〇〇〇万年前のもので、K－T絶滅と呼ばれる（白亜紀《クリーテイシャス》のKと第三紀《ターシャリー》のTによる）。K－T絶滅は恐竜を滅ぼし、哺乳類が多様になってそれまで恐竜が占めていた生態系のニッチを引き継ぐことになった。K－T絶滅は、それを説明するために出された仮説で有名になっている――小惑星がユカタン半島に衝突して、世界中を破局的な闇に陥れたという。[15]

二億五二〇〇万年前のペルム－三畳紀絶滅（「大絶滅」と呼ばれる）はさらに深刻で、地球の海に棲む生物種の九五パーセントが絶滅した。[16] ペルム－三畳紀絶滅は、今のシベリア地方で活発に起きた火山活動によって、温室効果ガスが大量に噴出したことによるものと考えられている。海洋、陸上で生物が以前にあった水準の生物多様性を回復するのには、数千万年がかかった。

大量絶滅は、広い範囲の生物の死をもたらす。うまく適応している種や個体でも勝ち残れない。大量絶滅でどの種が滅びるかは一般に予測できない[17]。適応度はこうした絶滅ではあまり、あるいはまったく出番はない。悲劇が襲うとき、個体はそれに対応する態勢になっていない。個体が生き残るかどうかは単純に運の問題らしい。

大量絶滅の後、種は再び多様化する。けれどもそうした種も、以前と比べるとまったく違って見えることがある。いちばんわかりやすい例は、恐竜絶滅後の哺乳類の台頭だ。絶滅の場合と同様、大量絶滅の後でどの進化の系統が繁栄するか、予測するのは難しいかもしれない。生命は悲劇の後、別の様相を呈することが多い。

こうした生態系での入れ替わりには、何かの大きな宇宙的意味があるのだろうか。古生物学を研究すればするほど、そうではないことがはっきりしてくる。生命は何らかの意図を持った力には導かれていない。歴史のある時期、何らかの系統が支配的になることはあっても、結局は完全に絶滅して、別の系統の生物が取って代わる。この見方からすれば、人類さえ進化の予想外の産物らしく、劣った生物がずっと着実に目指してきた進化の頂点というわけではない[18]。

生物の歴史はあまりに膨大で、神が造物主なら、なぜわざわざこれほどと、ぜひとも説明してもらいたくなる。神は人類を生み出す前に、生物を使って、大量絶滅や果てしない苦痛を引き起こす、見たところでたらめな実験を大量に行なっていたらしい。そのことがどれほど賢明で愛情に満ちているのだろう。長いあいだ化石を調べていると、人格神論者でいるのは難しい。

人格神論者で、慈悲深い、応答してくれる、強力な神を信じている人なら、宗教の中心にある問題とつきあわざるをえない。自然にこれほどの苦痛や不幸があるということだ。このパラドックスは簡潔にまとめられる。神が人を自らに似せて作ったとしたら、つまり他の存在に対する思いやりを感じるものだとしたら、どうしてこの世にこれほどの悲劇が起きるようにしていられるのか。

＊

主だった宗教はみなこの問いに答えようとしてきた。人類はもともと罪深く悪いのだとか、悪は人間の自由意志の前提だとかのことが言われる。悪が神からの罰だとする宗教もあれば、神のすることはただただわからないと説く宗派もある。人類は何千年ものあいだ、世界での体験と信仰との折り合いをつけようとしてきた。それでも、安心できる、あるいは納得のいく説明はまだ考案されていない。

信仰する宗教の教えを用いて悲劇を説明する人も多い。人が死ぬのは、「神がお召しになった」からだとか、その人が死んだ後、もっとよいところへ行くのだとかのように言われる。僕はこうした説明は好きではない。これは人の感情移入の表層に訴えて、悲劇や喪失が避けられないことから人の視線をそらしている。葬儀のときには誰かが「あの人は愛する人と天国にいる」とか「まあいい人生を送った」とかのことを言ってくることがある。そうした発言に対してどう答えていいか、僕にはわからない。僕は人が天国へ行くとは思っていないし、そう言っている本人も信じていないかもしれない。そのような発言は、生に内在する悲劇に何とか理屈をつけようと無理をしているように思える。

また、神だけが人の「潮時」を知っているという原理も、よくよく注意して適用しなければならないと思う。そのような言い方は、拡大解釈をしすぎると、無責任な行動をとる根拠を提供することになりかねない。薬物濫用をした友人の多くは、きっと、「ああ、俺はクスリをやるよ。どうせ自分がいつ死ぬかわからないんだし」という、うかつな哲学を守ってそんなことをしたのだと思う。それでも人生では、車の事故でもたらされるあっけない死や、アメリカなら銃でもたらされる死、あるいは感染症による死など、防げる死が多い。死は結局予測できないかもしれないが、シートベルトを締めたり、銃を鍵のかかった物入れにしまったり、コンドームを使ったりのような、妥当な手順を踏みそこなったら自分のほうが不利になる。それができないのは、悪の存在に根拠を与えようとする宗教的説明のいまわしい裏面の表れだろう。悲劇的な出来事はすべて神の計画に入っていて、その発生を最小限にすべくわざわざ最善を尽くさなくてもよくなるように見える。

西洋の宗教では、悲劇を表す中心的なメタファーは罪だ。人間と造物主との違いは、神は完全だが人はそうではないところにある。ところが神は、人がお気に入りの作品なので、人に「自由意志」を与えた。人はもともと罪深いのに、天国へ行って永遠の後生を送るために、自由意志を行使して善行をしなければならない。逆に罪は非難と処罰の根拠となる。自分の自由意志を、自分の本来罪深い本質を乗り越えるために使わなければ、罰に値するのだという。[19]

悲劇が他人の身に降りかかると、その人が罪を犯した様子だけを探して、その出来事に至る長い出来事の連鎖を認識して検討しない傾向がある。強盗は家族を養うのに必死だったのか。殺人犯はばかげた嫉妬や強欲でおかしくなっていたのか。ある人の暴力的行動は、その環境や経験から予測できたか。そのような影響を考慮すれば、もしかすると今日の、コンクリートの独房で死ぬまで無駄に暮らしながら年をとるという厳罰的な制度よりも、意味のある更正プログラムができるかもしれない。誤解しないでもらいたいのだが、犯罪者の多くは社会に適応しておらず、隔離する必要があると僕は思っている。けれどもだからこそ、社会に適応できる人は再教育し、そうでない人はずっと他人に害が及ばないところに隔離するような、優れた更生施設が必要なのだ。

今の刑罰制度は、悲劇が結局は無目的なのに、それを説明する物語を仕立てたいという必要を反映している。この「中心的な物語」が、人間の世界観について、安心できて、根本的に意味のある土台をなす。現代アメリカでもありふれた中心的な物語の一つは、罪とそれを非難することにかかわっている。非難することにとりつかれるあまり、処罰に対する熱意が高まる。人は子どものときから、罰は悪いことをした報いだと言われる——根拠のない自由意志信仰の当然の結果だ。そう言われ続けてきたことのおかげで、人は罰を恐れる。報道、映画、テレビ番組も、同じ中心的な物語を支持し、罪深い悪行によって社会を侵犯する人物を見せつける。好きな新聞、映画、本からでたらめに何かの話を選べば、その基本構造を罪と罰が織りなしているものだろう。

ところが、人の中心的な物語には二重基準がある。人は人生の悲劇的な面ばかりを処理しなければならないと思っている。いいことがあっても、それに理屈をつけようとはしない。ところが悲劇に襲われると、答えを求めて必死になり、自分の世界観はそのままということになりがちだ。苦痛がどうして生じ、どんな出来事がそれをもたらすかを知りたいと思うのは自然なことらしい。

悲劇がどこにでもあることを理解することが痛みを和らげるだろうか。そんなことはない。痛みは説明をつけておしまいにはならない。悲劇には答えがない。悲劇の原因を知っても悲しみが消えることはない。僕は友人の悲劇的な死をもたらした原因すべてを知っているわけではない。わかっているのは、死ぬことは生の一部だということと、自分たちの生の一部をともにできることは喜ばしいということだけだ。

僕は悲劇的な出来事は人生であたりまえのことだと認識しようとする。異常事態でもなければ、ただ人を押しつぶす不幸でもない。僕はもちろん、悲劇で何が起きたか、それが予想していたこととどう違うかは理解しようとする。そのような理解は少なくとも自己意識を持ったことの埋め合わせの一部だ。理解することで、他の人の悲劇について感情移入できるようにもなる。他人の痛みに感情移入できるようになるには、自分に作用する苦痛に満ちた経験を認める以上のことはないからだ。

自然主義の見方は自分自身の悲劇的出来事に対してはアナロジーしか与えてくれない。それでも僕は、悲劇は生命が始まったときから起きてきたことを忘れないようにする。大量絶滅が生命について明らかにすることについて考えることもある。生命は、そのような出来事で終わってしまうのではなく、新しい様相をまとうのだ。悲劇があると、社会や家族での僕の役割も変わるかもしれない。けれども一つ一つの衝撃的な経験を心配するべきではないだろう。悲劇はほんの一瞬のことで、今、ここにいることは、悲劇的な出来事が無数に積み重なった産物だということを、僕は覚えておかなければならない。

生命は、突発的な前進と繰り返される反動を特徴とする悲劇が連なったものと見るのがいちばんいい。喜びも失望もある。ただ悲劇は絶望の元である必要はない。みんなが属している自然界の実際のありようを思わせてくれるということだ。

第6章◉創造ではなく、創造性

自然の事実は、人間の願望や一見すると論理的な先入観とは一致しないことが多い。

ジュリアン・ハックスリー[1]

自然選択には何の意図もない。心もなければ心の眼もない。未来を計画しているわけでもない。展望も予想もないし、そもそも何も見えていない。自然選択が自然の中の時計職人の役割を演じると言えるとしても、その時計職人は目が見えない。

――リチャード・ドーキンス[2]

僕が一五歳だった一九八〇年、バッド・レリジョンはコンパクト盤として出される予定の六曲を仕上げようと何か月か練習をしていた。レコーディングスタジオに行くと、プロデューサーが僕らに「君たちはスリーピースかい」と訊いてきた〔「スリーピース」は、ギター、ベース、ドラムを中心とする、歌よりも楽器の演奏を主とする構成を指す〕。僕らは四人で、えっと思いながら、ちゃんと四人いるよなと確かめて互いの笑顔を見たが、みんなで「そうです」と答えた。思うにみんな、「スリーピース」とはレコーディング用語で、僕らは新米でわからないけれど、自分がしようとしていることを知らないとは思われたくないと思っていたのだ。

最初の曲を演奏するとすぐに、僕らがしようとしていることを、プロデューサーのほうがわかっていなかったことがわかった。それまでパンクロックは聴いたことがなく、僕らの曲は未完成だと言い張った。「あいだにギターソロを入れないと。それから歌にはコーラスが要るね。それができたら完成だ」。それでも僕らは、この曲にはギターソロはなくて、歌はこれで完成していると言った。プロデューサーは目をぎょろりと向けただけで、録音は続いた。向こうが、僕らは一〇代のものを知らないパンクな奴らだと思っていることはわかった。

そのときの曲はこれまでに何十万枚と売れていて、今でも売られている。ギターソロやコーラスがないことをとやかく言われたことはない。僕らには、自分たちの創造の努力にどれだけの可能性があるか、測る手だてがなかった。曲作りについてもレコーディングについても、その実際の仕事については新米だった。ただ、僕らは偶然でも、スタイルと歌詞では、幸運な目立つ特徴の組合せに出会っていて、それがヒットという形で判断されることになる。プロデューサーの言うことを聞いていてもヒットしたかもしれない。それでも、向こうとこちらでは、信じていることとの体系に断絶があった。プロデューサーは、僕らがしようとしているのは、厳格なフォーマットに厳密に従う必要があることだと思っていた。僕らは、従来のロックンロールの曲の要素を否定することによって、もっと活気のあることをしているのだと思っていた。がむしゃらに標準のやり方をひっくり返して、その過程で独自の音が生まれたのだ。

創造性はよく、デザインされたり意図されたりするものと誤解される。[3]実際は、本当に新しくて長続きする革新は意外なことだった場合が多くて、意外なのであれっと思わされることにもなる。

創造的であろうとはまったく思わない人々もいる。そういう人々は、規則や定型作業に従っていれば、成功した人生を送ったと言えると信じている。もしかすると、そうすることによって、何かの功用がある、つまり役に立つ目標が達成されると思っているのかもしれない。けれども僕は、それで得られるのはつかの間の成功感でしかないと思う。創造の技はたいてい、結局は偶然のたまもので予測ができないとしても、長続きする成功には、創造性が必要だ。規則と定型は短期間なら受け入れられて、さらには安心できるかもしれないが、そのうち細かに調べてみる必要も出てくるし、多くの場合、知的・情緒的にもっと前進するために否定されることになる。厳格な社会制度への応答のしかたの一部として反抗がないと、確実に停滞が生じる。進化が教えてくれることがあるとすれば、生命はつねに変化しているということだ。進化の原動力となるばらつきにもアナーキーはあるし、生命が静止したままでいられないところにもアナーキーがある。いずれ、すべての生物を根本的な変化が襲う。

定められていることに厳密に従うことを強制する制度も、個々に懐疑による精査を受けなければならない。宗教、政党、企業、さらにはバンドでも、忠実でゆるぎない献身を求めるという罠に陥ることがある。仲間に対して、特定の行動のしかただけでなく、特定の考え方をするよう求めることがある。制度というのはほとんど恒久性を求めるし、必ずと言っていいほど、ものごとを規格どおりのレンズで見て、個体性や変化を強固に嫌うものだ。

パンクロックにさえそれはあると思う。パンカーから、昔バッド・レリジョンのファンだったけど、あのアルバムは自分のパンクの定義に合わなくて、がっかりしてファンをやめたと言われることがある。僕らはこれまでに一五枚のパンクのアルバムを出している。つまり、僕らの音楽に不満を抱く機会も多かったということだ。自分では、最近のアルバムも昔のアルバムも同じように、何かに対抗し、異を唱えるものだと思っている。ただその音楽は時を経て変わってきた。バンドのメンバーの職人としての腕も上がった。感情の幅も広がった。新しく刺激を受けたり、創造的な新機軸の元を見つけたりしてきた。

創造性があるのはアーティストだけだと思っている人は多い。けれども実際には、生きているということが進行中の創造の作業なのだ。誰もが創造性を秘めている。子どもができれば、その子には意外な予想していなかった形質がある。それは避けられない生物学的創造性の産物なのだ。人が社会環境も含めた身のまわりの環境を変えてしまうこともあるかもしれない。生命に内在する創造性が、悲劇に対抗してつりあいをとっている。人は生命はよいもので、人間の意味をもたらす豊かで強力な源泉となっていると信じているが、創造性はそれを裏づけている。

宗教は生命のすべての源泉を造物主である神に見る。個々人は、神による創造の行為それぞれがもたらす範囲で異なっていてもよい。神は宇宙を創造し、物質とエネルギーがしかるべく動くようにしたと信じられてもいる。あるいは神があらゆる分子の動きに関与していると思われている場合もある。それでも、信仰のある人々は、神がいなければ天地創造も過去も未来もないと確信している点では一体だ。

自然主義者は創造性を、非物質的な神の作用ではなく、物理的な宇宙に見る。自然主義者の世界観では、創造性は自然発生的に動作する自然法則に発する。物質とエネルギーは離合集散して、どこまでも多様な物理的な形態や現象を生む。中にはおなじみのものもあれば、変わった予想外のものもある。

物理的世界が創造的になりうるという見方は、多くの人々にとって問題となってきた。何も考えていない無目的な原子が衝突してどうして新しいものができたりするのか。とくに言えば、愛情や恐怖や野心を抱いたりすることができる生命までもが、生命のない惑星の、生命のない石ころの山から出てきたりするのか。こうした問いに——一部なりとも——答えるには、宇宙史という非常に大きな研究分野を簡単に見ておく必要がある。

＊

銀河が互いに遠ざかる速さ、宇宙空間全体に広がる暗い放射を考えると、この宇宙にある物質とエネルギーのすべては、一三〇何億年か前のビッグバンという出来事に始まったらしい。無限に小さく無限に高い密度の一点から、この宇宙の構成要素が噴出し、急速に広がり、今見えている物資とエネルギーすべてだけでなく、時間と空間にもなった。

多くの人々にとって、ビッグバンの明らかにおかしなところ――物質が無限に高密度になる点など――は、神の手による創造があったことを明らかにしているという。私自身は、そう考えるのも自由だと思う。自然主義には、ビッグバンの前のことについてはほとんど何も言えることはない。それはおおむね、この出来事自体がそれ以前にあったことの証拠をすべて破壊したように見えるからだ。けれども、ビッグバンさえ科学的検証を免れるものではない。物理学者は、今のところ史上最大にして最も高価な科学機器、大型ハドロン衝突型加速器（ＬＨＣ）をスイスに建設して使い、原子より小さい粒子どうしをとてつもない力で衝突させて、ビッグバンの最初の瞬間に起きたことを調べている。そうした実験をすれば、この宇宙での創造性が始まった瞬間について、さらにうまく考えられるようになるかもしれない。爆発と収縮が無限に繰り返されてきたのか、複数の宇宙が並んで存在するのか、ビッグバンの前には何もなかったのか、そういったことが明らかになるかもしれない。個人的に言えば、僕はこの問題を気にすることにはあまり時間はかけない。僕はビッグバン以来の一三〇何億年は、とほうもない創造のポテンシャルがあった時期だが、それがすべて調べられることはないと見て満足している。

ビッグバンによってできた物質が十分に冷えると、宇宙を構成するのは水素原子――一個の陽子のまわりに一個の電子がある――に、ヘリウム（陽子が二個）、リチウム（三個）などの極微量の物質が混じる広大な雲になる。当時の宇宙は想像できるかぎり、最も退屈なところだった。宇宙を漂うばらばらの原子と、ビッグバンの名残の放射しかなかった。それでも無限の創造性の可能性はすでに、水素原子の非対称性という、これ以上ない目立たないところにあった。水素原子は、他の水素原子とぶつかり合うだけの、のっぺりした丸い球ではない。それには二重性が備わっている。プラスの陽子とマイナスの電子という、正反対の両極だ。陽子も、陽子＝電子の系も、エネルギーを得ることができ、それによって、原子や系がとる配置もいろいろある。この世界に見られる創造性のすべては、突きつめるとこの水素原子に内在する潜在的な形に由来する。

この宇宙にある物質は、今もそうだが、当初も一様に分布してはいなかった。原子が多いところと少ないところとがあった。密度の高い領域どうしは重力で引き合う。そのうち塊ができて自転する球や円盤になる。そうしてできたガスの塊の中では圧力や温度が高くなって、水素原子どうしはとてつもない勢いで衝突するようになる（実際には、「原子」と言っても、温度が高くて電子は陽子のそばにはいられないので、電荷を持ったイオンになっているが、ここでは電気を帯びたイオンも中性の原子も合わせて原子と呼んでおく）。そうなると、二つの水素原子（もちろん実際にはイオンだが、意図を汲みとっていただきたい）が融合してヘリウム原子となる。この過程は核融合と呼ばれ、膨大な量のエネルギーを解放する――水素爆弾のエネルギー源もこれだ。エネルギーを解放するので、ガスの塊は輝き始め、光を放つ最初の恒星となる。[4]

この第一世代の恒星が、使える水素の大半をヘリウムに転換してしまうと、塊はまた収縮を始め、内部の熱と圧力が再び上がる。その後、ヘリウム原子どうしが融合して別のもっと重い原子――酸素、炭素、ケイ素、鉄など――となる。そうして恒星は激しい死を迎える。外層部を宇宙空間に吹き飛ばすものもあれば、超新星と呼ばれる巨大な爆発をして吹き飛び、その中で鉄よりも重い元素――銅、金、鉛などからウランに至るいろいろな元素――を生み出すものもある。

こうしてできた重い元素が含まれるガスや塵の円盤から、人間がいる太陽系が形成された。この太陽が輝き始めるときには、軽いほうの元素の大半は内部からの放射で熱せられて外側へ拡散する。重いほうの元素は固まって、内側にある岩石型の惑星――水星、金星、地球、火星――となる。四五億年ほど前、新しくスイッチが入った太陽は、生命はまだいないとはいえ、堂々たる惑星群に囲まれていた。

地球最古の岩に見つかった化学的証拠によれば、一〇億年もたたないうちに、地球は生命で占められるようになった――藍藻類という、第5章でもちらりと登場した細菌の一種だ。もちろん、化石が初めて登場したからといって、必ずしもそれが属する生物の起源だということにはならない。地球の生命が、突然、最初からでき上がった細菌のような糸状のものとして始まったわけでもない。おそらく、化石としては残っていない進化の段階をいくつも通っているだろう。細菌の前には、膜を備えていても生殖能力はない、細胞に似た構造があったかもしれない。最初のDNAは、膜で保護されることもなく漂っていたかもしれない。それでは化石は残らない。最古の化石というのは、少なくともそれだけの昔にはその生物がいたということと解さなければならない。実際の年齢がわかったわけではないのだ。

宗教を信じている人々は、この宇宙の中で神が介入していそうな場面として、生命の起源を挙げることが多い。生命誕生は、地球の歴史を明瞭に区切るものに見える。それ以前には地球は生命のない岩石の塊が宇宙空間でくるくる回っているだけだった。それ以後の地球にいる生物は、それまで存在していたものとは根本的に違っている。

生命の起源は科学の世界でも手強い問題の一つだ。何十億年か前に起きたことでもあり、この問題に関係する証拠はほとんどゼロと言っていいほど乏しい。それでも初期の地球での生命の全体的な様子は

――厳密な詳細ではなくても――だんだん科学研究の前に姿を現しつつある。[6]

水素原子などの原子は相互に補完するような形をしているので、衝突すると結合することがある。その結果分子――複数の原子がそれぞれの形で決まる引力によってまとまったもの――ができる。それぞれの形によって、まとまりやすい原子、そうでない原子がある。また原子は、しかるべき配置をしているため原子や分子が衝突する可能性を高める、触媒と呼ばれる他の分子があると、とくに化合しやすい。触媒の中には自らの数を増やせるものもある――自触媒作用と呼ばれる過程だ。[7] そのような場合、自由に散らばった原子や分子を引き寄せて、特定の自触媒が集中したところを作ることができ、そのうちのいくつかは、球、管、多面体のような形の微小な構造を形成することができる。こうした分子は自己集合性があると言われる。ウイルスの殻もその例で、これは自己集合して中空の構造物を作り、そこにウイルスの遺伝物質を格納するタンパク質でできている。

初期の地球上のどこかの温かい混合液の中にいろいろな自触媒分子が漂っているところを想像してみよう。分子の一部が自己集合して中空の構造物になれば、そこに自触媒分子を閉じ込めることもできるだろうし、この「原始細胞」は、それをもっと作るのに必要なものをすべて収容できるだろう。ただで手に入る原子がつねに供給されている必要はあるだろうが、ばらばらになって再形成したり、保護膜にある何らかの穴を通すことによって、そうした原子を手に入れることもできるだろう。そのような原始細胞なら、壊れても自己修復できるかもしれない。自己複製もできるかもしれない。こうしたことは理論的に想定される段階だが、地球最古の化石に保存されている原始的な生命は、こうしてもたらされたのかもしれない。

そうした自触媒と自己集合の過程を始める分子が一組だけと考える理由もない。結局進化しなかった新しい組合せもたくさんあったかもしれない。それでも、同じような過程を始めた分子が何種類かあったということが大事だった。そうなったときに、ダーウィン的進化の基本的成分がすべてそろったことになる。環境にある資源を獲得し、自己複製するのがうまい原始細胞が数を増やすことになっただろう。分子の組合せを変えれば、原始的な形のばらつきという、これまた進化の鍵になる因子ができたはずだ。

原始細胞から人間までの——原始細胞から化石になって残っている最古の生物に至るまででも——道のりは長い。しかしそれが進化の過程の始まりとなる。原始細胞は、生命と言えるかどうかは明瞭ではないが、生命の特徴を多く備えている。恵まれた環境では増え、環境が破局的な変化を被ると絶滅する。こうしたことが、今日では創造性と悲劇と認識されていることの理論的起源を、うっすらと示している。原始細胞は個々の存在——本当の「自己」——だ。しばらく存続して、自然発生的に、新たな化学反応と分子構造を取り込める子を生む。

生命がそういうふうに始まったという保証はない。それでも生命の起源の説としては大いにありえて、土くれに息を吹き込む神の介入は必要ない。もちろん、ここで述べた簡単な宇宙の歴史のどこにも神が介入する必要はない。宗教を信じている人々が、神の存在を示す証拠として特定の歴史的出来事を指摘しても、科学はそうした出来事に無神論的説明を編み出すもので、そうなるとそういう指摘も無駄なことかもしれない。そのような議論はすべて、最初から最後まで、一元論か二元論か、人格神論か自然主義かという、その人の世界観を表明するものにならざるをえない。

＊

僕が小さい頃から、両親は創造性を促し、それに高い価値を置いていた。クリスマスや誕生日に父がくれるプレゼントと言えば、油絵具、絵筆、飛行機のプラモデル、レーシングカーだった。僕は好きなレコードから借用した思想を思わせるシュールな絵を描くことも多かった。友達と、長いあいだ棚に飾っていたプラモを、どうするのがいちばん創造的な分解のしかたかと考えて過ごすこともあった。これはたいてい、父の地下室に即席で作った射撃場で、一〇歩離れたところからBB弾を撃って上手に当てるということになったが。

ごく小さい頃は、「まず自分でわかろうとする」ために、辞書を引くよう促されていた。そうするとちょっと濃いゲームになるものだ。親友のライボーと僕は、辞書にあるわかりにくい単語を探せと問題を出し合っていたが、それで相手を負かすことはまずなかった。ときどき見つかる卑猥な単語に衝撃を受けたし、そういう卑語の解剖学的な、あるいは専門的な定義で友達を感心させて喜んでいた。あるとき、ライボーに「ペニス」の女にあるほうを探せという問題を出した。ライボーは困ったような顔をして僕を見た。「おっと、ついにまいったか？」と僕は声を上げた。「そうじゃない。つづりはどうだっけと思っているだけだ」とライボー。そこで共同作業で辞書の見出しを探すことにした。「ペニス」はすぐに見つかるが、女性生殖器を表す単語はなかなか見つからない。一〇分ほど探してもわからないので、この答えの出ない問題を、学者でめったにものに動じないライボーのお母さんに教えてもらおうということになった。ライボーは辞書をお母さんに渡して、「ママ、『ペニス』はあるんだけど、女の人の単語が見つからないんだ。どこにあるの」。「それはね、きっとつづりが違うのよ……ほらあった」と言って、「女性と哺乳類のほとんどの雌にある外陰部から子宮頸に至る管」と読み上げてくれた。僕らはくすくす笑いながら、まだ困っていた。ライボーは「Bで始まるのにどうしてそんな後ろのほうでそれを見つけたの」と聞いた。「探していたのは何だと思っていたのよ」。二人は声をそろえて「bajina《バジャイナ》」と言った〔正しいつづりはvagina《ヴァジャイナ》〕。

ライボーと僕は小学校のときはたいてい、家にあるがらくたや使っていない道具から対戦ゲームを考えて遊んでいた。玄関を掃くほうきのホッケー、アルミホイルのボール、フッツケット（フットボールとバスケットボールを混ぜたもの）、コーヒーフレッシュ返しなど、いろんなことをして遊んでいた。コーヒーフレッシュ返しは、冷蔵庫に入っているプラスチック容器入りのミルクで遊ぶ（僕の家族は、コーヒーを頼んだとき、ミルクがコーヒーフレッシュで出てくると、今でもやっている。容器の底のほうが小さいので、上下ひっくり返したほうが安定する。ゲームはそれをふつうに置いた状態からはじいて三六〇度回転させ、何回元の状態にできるかを競う。連続してできた回数が多い者が勝ち）。僕らの競争する想像力を刺激する材料に事欠くことはまずなかった。ときどき、父の地下室の射撃場でＢＢ弾で撃つ飛行機のプラモやレーシングカーがないときは、プラモ塗料の瓶を撃った。

　僕はいつも、ただ暇つぶしのためだけに、アイデアと手間と、捨てられたものや使わないものとを組み合わせる方法を探していた。棒を集めて「ログハウス」を作るのもおもしろかった。雨が降って街路の側溝を水が流れると、いろいろな大きさや形の葉っぱを使って「カヌーレース」をした。部屋で絵を描くときは、よく「混合メディア」（絵具、糊、布切れ、雑誌、新聞）を使って、父が書斎に置いていたポップアートの本みたいなポスターにした。自分が何かを発明したり、何かをひっくり返したりしているとは思ってもいなかった。けれども自分ではいいものを作っていると思っていて、それを作る作業は放課後の過ごし方としては満足のいくものだった。

　こうした子どもの創造的実験から、友達や僕が何度も繰り返す遊びや作業になるものもあった。ある日の退屈を埋めるだけに終わるものもあった。創造性の組合せのうち、コーヒーフレッシュ返しのような、自分の子どもにまで伝わる遊びになるのはほんの一握りだけだ。フッツケットはとうの昔に絶滅している。

＊

子どもの頃にはいろんなことをして暇つぶしをした。その結果かもしれないが、中学時代は大した生徒ではなかったし、ハイスクールでの成績は、だいたいがひどかった。進化の本を読むようになってやっと、授業でがんばるようになった。エル・カミーノ・リアル・ハイスクールの最後の学期には、それまで一度もできなかったことを達成した——オールAをとったのだ。

学校の成績はぱっとしなかったので、すぐに本格的な科学の課程に入って研究ができそうな研究大学へ進めるような状況ではなかった。それでもバンドのドラマーのお父さんがカリフォルニア州立大学ノースリッジ校（CSUN）の教授で、そのつてのおかげで、ハイスクールを卒業した後になって、秋学期からの入学を認めてもらった。僕はそのCSUNの立派な教授陣から多くのことを学んだ。この大学はたいてい、教員養成では一流の「州立校」と呼ばれていたが、地学と生物学のトップクラスの教員もいて、外に出て、カリフォルニアの立派な自然環境を調べようという気を僕に起こした。山歩きや荒野の探検をするようになったのもこの頃で、すぐにそれが昂じて、アウトドアの冒険を渇望するようになった。僕はノースリッジで懸命に勉強した。とったのはほとんど、ハイスクールではとことん無視していた理科のすべての授業だった。翌年の秋、ウィスコンシン大学マディソン校へ短期間行った後（もう州内生授業料の資格がなかったので、続かなかった)、ＵＣＬＡへの転学を申請して認められた。

当時――一九八四年の秋――カリフォルニア州南部のパンク界はほとんど死んでいた。僕は音楽も演奏も好きだった。けれどもパンクをとりまく暴力に衝撃を受け、パンクと言えばニヒリズムや憎悪という連想に迷惑していた。一九八〇年のパンク界は、世の中の出来事に関心もあって、知的にも芸術的にも挑発的な形で規範に異を唱えるのを恐れない、寛容で熱心な新人がたくさんいた。しかし人気が出たせいで、パンク界は崩壊した。個性、自己表現、芸術的創造性のようなパンク本来の価値を知らない人々がどんどんライブにやってきた。皮肉なことに、新しく増えたファンは、バンドに画一性やお約束を求めるようになった。パンクロックの会場では、フーリガンとしか言えないような雰囲気が優勢になり始めた。バンドの中には、ファンの徒党を組むメンタリティに合わせるようになるものも出てきた。ライブは暴力的になり、興行する側もパンクバンドを出演させたがらなくなった。

一九八〇年代の初めにパンクバンドにいた僕の友人の大半は、パンクを守ろうとするのをやめた。けれどもその多くはまだ音楽が好きで、バンドでの演奏は続けた。たいていの場合、髪を伸ばして逆立てるとか、女装するとか、高音の悲鳴のような声で歌うとかになった。一九八〇年代の「ヘアメタル」は、パンクの衰退と同時に盛んになり始めた。一九八〇年代の初めにパンクのライブをかけていた同じ会場が、その目を向ける先を変えて、ガンズ・アンド・ローゼズや、ファスター・プッシーキャット、モトリー・クルー、ラットといったバンドを出演させて大成功した。そういうバンドに関心を向けるようになったファンの多くは、ほんの数年前にはパンクロック派だった。こうした人々にとってパンクロックは、死んだというより、ハリウッドのヘアメタルに変身していた。つまり、一九八三年から一九八八年までのあいだにアングラ音楽に潜ったＬＡの若者だったら、その歌の好みは集団の士気を高め、数を増やす（ぼろぼろになったパンク界のギャングのようなバンドの）、叫ぶような基調か、不機嫌そうな、高音のメロディ中心の基調と人間関係とロックンロールの生活様式のセンチメンタルな寄せ集めを歌ったバラード（ヘアメタル・バンド）かだった。

グレッグ・ヘトソンがいなかったら、僕も多くのパンカー同様、パンクミュージックをすべて捨ててしまったかもしれない。ヘトソンはときどき電話をかけてきて、「よかったら、金管を集めて、今度の週末、XYZのクラブでライブをやろう」とか言っていた。バッド・レリジョンにはもちろん金管楽器はいなかったが、言いたいことは、本物のパンクの舞台はもうないので、できるのは何人か人を集めてギャグのライブをやって、一夜かぎりで懐メロでも演奏するくらいしかないということだった。わずかに残った律儀なファンが、一九八六年になっても、四年もパンクらしいアルバムは出していなかったというのに、バッド・レリジョンを見にきてくれた。一九八五年には、六曲収録のコンパクト盤、『バック・トゥー・ザ・ノウン』〔知っていることに戻る〕を出した。ブレットがプロデュースしたが、ギターは弾いていない。このコンパクト盤は一九八三年の『イントゥー・ジ・アンノウン』の実験を否定して、パンクロックの曲に戻るもので、小さな独立系のレコード店がカリフォルニア、アリゾナ、ネバダ各州で販売した（グレッグ・ヘトソンが『イントゥー・ジ・アンノウン』を聞いたときは、パンクロックの奴らは嫌うだろうと思っていた。その批評は、「冗談がわからない奴はほっとけ」という、典型的なオブラートにくるんだ否定的評価だった）。基本的にグレッグ・ヘトソンと僕は、まだ哲学や時事的なことについての思考を刺激する歌に関心を抱いてくれる、数少ない律儀なファンを満足させるためだけに、二人でバンドを維持した。一九八五年と八六年にときどき週末にライブをやった以外は、バッド・レリジョンは実質的に休眠状態だった。

僕は一九八七年、UCLAを卒業して学士号をとり、すぐに、ハイスクールのときにボランティアをしたロサンゼルス郡自然史博物館に就職した。正式な職名は「クリーニング助手」で、南米での調査で化石を収集した学芸員が上司だった。僕の仕事は、ハイスクールのときと同様で、歯科医の道具と手持ち式のグラインダーと、細かい砂粒を吹き飛ばすブラスターと、グリプトルというしみ込む接着剤を使って、母岩から骨を慎重に分離することだった。爬虫類の顎一つ、哺乳類の頭蓋一つを記載するためのクリーニングに、何週間もかかることが多かったが、そのペースは初心者としてはふつうで、僕はこれを、自分の関心に対する、乗り越えるべき創造的練習だと考えていた。化石クリーニング用具とともに何時間もかけて、慎重に岩から骨を露出させていると、父が誕生日にくれた絵筆と道具で「混合メディア」絵具を調合したときに経験したあの満足感が甦った。けれども僕は、一度に二時間くらいしかじっと座っていられなかった。僕の落ち着きのなさはずっと変わりなかった。

卒業したときには、秋にUCLAで修士課程に入る申し込みをしていたが、将来についてはあれこれ入り交じった感情があった。自然史の世界にはめったに仕事がないので、それに就けたのはラッキーだった。でも満足する気持ちがありつつも、作業室での仕事は調べたいという欲求を満たしてはくれないこともわかっていた。学部の学生だった頃は、授業案内から「野外作業必須」といった言葉がある授業をあさっていた。できるだけキャンパスを出て、直に自然を調べたかった。僕がとった授業の多くでは、午前中に自然科学の一般原理について講義を受けた後、午後には学科の車に乗って出かけ、さっき習ったばかりのことが記憶に新しいあいだに実例を見ることになっていた。また、僕が受けた授業の多くでは、少なくとも一回は、遠出してキャンプが必要な実地調査があった。

野外調査はねらいをよく考えているらしく、僕が「ああそうか」と思う瞬間の大半は、ただ歩く先にあるものを観察する気になれば簡単に生まれた。たとえば、ハキリアリの仕事ぶりに行き当たったのは、森を歩き回って積み重なった木の葉を見ていたときだった。アリをもっとよく調べると、自然選択は思っていたほど強力ではないという考えになって、それでまた新しい文献や考え方が開けてきた。自由な心で自然を見れば、無限に広がる学習と創造的な考察の機会がある。

＊

博物館の仕事に収まるにつれて、自然主義者として赫々たる経験をしたいと夢見るようになった。過去の調査で持ち帰られた頭蓋骨や皮膚を何時間も調べ、すでに故人となっている探検家の調査記録を読み、現地の地図を調べた。博物館の収集品が収められた無数の引き出しの中の、「マレー群島１９２８年」とか、「マーシャル諸島１９５７年」、「クック湾１９４０年」、「ユーコン川三角州１９７６年」、「ブラーマプトラ川流域１９５５年」などと書いてある標本のラベルを熟読した。地名とそれが伴う標本は、僕の中で探検への憧れを大いに育てた。あの博物館の並んだ引き出しの中に、遠くの場所へ行って、自然界についての人間の理解に貢献しそうなものを持ち帰る理由が見えてきた。

ある日、僕が将来の研究計画について話していると、上司だった学芸員は、次の調査で助手を務めてくれる人を探しているという話をした。上司はアマゾン川流域で化石を採集することを考えていたが、博物館の鳥類・哺乳類部から、もう一人連れて行く予算も確保していた。僕は即答で行きたいと言い、大学では哺乳類学、鳥類学、魚類学に加えて野外実習中心の授業も数多くとったことを話した。求められている条件すべてに自分はぴったりだと売り込んだのだ。そのときの話が終わる頃には、実質的に一二週間のアマゾン遠征要員として採用されていた。

準備には六週間の余裕があった。そのあいだの僕への指示は明瞭だった。毎日鳥類・哺乳類部へ行って、野生の標本を博物館での整理用に作成する方法を覚えることだった。ある日、僕が鳥類・哺乳類部から出ようとしたとき、上司の学芸員が尋ねた。「ところで君はショットガンは使えるかい?」。

「大丈夫ですよ」と僕は答えたが、僕が撃ったことがあるのは父の地下室でのプラモの飛行機と塗料の瓶だけだった。けれども、銃の経験が足りないのを心配するより、遠征隊の一員になりたいという気持ちのほうがずっと強かった。アマゾン川流域を見る機会なんて今度の話くらいだぞと思っていた。

あいにく、鳥類・哺乳類部で過ごすにつれて、困ったことがわかってきた。ロサンゼルス郡自然史博物館の目標の一つは、ボリビア北部の広大なアマゾン川流域を、保護区域として確保するのを支援することだった。生息地を保護するには、そこには貴重な動植物がいることを立証しなければならない。そのためには、標本を集め、その遺骸を証拠として持ち帰らなければならない。何匹かを犠牲にすることによって、全体としての種を救えるかもしれないということだ。調査隊での僕の実際の肩書きは「鳥類・哺乳類収集員」だった。つまり、僕は銃を撃ったり、罠を仕掛けたりして、これというものをほとんどすべて殺さなければならなかったのだ。

訓練は順調だった。直に小型哺乳類の皮をはがし、骨格を取り出し、種名タグに記入するのを一五分ほどでできるようになった。鳥の場合はもう少しかかったが、結果は同じだ。美しい剝製と、完璧な骨格標本ができる。生息地や種のデータを記録するための指示や見本で僕のノートはいっぱいになった。頭の中では、僕は上司の学芸員がこれまで熱帯地方の調査に連れて行った野外調査生物学者の中ではベストになる態勢になっていた。そして、生物多様性の記録と保護という、もっと大きな意義のあることに貢献するのだとも思っていた。どんなことが僕を待ち受けているのか、思いもよらなかった。

＊

遠征《エクスペディション》と言えば、ほとんど誰にとってもロマンチックに響く。ロサンゼルス国際空港で搭乗手続きをしていると、窓口の係の人が、荷物として預けていた木製の特殊な籠について尋ねてきた。学芸員は「ボリビアで恐竜を発掘しに行くんですよ。これは専用の研究用器具です」と応じた。

「へぇ〜、恐竜ですか」と係の人は答えた。「キム、恐竜を発掘に行く学者さんたちだって。すごくない？」僕は学芸員の嘘に何となく不安になったが、思い直した。「これから一二週間、ジャングルへ行って、動く奴は何でも頭を吹き飛ばすんだ」と真相を言って、キムをいやな気持ちにしたくはなかった。実は、僕はまだこの旅行についてよく知ってはいなかった。これからマイアミ経由でボリビアの首都ラパスへ向かい、そこで学芸員が、収集の許可やその国の辺鄙なところを探検して回るのに必要な許可を得るという段取りは知っていて、それに五日ほどかかるので、ジャングルに向かう前に五日間の「シティライフ」があることはわかっていた。

ラパスに着陸するのは僕にとっては別世界のことのようだった。自分でよそ者だと感じるようなところへは初めて行った。その後、バッド・レリジョンで外国へ行ったときに何度もそういう感覚を抱いたが、そういう感覚はこのボリビアが最初だった。繁華街のホテルの周囲にある貧困、薄汚れた快適でない設備、冷たい汚染された空気、食事のたびに出てくる冷凍のポテト、そういったものに対する心の準備がなかった。けれども、とくに準備不足のことがあった。これはちゃんと考えておくべきだった。それは高度のことだ。

　ラパスはアンデス山脈の海抜三六〇〇メートルほどのところにある。一国の首都としては、世界でいちばん高いところにある。海抜〇メートルのところからここまで飛ぶと、危険なほどの標高差になった。山登りをする人なら誰でも知っているように、空気中の酸素が少なくなるので、酸素を取り入れるために呼吸を速くしないと、筋肉や脳がきちんと機能しない。酸素の急激な減少に体がきちんと適応しないと、恐ろしい副作用、まとめて「高山病」と呼ばれる症状が始まる。カリフォルニアのシエラネヴァダ山脈で野外調査をするときには、いつも必要な配慮をしていた。まず、初日は二四〇〇メートルほどのところで過ごし、三三〇〇メートルから三六〇〇メートルのところまでは、その後二、三日かけてゆっくり登って行く。しかしマイアミから一一時間の飛行では、高度の変化に慣れる時間はない。

　着陸して空港で荷物をとりに行くと、ポーターが僕のスーツケースを奪い取って待っているタクシーに放り込んだ。飛行機から手荷物受取所まで行くだけで息が切れているので、これは助かった。ホテルにつくと、すぐに客室係が陶器のカップをくれた。そこには乾燥させた葉が何枚か浮かんでいるお湯が入っていた。「これをどうぞ《アキロティエネセニョール》、コカ茶《コカテ》です」。コカだって？　コカインのコカか？　後でわかったのは、ボリビア人が外国人に高さの影響に慣れさせる一つの方法として、コカの木の葉を乾燥させたもの――ドラッグとして使うコカインを作る原料と同じもの――をお湯に入れて、その自然の成分を、原始的な煎じ方で滲み出させるのだという。僕は味のないそのお茶を飲み、ポテトと、何だかよくわからない正体不明の哺乳類らしい動物の黒っぽい肉の夕食を食べた。

　後で食事がいやになってきたときには、その食べ物のせいだと思い込んだ。おそらく、僕が脳水腫について知らなかったのは、かえってよかったのかもしれない。それも最初は吐き気、頭痛、嘔吐となって表れる。けれども二日は吐き気が収まらず、それで食あたりではなく、高山病だと気づいた。山中では、高山病の唯一の治療法は低地へ移すことだ。ラパスにはそんなところはないので、現地でそれは難しい。この都市はもっと高い山々と西に広がる平地と、東側の人を寄せつけない森とに囲まれている。僕はコカ茶を飲み続けて、よくなるのを期待するしかなかった。

上司の学芸員が許可を集めて回っているあいだ、僕はホテルの部屋にとどまって、一冊だけ持ってきた小説、シンクレア・ルイスの『エルマー・ガントリー』を読んだ。三日目には人心地ついてきて、街なかを少し歩くこともできた。物乞いがたくさんいて、思いつくかぎりのものは何でも買える屋台がたくさんあり、巨大なサンフランシスコ聖堂もあった。これは植民地時代の、スペイン人が新世界を征服してからほんの数十年後に建てられたものだ。かつてのスペイン帝国の他の場所と同じく、ラパスは絶望的なほど人口過剰で、貧困に悩まされているように映った。一般にここの社会は混沌としていて、いつ崩壊してもおかしくないように見えた――ニューヨークなどの混雑した大都市のラッシュアワーに重い絶望がかぶさっているようなものか。

一日、二日して、僕は上司と一緒にボリビアの僻地での探検を監督する政府機関、ＧＥＯＢＯＬでの公式の打ち合わせに出席した。そこで何人かの政府所属の科学者と会った。そのうちの一人は地理学的データを収集するために僕たちの遠征に加わることになっていた。もう一人、カナダの科学者で、奥地へ隕石衝突クレーターを確認に行くという人物も加わることになっていた。衛星写真にかすかに輪郭があることから、クレーターが存在するかもしれないのだという。輪郭が見えるのは写真映りのせいかもしれないが、ともかく、それとおぼしき地点付近の土を採集して、本当かどうか確かめなければならないのだ。

会合に出席した全員が、自分たちのしようとしていることが大掛かりなことだということを承知していた。僕らはボリビア北部にある大きな川の、神の母《マードレ・デ・ディオス》という支流を調べる予定だった。この川は北東へ流れてブラジルに入り、その後アマゾン川に合流するが、僕たちは上流へ向かい、ボリビア奥地のジャングルへ入ろうとしていた。マードレ・デ・ディオス川沿いの辺鄙な集落で暮らす人々は、自分たちはボリビア人というよりブラジル人だと思っている。ゴムを採取し、林業と採集で最低限の暮らしをする人々は、山中の首都近郊で都市的な生活をするボリビア人よりも、二〇世紀ブラジルのアマゾン川流域の生活様式に典型的なものだった。

コンラッドの『闇の奥』やそれに基づく映画『地獄の黙示録』にあるように、僕らの遠征隊は知られているどの集落からも遠く離れた上流へ行こうとしていた。みんなが現地の地図を広げて、予定された行程の周囲には破線しか引かれていないのを見て、僕は計画がおおまかなものだということを知った。一般に、破線入りの地図は、場所については「だいたいこのあたり」としか言っていない。たとえば川の流れが太い青い線ではなく破線でしかなければ、その地図を作った人は、水路の正確な位置について責任を持ちたくなかったということを意味する。僕らが持っていた地図では、場所はぼやけたランドサットの画像に基づいていた。アメリカ地質調査局が撮影した第一世代の衛星写真だ。一九八六年のボリビア北部地域一帯には道路も小道もなく、現地を訪れた地図作製者もいなかった。実は、この支流について言えば、僕らが計画しているほど奥まで踏み込んだ白人というのもいなかった。政府がそこまで入ることを許していなかったのが大きな理由の一つだった。[8]

宣教師による以前の報告からすると、マードレ・デ・ディオス川沿いには、一家族かせいぜい数家族という集団の、小さな村がいくつかあるだけだった。そうした村はバラッカと呼ばれ、川を何時間もかけて移動する距離で隔てられているらしい。先住の狩猟採集民の集団もこの地域に住んでいると考えられていたが、その行動範囲についての公式の記録は存在しなかった。つまり、僕らが行くのと同じ支流で暮らしている可能性もあった。

僕はすぐに、ボリビア政府は北部地方についてはあまり掌握していないという感触を持った。それを言うなら、首都だってそう掌握していなかったのだが。ボリビアは一九六〇年代、七〇年代、八〇年代と、バナナ共和国〔農産物などの一次産品の輸出に依存し、外国資本の支配をめぐって左右勢力が対立して政情が不安な小国のこと〕という固定観念によく合う、極左極右政府が交代する伝統があった。僕らの遠征より前には何度もクーデタがあった。僕の仕事は国際的な意義のある地球の生物多様性を収集することだったが、遠征はそもそも、ボリビアの地理学的基礎データを集めようとしているボリビア政府によって承認されたものだった。合流する政府の科学者は、基礎的な地理学的データを首都に持ち帰るのが任務だった。

上司の学芸員が政府から必要な許可をとるのに一週間ほどかかったが、やっとアマゾン流域行きの飛行機に乗るために空港へ向かうことになった。僕の心臓は、これからの原野での経験を思ってどきどきしていた。生物種が他の種や環境と複雑に依存し合っているところを観察するのが待ち遠しかった。経験を積んだ科学者と一緒というのもわくわくした。南半球の星空の下でのキャンプで焚き火を囲んで雑談をするときに、先輩科学者からあれこれ教わりたかった。この旅行には、野心のある若い自然史学者に望めるすべて――冒険、危険、どうなるかわからない不確実さ、新発見の約束――があった。古典的な博物学の遠征のような仕立てだった。

たぶん、遠出して得たことがある中でも最大の興奮は、アマゾン流域へ行く飛行機のときの経験だろう。ラパスから、そこよりもはるかに低いところにあるトリニダードという、小さくても成長中の都市へ、毎日ジェット機が定期運行されていた。トリニダードにつくと、今度は「水たまり越え便《パドルジャンパー》」と呼ばれるプロペラ機に乗って、遠征隊が集合する川の町、リベラルタまで飛ぶ。トリニダードまではジェット機でわずか三〇分の旅だが、それは想像しうるかぎりで最大級のはらはらどきどきの旅だった。空気が薄いため、離陸するときに得られる揚力が小さく、ジェット機がラパスを飛び立つには、長い滑走路が必要となる。ジェット機にできる最善のことは、地面からなかなか上がらない低い軌道で飛び立つことだ。飛行機は車輪を引っ込めてから離陸するようなものだった。その後も飛行機は、ふつうに思われるのとは逆のことをする。巡航高度まで急上昇するのではなく、降下を始める。標高が世界最高の首都からアマゾン流域へと下りて行くために、飛行機は下り斜面のすぐ上空を航行する。

　離陸して何分もしないうちに、僕の目には地球でも最大級の自然の驚異が飛び込んできた。アンデスの東斜面から始まってどこまでも広がるエメラルド色の絨毯だ。飛行機後部の窓側の席からは、アンデス山脈東側の熱帯雨林からはるか高い雲の中にある崖を這い上がって行く巨大な樹木が見えた。きらきら輝く安山岩でできた、明るいグレーの斑だらけの不毛な領域もあった。さらに降下して山から離れ、川の流域に入って行くと、間もなく地形は一様になった。着陸する前の一〇分のあいだに見た景色は決して忘れないだろう。見渡すかぎり、密集した樹冠と、下が見えない緑の、単調な平らな景観だった。人も、住居も、道路も、文明の兆候がまったくない。森林の単調さを破るものといえば川しかないが、その多くは生い茂る植物がうねるように広がって隠されていた。自分が小さくて森に呑み込まれてしまうのではないかと感じたのを覚えている。それでも、外の世界で道に迷う心配は逆に僕の興奮の度を増しただけだった。自然の法則が支配し、社会的な保護がないところで、僕はどうにかして生きる術を見つけなければならないのだ。

リベラルタはマードレ・デ・ディオス川に沿いにあり、一九八七年には辺境の入植地だった。人口は一万四〇〇〇もあり、ほとんどは林業と牧畜業だが、ボリビアの他の地域と結ぶ道路はなかった。新しい「スーパーハイウェイ」——と言っても舗装もしていない道路——は、下流の、市場としても大きい、ブラジルの各地につながっていた。地元の人々は飛行機の運航時間については鷹揚でこだわらない姿勢を維持していた。「リベラルタは来れるときに来て、出られたら出て行くところだ」と言われる。それは正しかった。トリニダードからリベラルタまでの飛行機は、三六時間遅れ（！）で到着した。

リベラルタの初日は期待に満ちていた。まず、そこで一緒に植物標本を収集する予定のミズーリ州植物園の植物学者と落ち合った。これで遠征隊は、最年少で熱帯探検の経験もいちばん少ない僕と、僕の上司の学芸員、植物学者のジム、カナダの隕石の専門家、ボリビア政府の地質学者、チェノーネという名の地元の男で、未知の流域をボートで案内するのが任務の「バイク乗り《モトリスタ》」という構成になった。夕食はレストランがいくつもない町でいちばんのレストラン、「クラブ・スペシャル」でとり、テーブルを囲んでこのときの遠征の期待や計画を話した。上司の学芸員はほとんどしゃべらなかった。他の面々は、ボートに乗って上流へ向かうのを待ちきれなかった。フライドポテトと魚の食事を終えると、ウェイターが全員をモーテルまで送るバイクタクシーを五台呼んでくれた。翌朝、川岸に集合して桟橋へ向かうと、これから六週間、僕らの本拠となる改装したてのボートが見えた。

マーク・トウェインの『ミシシッピの生活』に現代版があるとしたら、一九八七年のリベラルタとその桟橋について書かれたものになるかもしれない。そこには、巨大な、長さ三〇メートルもある、二段デッキの商船が何隻か、小さなカヌー群の隣に繋留されていた。麻袋に詰め込まれたブラジルの市場向けカスターニャ（ブラジルナッツを表す現地語）の積荷が満載で、沈みかかっている船もあった。二層、三層にハンモックがかけられた船もあった。故郷から遠く離れたジャングルでの産業活動に向かう途中か帰るところかの、疲れた鉱山労働者用のものだった。地元の熱帯雨林で暮らす「インディオ」が乗るカヌーが、地元の市場用に獣皮や魚、生活用品との交換用にカボチャほどの大きさのゴムの塊を持ってきていた。

活気のある川岸に停泊する何十隻とあるボートの中に、塗装したての、長さ一〇メートルほど、底が平らな木造船があった。名前は「エル・ティグレ・デ・ロス・アンヘレス」〔ロサンゼルスの虎〕と言った。これが僕らの調査船で、ちゃんとロサンゼルス郡自然史博物館のロゴ、サーベルキャットが描かれていた。地元の人々には、ばかに見えたにちがいない。サーベルキャットなどきっと見たことなかっただろうし、現地の人からすれば、ボートの名の意味は「天使の虎」だった。ともあれ僕らは、積んでいく予定の日用品や燃料や、地元の商店の倉庫から搬出する装備が届くのを、もう一日待った。翌日の朝には出発だった。

旅行の最初の週は、ばかばかしいほど単調だった。ボートは一定の速さ、八ノット内外〔時速一五キロほど〕で飛ばしていた。午前九時にキャンプを引き払うと、午後六時の日没までずっと。嵐になると、熱帯雨林の巨木が川岸で倒れることがある。そうした木には高さが六〇メートル、根元の直径が三メートルにもなるものがある。それが川に倒れると、水路の中央まで届き、それから徐々に水につかる。最後には、水を吸い込みすぎて浮いていられなくなる。この木の大部分は船からは見えず、アマゾン川では多くのボートが、この隠れた障害物のせいで沈没している。

乾期だったので、水位は比較的低く、川岸の赤土や泥が僕らよりも六メートルから一〇メートル近くも上までそびえていた。そのような状況では、キャンプ地を探すのも簡単なことではない。垂直に切り立った泥の崖の川岸は、梯子や階段がなければ登れず、川の水面の高さから森に入る道はなかった。水位が下がって砂地が露出してできた中州でキャンプすることもあった。印象的で目立つキャンプ地だったが、生物学的には不毛だ。年に数か月だけしか露出しない砂地では、生物種が定着しようがない。見事な夕日の眺めは得られた。けれども両側に幅が何百メートルもの水があると、要するに、熱帯雨林の生物学的驚異の地から遠く離れた島に一晩打ち上げられるようなものだ。

僕が好きなキャンプ地は、高いところにある樹木の生えた川岸から、一族が平地を切り取って居住するバラッカだった。居住地にはたいてい、川に向かって下りる半恒久的な連絡路があり、その先に間に合わせの桟橋があって、ボートが下流に流されないようにする繫留用の杭が一つか二つある。旅のあいだに見かけた居住地はそういうところだけだった。リベラルタ近くの、出発してから二日目くらいまでのあいだには、こうした居住地が一五から二〇あった。最初の週が終わる頃には、一日進んでやっとバラッカが一か所あるかどうかになった。

バラッカに住んでいるのはたいてい、最低限の食料で暮らすブラジル人やボリビア人の家族だった。電気も上水道もなく、藁葺き屋根の小屋を建て、小さな庭があることが多く、バナナ果樹園がある場合もある。着るものもわずかで、明らかにずっと下流の市場で手に入れた、場違いなTシャツとパンツだけ。ナッツを採集し、ゴムを採取して、最低限の生活をしていた。一年に一度か二度、カヌーに乗って下流へ行き、自分たちの品と必要な品とを物々交換する。きわめて困難な暮らし方に見えた。誰もあまり健康そうには見えず、おそらくボリビア政府が伝えないでいるような形態の貧困を代表しているのだろうと思った。とはいえ、僕らはこうした家族にこの辺でキャンプさせてもらい、大いに感謝した。使っていない雨よけや藁葺きのあずま屋を持つ家があって、何度かその下でテントを張ったり寝袋を敷いたりさせてもらった。一晩ぐっすり眠れたお礼に、リベラルタの肉の缶詰を置き土産にして出発した。上司の学芸員は必ず、交換用の肉の缶詰、たいていは小さなソーセージの缶詰を大量に用意していた。僕らはビーフジャーキー、ブラジルナッツ、オレンジ、バナナ、缶詰の豆――典型的なキャンプ食――を大量に食べた。

まる一週間の強行軍のあいだ、上司はほとんど話さなかった。いつも衛星写真を見ては、蛇行する川を曲がるごとにチェックマークをつけていた。カナダ人の科学者は四〇代の内気な人で、よそよそしいというのがいちばん当たっている気性だった。僕の上司と同じくらい無口で、ただただ通りすぎる森を見ていた。移動を始めて五日ほどで、カナダ人科学者はとうとう自分の考えを声に出した。「今までの仕事でも、まわりを見回して『いったい何でこんなところにいるんだ』と思うようなことはほんの少しだけだったけど、今回はその一回だ」。政府の科学者とモトリスタは二人だけでスペイン語で話し、そうでなければ他の人々同様に無口だった。

僕はとても寂しくなってきた。仲間との連帯、チームワーク、先輩科学者との話という期待は大外れだった。この遠征が科学者の専門の世界での行動を示しているとすれば、悲しくもがっかりする。大学生のときに仲間と野外実習でキャンプをしたときの、食事の後のばか騒ぎが懐かしかった。科学はきわめて社会的なものになりうる。孤独な科学者が一人で実験室で作業しているという固定観念は、おおむね間違いだ。毎週のゼミ、オフィスアワー、金曜の夜の先生や学生との楽しいひとときがなければ、科学の生活はまぎれもなく悲惨になるかもしれない。いくら知識があっても、それを伝える相手がいなかったら、何がいいのか。

すぎていく川岸を見つめながら過ごす沈思黙考の何時間かは、音楽への渇望も引き起こした。この遠征に出かけるときには、バンドはほぼ休眠状態だった。自分の力を学術調査に注ぐのは、その代わりにはうってつけだと思った。ところが、周囲の科学者から発せられる冷たい沈黙は、自分の生活の中で音楽が感情面で重要であることの再評価につながった。僕はソニーの「ウォークマン」カセットプレーヤーと、二本の寄せ集めのテープを持ってきていた。全部で四時間分の音楽だった。そのテープは三枚か四枚のアルバムを録音しただけだったが、それを聞いても飽きることはなかった。人間とのつきあいがないところでは、そのテープと『エルマー・ガントリー』がいちばんの友だった。

だんだんバラッカが見えなくなってくると、マヌリピという小さな水系に属するきわめて狭い支流に出くわした。捜索隊が上空から僕らを捜しにくるとしても、僕らの頭上の樹冠が川幅いっぱいに広がっていたのできっと見えないだろう。樹木から垂れ下がる植物のせいで日光は浅い川まで届かず、高かった川岸ももう一メートルほど上でしかない。間もなく、さらに上流へはカヌーで行くしかなくなったが、遠征隊はそれを持ってきていなかった。八日間ぶっ続けで移動してきたが、まだほとんど何も採集していなかった。

僕らはエル・ティグレ・デ・ロス・アンヘレス号を、植物の発育が悪い空き地近くの樹木に繋留した。最近、人がここを訪れたことがあるにちがいなかったが、空き地には新たに灌木や蔓植物が伸びていて、僕らはここは放棄されたのだと判断した。熱帯雨林はものすごく密集していた。そこには膨大な量の灌木や茂みがあり、そのはるか上で成熟した樹冠に覆われていた。いちばん通りにくいタイプのジャングルだ。濃密で、単調で、静止しているので、人を寄せつけない緑の迷路にはまり込んだような感じになる。

最初の日は自分の作業場を準備して過ごした。折りたたみの机と椅子のまわりに備品の容器を並べただけの単純なものだった。備品は、剝製に詰める綿、縫合用の針と糸、解剖用のメスやはさみ、標本用のワイヤと識別タグ、製図用のペン、ルーズリーフ式の日誌、収集して剝製にする時間がないときの標本の保存用フォルマリン（フォルムアルデヒドの稀釈液）の瓶、罠にかかった動物を安楽死させるためのチオペンタールの注射器、哺乳類の皮から残留血液を吸い取るためのひきわりコーンと塩、過剰な体液を吸い取るための大量のガーゼなどだ。

僕は毎朝現場へ出かけて、前の晩に仕掛けた罠や「かすみ網」を調べた。野外で使う小型哺乳類用の鼠捕りは、倉庫や配管スペースなどに仕掛けるものと変わらない。成功する鍵は、家庭と同じく、仕掛ける場所を注意して選ぶことだ。僕は森に五〇個の鼠捕りを仕掛け、毎晩の成功率は一〇パーセントだった。つまり、毎朝五匹ほどの死んだ齧歯《げっし》類を収集して持ち帰り、剝製にしたりフォルマリンにつけたりすることが見込める。

かすみ網は細かくて見えにくい糸で編んだ網で、飛行する動物用だ。二本の木の幹のあいだにぶら下げておくと、風で巨大なクモの巣のようにはためく。細かい網目に、日中は小鳥、夜間はコウモリが引っかかって、逃げられなくなる。捕まえた動物は安楽死させなければならない。たいていは胸骨を押さえて呼吸を止める。即死で苦しませない。

もっと大きな動物や大半の鳥は、罠よりも銃を使わなければならないので、罠と網を調べたら、すぐに午前中は〇・二二ゲージ弾か、鳥用散弾を撃てるショットガンで黙々と狩猟して過ごす。もっと大物用に、遠征隊は僕に20/20のショットガンも提供していた。

ある日、川岸から五〇〇メートルも離れていないところで、小さな森の空き地の、放棄されたバラッカに出た。ふつうの一家の住居のように見えた――二棟がつながった草葺きの小屋で、器にはまだ穀物が入っている台所区域、寝室があった。放棄されているようだったので、夜間にどんな動物が来るかと、台所区域周辺にいくつか罠を仕掛けた。キャンプに戻る途中、大きすぎてフォルマリンにもつけられず、腐敗が進んで剝製にもできないような、不気味なものを見つけた。それは南アメリカにいるゾウの仲間の大型動物、バクの頭だった。誰がこのバクの頭を切り取ったのだろう。どういうわけか、そんな遠くない過去、このあたりに他の人間がいたことを示す、比較的新しい証拠があったということは、そのときには頭に浮かばなかった。

収集し、剝製を作るのを四、五日続けると、希少種の立派なコレクションが蓄積されていた。それを鑑定しようとして時間をかけることはなかった。その種の正確な分類は、比較参照する標本がある博物館に戻ってから行なわれる。けれども僕の日誌は、罠にかかった鳥類、哺乳類、さらに爬虫類のわずかながらも興味深い例についての記載で埋まっていた。

ある午後、雨が激しくてボートに戻って仕事をしたことがあった。遠征隊の他のメンバーは、どこにあるかわからない衝突クレーターを探しに、氾濫原《はんらんげん》のうっそうとした森を通り抜ける旅行に、三日の予定で出かけていた。モトリスタと植物学者のジムと僕がキャンプに残っていた。

樹冠の陰になった船の後部デッキで作業をしていると、川の湾曲部のあたりにものすごく奇妙なものが見えてきた。嵐の湿っぽい日中の闇の熱帯雨林の霧の中から、革の腰巻以外は裸の男が二人、長さ一〇メートルもある巨大なカヌーの舳先付近に直立しているのが見えた。二人とも南北戦争時代の火縄銃のようなライフルを持っていた。淀んだ流れと同じ速さで移動してきて、僕らの船の後部座席の横に浮かんでいた。二人はエル・ティグレ・デ・ロス・アンヘレス号に、許可など要らないとばかりに乗り込んできた。僕は手を振って、「やあ、僕はグレゴリオ《オラ、ヤモ・グレゴリオ》」と言うと、相手は「宣教師か《ミッショナリオス》？」と応じた。僕は頭を振って、素早く船の反対側に後退した。そこでは植物学者のジムが押し葉を作っていた。幸い、モトリスタが来客に気づいて、僕にはわからない地元の言葉らしい言葉で話し始めた。

後でモトリスタは、マードレ・デ・ディオス川の上流域の一部に共通の言葉で二人と話ができただけだと教えてくれた。その話では、二人はこれまで白人を見たことがなかったが、宣教師を名乗る白人の話は聞いたことがあったという。二人が住んでいたのは、上流へさらに二日ほど行ったところにある、小さな村らしい。しかし僕らが遠征隊のテントを設営したところが、このハンターがほんの数週間前に干し肉を木にかけた巨大な隠し場所のすぐ下だった。モトリスタは、二人とも僕らには友好的だと説明した。とくに僕らが小型の鳥や獣を捕らえているだけと聞いたのが効いたという。二人にこちらの銃を見せ、それが自分たちの好物のバクのような大型の獲物を殺せるようなものではないことがわかって、二人は笑っていたという。

一時間ほどして、地元の二人は干し肉を確かめ、そこに僕らの食料からもらったミニウィンナ六缶を加えて、また上流へ戻って行った。僕は二人の姿が見えなくなると、ほっとため息をついた。ここには、白人についての経験が、侵略的で疑問のある社会的企てについての部族の神話によるものだけという人々がいたのだ。白人がもたらした病気や土地争いや搾取の話を考えれば、あちらが僕らに死んで欲しいと思っても責めることはできなかっただろう。そして、昔からの狩猟地から動物を獲っていくために銃を使うのは僕だけだったので、血祭りに上げられる白人はきっと僕ということになっていただろう。そのような推理は今ではばかげて見えるが、そのときは、午後のあいだものすごいストレスになった。

その日は怖がるもっと合理的な理由もあった。僕らはその地元のハンターから、運転手の翻訳で、近くのあのバラッカが放棄されたのはごく最近だったことを知った。ほんの数か月前、六人からなる一族が、出血熱という、内臓の内出血を引き起こす恐ろしい感染症で死んだという。この熱は齧歯類によって広がる――僕が罠で捕まえて剝製にしたがっているのと同じ種類らしい。

数日がすぎて、僕はますます幻滅し、寂しくなった。いちばん大事な時間帯は、寝る前の自由時間だった。たいていは早くから『エルマー・ガントリー』に向かい、ウォークマンのテープで音楽を聴いた。ヘッドフォンに逃避して、毎晩音楽の至福で孤立した状態で眠りに落ちた。毎日自然の創造性に浸り、音楽の創造性にますます親しみを感じていた。遠征隊のメンバーとは友情も絆も育たず、みんな互いに距離をとって何の不満もないようだった。それでも、僕の音楽が深い鎮静作用を及ぼした。テープに録音してあったものの中に、バッド・レリジョンで録音した、スタジオでの三曲の演奏があった。その曲はもっと練り上げる必要があると思ったので、アルバムには入っていない。その曲を僕は何度も繰り返して聴いた。僕はバンドや自分の歌作りを改善する方法を夢想しながら、大いに慰められた。音楽がそのときの森の中での暗い孤独な夜を切り抜けさせてくれた。帰国したら僕を待ち受けているもっと輝かしい時間のことを思わせてくれた。何と言ってもまだバンドはある。少なくとも名前だけでも。公式に解散はしておらず、週末にライブをやる機会は、ハリウッドのうらぶれたクラブのどこかにはあった。曲を作ったり演奏したりのことを考えていると、目の前の状況も、もっと希望を持てる展望につなげることができた。

僕は何か月か後には大学院に入ることになっていたが、それはまだ先のことで、僕に考えられることは、体を壊さないでこの遠征をやり抜くことだった。きっと修士課程ではおもしろいことが勉強できるだろうし、バンドで新しい、これまでのどれよりもよいアルバムをレコーディングできることにも自信があった。自然研究だけでは僕はもたないだろう。とくに、退屈でコミュニケーションに乏しい野外の科学者たちとずっと一緒にいなければならないとなると、なおさらもたない。僕は音楽がもたらす情緒や人々とのつながりが必要だった。僕が自分の価値を再考し、自分には欠かせないものと再びつながり、バンドを続けるために倍の努力をしようという気になれたのは、このマヌリピの人里離れた砦でのことだった。

＊

地元のハンターがやってきてから二週間ほどして、遠征隊は補給のために下流のリベラルタに戻った。川をさかのぼるときは八日かかったのに、町まで戻るのは三日しかかからなかった。「クラブ・ソシアル」でシャワーと食事ができて、気分は上々だった。翌朝の朝食のとき、上司の学芸員が僕に、これから四週間、別の国の学会にいくつか出るので、遠征から抜けると知らせてきた。カナダ人と政府派遣の科学者も遠征から離れることになった。二人は衝突クレーターの存在を示す証拠を得ることはできず、それがつまり調査終了ということだった。モトリスタと植物学者のジムと僕が、下流にいる有名な地元の農家のところへ向かい、そのバナナ畑に作業所を設け、それからの何週間か、標本を集めて過ごした。

僕は学芸員の離脱は無責任だと思った。自分が遠征を成功させて終えられる自信はほとんどなかった。そんな責任がある職務内容で雇われたわけではなかった。船の船長になるということがどういうことか、僕にはすべてはわからなかったし、植物学者のジムにはジムの標本採集予定があった。下流の新しい目的地につくと、僕らはもうお互いをほとんど見なかった。リーダーもおらず、目的もなく、僕らはむっつりと学術調査の仕事をこなしていた。僕の神経はずたずただった。今回足を延ばしたのは、消化試合でしかないことはわかっていた。何かの競技の予選結果のように、上位選手は決勝に進出してどこかへ行き、僕らは時間つぶしをして忙しそうにしている。

ある晩、ジムは短波ラジオでラパスのスペイン語放送を聞いていた。雑音だらけだったが、スペイン語がわかるジムは、レポーターの重々しい口調を理解できた。どうやらこの国の地図もない地方で日々の仕事をしているあいだに、また政権が変わったらしい。今回は右派グループによる平和な交代だったらしいが、ボリビア国民に帰属する天然資源を搾取しようとする外国人には厳しく対処する勢力だった。ジムは大声で、「ということは、前の政府から出た僕らの採集許可は、もう無効ということだ」と言った。

このニュースだけでも、大急ぎでリベラルタまで帰るのには十分だった。標本――一夜にして不法な密輸品となった――は、知り合いの地元の商店の倉庫に隠した。それから可能な出国方法を探し始めた。ジムは立派な研究機関に雇用されていたので、出国には問題はなかった。雇い主が地元の航空会社に送金すれば、次の便に乗って標本とともに出国できるだろう。

ところが僕には、博物館とのつながりが一本――僕を雇った上司の学芸員――あるだけで、しかもその上司は南米のどこかの都市で学会に出ている。非合法に自然資源を採集したとして、政府の役人に手近の留置所へ連行され、ブタ箱入りになった話が、アメリカでカクテルパーティか何かのときに学界じゅうに知れ渡るところが思い浮かんだ。幸い、標本を預かってくれた商店主は、二人乗りのセスナ機を所有している人物も知っていた。僕はその人が、リベラルタから飛行機で一時間の、民間航空が通っているいちばん近い空港があるトリニダードまで、僕を連れて行ってくれるんじゃないかと思った。初めてパイロットに会ったときのほっとした感覚を、僕は一生忘れない。そのパイロットは、僕が育ったのと同じアメリカ中西部の方言で話した。宣教師で飛行機を所有していて、その人が最初に言ったのは、「トリニまで行きたいと聞いてますが」だった。飛行機があるハンガーは、草葺きの掘建て小屋で、町営の飛行場近くのさる地主の畑の裏手にあった。出身地のインディアナ州のことや、「マードレ・デ・ディオス川の原住民」の中での宣教の仕事のことを少し話してくれた。僕らがいた上流へは行ったことがなかったそうだ。でも、上流で出会ったハンターが、あなたが来るんじゃないかと思っていましたよと、僕は教えてあげた。

インディアナ州から乗ってきたという宣教師の単発機の計器盤には、「副操縦士は神」と書いたステッカーが貼ってあった。クーデタについては一言も話さなかった。そんなことを言ったら、行きたいところへ連れて行ってくれなくなるんじゃないかと僕が心配したからだ。逃亡者の共犯になりたがる人なんていないだろう。ダートの滑走路に出るときには、僕の心臓がどきどきしていた。音が大きくて声が聞き取れないので、会話は止まった。僕は一人で、あったことを考えた。この遠征は大冒険だった。しかし現実として、遠征は何週間か前に終わっていた。僕の科学への熱意は、互いに対する敬意と、相互支援と熱意のある社会環境への信頼に基づいていた。今夏の遠征メンバーがみな、ただ自分のことだけ考えているらしいとなったとき、信じていたことは信じにくくなった。僕はやる気をすべて失った。実は、クーデタがあろうとなかろうと、関係なかったのだ。僕はジャングルを離れようとしていた。何の仲間意識もないまま、遠征がいちばん経験のない、いちばん下っ端の――二二歳の――僕に委ねられていたからだ。僕はその遠征に対する信頼を失っていた。

パイロットは、森の樹冠から一〇〇〇フィート〔三〇〇メートル強〕あるかないかのところを飛んでいた。操縦席の窓を開けっぱなしにしていたので、何枚か写真も撮れた。あの緑の植物絨毯の中で何週間も過ごした後となると、その眺めはさらに壮大に見えた。あらゆる方向に木の葉の海がどこまでも広がっていた。けれども高度が下がると、生命の最も創造性のあるところを見るという恵まれた機会が得られた。僕が見た樹木の種類の数はとてつもなく、地球上の他のどこよりも多かった。ニューヨークかウィスコンシンで成熟した森の上空を飛べば、優勢な種で見えるのは一ヘクタールに一五か二〇といったところだろう。けれどもここには一ヘクタールあたり七〇種から八〇種があった。その樹木のそれぞれに、その種に特化した動植物のコミュニティがひとそろい収まっている。何万という昆虫が、多くはまだ正式に記載されていないまま、それぞれの木で暮らしている。僕がこの森のほんの片隅で一生を過ごせたとしても、そこの生物多様性をきちんと記載することはできないだろう。僕がそのジャングルで体験した創造性と豊穣は想像を絶していた。

僕は音楽を信じるのと同じ理由で科学を信じる。どちらも人をまとめ、どちらも自然現象を創造的に組み立てることにかかわっている。確かに、曲を書き、演奏し、聴くのが孤独で功用目的の仕事になることもあり、そうなると、何から何まで、自然史についての学術書を調べたり、ジャングルの荒野の一区画にいる新種の記録をとったりするのと同じくわびしくなる。そして遠征隊は僕に、このときの失敗した遠征の秘密主義的なメンバーのように科学者がふるまえば、科学はやはり寂しいことを見せてくれた。けれども僕は、生物学研究が生み出すのは、自分のものだけにしてはいけない知識だということも知っていた。それには語るべき物語もある。人が自分の生を理解する助けにもなりうる。

僕は博物館用に収集し作成した研究用標本を再び見ることはなかった。アマゾンの僻地の町にある埃だらけの床の倉庫でマホガニーの箱にしまい込まれたままだった。僕が知るかぎり、それは今もそこにある。あるいは、ラパスへ輸送され、どこかの博物館の科学者が、ついていたタグをすべて、自分の署名が入っているものに取り替えている可能性のほうが高い。けれども、僕のジャングルでの懸命な作業には、予想外の結果があった。他の人々とつきあうという決意が強くなったことだ。そのときから僕は、科学者と一緒だろうとミュージシャンと一緒だろうと、いつも共同作業をして、フィールドからも、レコーディングスタジオからも、学生か音楽ファンかにかかわりなく、知りたがりの人々のところへ発見を持ち帰るのに熱心になった。遠征が教えてくれたのは、共同作業のセンスがなければ、あらゆる試みは失敗する定めにあるということだった。

これからも、音楽でも学術調査でも、遠征に出ることはあるだろう。けれども北ボリビアの僻地のジャングル上空を飛んでいるとき、僕は参加者が協力や社会参加の精神を見せないかぎり、集団での企画には参加しないと誓っていた。科学でも宗教でも、隠れた動機を持った権威あるリーダーを気取る人の下につくことはある。そうでなければならないわけではないことを僕は知っていた。僕はまだ、自然史家としての生活から得るものもあると信じていた。

しかし視界から最後の熱帯雨林の樹木が消える頃には、僕は科学のことは考えていなかった。ハーモニーのそろったコーラスと歪んだギターの音で頭はいっぱいだった。僕はまたヘッドフォンをつけて、バッド・レリジョンの新しい方向について想像していた。

第7章◉信仰の属するところ

自分のヒーローを選ばなくちゃ、うまく選ぶんだ。そいつが地獄へまっしぐらに導いてくれるんだ。

――トッド・ラングレン[1]

三つの、単純でも圧倒的に強い情熱が私の人生を支配してきた。愛を求める気持ち、知識の探求、人類の苦しみに対する切実な痛み。

――バートランド・ラッセル[2]

曲作りをする者はみな、普遍的な感情につながろうとする――ナイジェル・タフネルの言葉で言えば、女が「聴いたとたん泣いて」[3]しまうような歌詞と音の組合せだ。しかし人はどれだけ、その普遍的な感情――自分自身だけでなく、他者でもある人々が考えたり感じたりしていること――を左右できるだろう。これは歌を作る者だけでなく哲学者の問題でもある。哲学者は何百年も前からこの問題について論じ合い、説を立てていて、だいたいは悲観的な結論に達している。[4]人は自分の頭蓋に閉じ込められており、自分の感情と他者の感情とのあいだに頼りない類推以上のものを引き出すには無力だと言う人もいる。

僕の音楽と進化生物学の経験は、別の結論を導く。他人が考えていることを考えたり、人が考えていることを正確に知ったりすることはできないかもしれないが、喜び、恐れ、驚き、さらには愛情を、互いの経験のあいだのふだんの距離が消えるほどに深く感じることはできる。最高のコンサートでは、出演者と観客のあいだの垣根はなくなる。情緒は両方向に流れ、ミュージシャンとリスナーが熱心な会話に閉じ込められたかのようになる。たいていのミュージシャンが、途中にどんな苦難があってもライブをやりたがる理由の一つがこれだ。演奏は即、反応がくる。曲を書いたりスタジオでレコーディングしたりするときには得られない。パンクロックのコンサートでは、陶酔する観客の伸ばした手の上にシンガーが飛び降りることがあるが、これは、信頼の絆だけではなく、ステージの上と下のあいだに確立した共通の感情をも象徴している。僕は早い段階で「客席《ピット》からは引退」して以来、ステージから飛び降りることはめったにないが、それでも若い頃にやったときの、僕を圧倒した共生の感覚ははっきりと覚えている。ジャンプするときは、観客が僕を落とさないことを信頼していた。

スラムピット（モッシュピットとか、単にピットとも言われる）は、パンクロックのライブの最前列にできる、コンサートの強烈な音楽に反応したファンの連帯を体現している。パンク音楽になじみのない人々にとっては、ピットは歯止めのない攻撃性の場のように見えるだろう。若者が乱暴に走り回り、何も考えていないオートマトンのように、誰彼なくぶつかり、跳ね返っているみたいというふうに。ときどき巨大な円になって走り（「トルコ円」《ターキッシュ・サークル》とも呼ばれる）、回転する火の輪のような人間の渦がステージから見える。ほとんどのピットはとことんアナーキーで、怪我をせずにここから出られるのは、体が大きくていちばん陶酔している者だけと言わんばかりだ。しかし実は、スラムピットには、みんなが怪我をしないようにしている暗黙の規則がたくさんある。[5] いちばん大事な点は、パンクのファンはお互いのことを見ている義務があることだ。ピットで誰かが転んだら、近くの人がぶつかり合いを止め、その人が立ち上がるのを助けなければならない。女の子がピットに入ってきても、触ったり襲ったりしない。

蹴ったり殴ったりはクールではない。もっとも腕や足を振り回していれば、蹴ったり殴ったりしているように見えることはあるが。パンク文化はずっと反抗的で攻撃的だったが、うまくいけば協調的で平等でもある。ときどきピットのルールが、世間知らず、酔っぱらい、ただのばかによって破られることもあるが、ほとんどはルールのことを知っている。このルールはパンク文化から、またステージの正面で機能している社会的ネットワークから自然発生的に生まれたものだ。個人が独立して自律的に行動する者として自己表現することを認めつつ、社会的な凝集力を確立することが意図されている。

進化生物学は、もっと広い世界で同じようなことをたくさん教えてきた。人は原始的な動物の関係にたまたま空いた穴から生じた、進化した社会的生物だ。他人が何を考えているか、いちいち僕にわかるわけではないかもしれないが、人は何十億年もの過去へとつながる生物学的系譜を共有していることは知っているし、それゆえに、人は世界を同じように見たり、寒さや飢えや痛みを、同じ生物学的な仕組みを使って経験したり、まだ人間になっていなかった先祖が感じた情緒も感じたりする。それが人の特異な意識によって屈折しているとしても。そしてその共通の経験や感覚が、いいコンサートでは観客が演奏する側につながるのと同じように、人を互いにしっかりと結びつける。

僕が言っている共有は感情移入とも呼ばれる――共通の経験によって、他者の考えや感情を了解する能力だ。感情移入と共感は違う。共感は、別の感情――他者の苦境に対する思いやりの感覚――のことを言う。どちらも憐憫《れんびん》とは違う。これは心配とおせっかいが混じったものだと思う。感情移入は認知の成分でもあり、感情の成分でもある。人は他者が考えていることを、この本を読んで意味を理解するように理解することができる。人は、芸術を通じてであれ、仲間意識を通じてであれ、愛情を通じてであれ、その人の感情の恩恵を受けることもある。

みなが同じように感情移入をするわけではない。自閉症の人は、他の人と似たような経験をしながら、その他人の情緒的状態を認識する能力に重大な制約がある神経的な状況を持って生まれてくるらしい。逆に社会病質者《ソシオパス》は、感情移入がまったくないか、それを抑えることにたけていて、わざわざ他人の視点をとったりしない。そして誰しも疲れたり、うまくいかなかったり、怒ったり、退屈したりすると、他人や自分がいやな思いをすることになると知っていながら、自分の感情移入の衝動を無視することもある。

感情移入はどこからくるのだろう。明らかに、ほとんど誰もがこれを行なう能力を持って生まれる。一歳の子どもも他者の感情や欲求に対する関心を示すことができる。[6] 人間以外の生物種でも、チンパンジーなどは、その行動からすると感情移入ができるらしい。[7] クマやワニのような「獣《ビースト》」が、子育てのときに示す優しい愛情を見せるテレビ番組を見るだけで、そのような行動の背後には何らかの感情移入的な衝動があるにちがいないと気づく。

人間での感情移入の表れは、個々人がそれぞれにしかるべき経験を育てる必要がある。子どもが他者の他者に対する行動を見ることがなければ、自分でもどうすればいいか、学習できる見込みは低い。感情移入は、人間のたいていの形質と同じく、人の生物学的な可能性と環境の影響が組み合わさって生じる。そのため、人々の集団はその感情移入様式に広いばらつきを示すことがあり、どの集団内でもそれの表現は時間とともに大きく変化することがある。

いくつか例外はあるが、西洋の宗教は感情移入には力点を置いておらず、なすべきことを命じる形をとる。人間相互のやりとりに基づくのではなく、崇高な権威からの命令に基づく行動規範を課す。西洋の宗教は人間の本性を、超自然的な力を持つ神話上の人物の行動になぞらえることで、適切な行動を定義する。たとえば、キリスト教社会でほめられたいなら、人は聖者かキリストのようにふるまうものと考えられている。そのため、行動の規範は超自然の領域に発するもので、ただの人が疑問を挟むべきものではない。

これに対して、科学は感情移入を元にする。科学は世界について共通の経験があるとする。そうでなければどうやって自然現象の説明や確認について合意できるだろう。もっと深いところでは、科学は人間が世界について学習し、自分たちの経験を理性、論理、言語、音楽、美術などを通じて共有する能力を見いだし、喜ぶ。

感情移入の力によって社会を有益な形にまとめることができる。人は自分の少なくともいくつかの面が互いの中にあると見ることができるので、自分たちや全体としての社会にとって好ましいふるまい方を導くことができる。けれども、そうなるためには、他の人の経験も自分の経験と同じく成り立つものだということを認めようという気になっていなければならない。あらかじめ定められた規範が厳密に施行されすぎると、これはまったくできない。とくに規範が超自然の領域にある確かめようのない「真理」を根拠にしている場合はそうなる。感情移入は人々が持つ人間の倫理の最善の土台だ。それこそが、人と人の強い関係と生産的な社会の基礎となっている。

＊

中止になったボリビア遠征から僕が帰国したときには、現地での経験は感情移入が欠けているとどうなるかを示しているといったことは何も考えていなかった。僕はただ、科学を共同で進める方法を勉強しながら、バッド・レリジョンをできるだけいいバンドにしたいと思っていた。一九八七年秋にはUCLAでの大学院生活が始まったが、気持ちを新たにして曲作りも始めた。僕は、自分の暮らしの他のことがどうであろうと、いつも曲のためのアイデアを考えている。ノートやスケッチブックから遠ざかることはない。曲のタイトルになりそうなこととか、構想とか、何かを思いつくと、その曲専用のページに書き込む。そうしてそのページに歌詞や雑多な考えを徐々に埋めていく。ボリビアから帰った頃には、アイデアでいっぱいのページがたくさんできていた。けれどもそのアイデアを歌にしてテープに録音するのは時間もかかるし粘りも要る。バンド仲間にまだ音楽を演奏したいと思っている奴がいるかどうかも定かではなかった。

まず、サークル・ジャークスのギタリストもやっていて定期的にツアーに出ていたグレッグ・ヘトソンに声をかけて、バッド・レリジョンの曲を演奏したい気持ちはあるかどうか尋ねた。熱意は相変わらずだったが、ヘトソンは「今年の秋はジャークスのライブがいくつもあるから、時間をかけられるかどうかわからない」とも言った。

次に声をかけたのはブレットだった。ブレットは新しいスタジオ建設にかかりきりで、オーディオエンジニアとして遅くまで仕事をして、大きくなりつつあった自分のレーベルにバンドを集めようとしていた。けれども驚いたことに、そのブレットもバッド・レリジョンの新しいアルバムを作ることを考えていて、すぐに僕をハリウッドの新しいスタジオを見に来るよう誘った。行ってみると、スタジオにはジェイもしょっちゅう顔を出していたので、何曲かの新曲をレコーディングする話で喜ばせることができた。

当時僕はUCLAの近くに住んでいて、スタジオまでは五マイルほどあった。僕はくたびれた一九七九年型のホンダ・シビック――サーカスのピエロの車みたいなクラシックな車――を持っていて、ガールフレンドのグレタ（その後最初の妻になる）がウェイトレスをしていたレストランの「サラダバー係」の仕事を僕に紹介してくれたので、車の維持費は何とかなっていた。グレタはチップで結構稼いでいた。けれども僕は、食事を提供する業界では大したことはできなかった。サラダバーの陳列をどうするか考えるよりも、ウェイトレスとふざけたり、バーテンダーと進化や哲学のことを話していることのほうが多かった。ただ、隅々まできれいに掃除する仕事はちゃんとやったので、首にはならなかった。もっとも、ウェイター助手に昇進することさえなかったが、それはいつも大学院の勉強のことを考えたり、早くハリウッドへ行ってブレットのスタジオでだべりたいと思ったりして時間を過ごしていたことをよく示している。

夜は曜日を問わずブレットのところに行ってよかった。昼間、大学での授業や勉強で忙しかった後や、レストランでの仕事を終えた後に行くことが多かった。ウィークデーは、何曜日だろうと何時だろうと、必ず二人の人物がいた。ミキサーの操作パネルに控えるブレットと、録音室にいるあやしげな人物だ。ブレットは前にも増してレコーディングのことを真剣に考えていて、その日自分が録音したものはすべて再生してくれる熱意に僕はて再生してくれる熱意に僕は刺激された。ときには音楽的神経を逆なでするようなものまでかけてくれ刺激された。あるパンクのシンガーが何時間もかかって「俺は十分に憎むことは全然できない」という単調な繰り返しを何度も何度も歌って仕上げていたのを思い出す。僕はブレットがいい曲に対する感覚を失ってしまったのかと心配したが、ブレットはそうしたことを通じて、次のバッド・レリジョンのレコードをよりよくする方法を考えていたのだ。

スタジオは、適切にも漠然と「ウェストビーチ」と名づけられていた。何かの理由で、レコーディングスタジオの名称は、目立たないようになっているものだ。ランボーレコーダーズ、エレクトリックレディー、オーシャンウェイ、サウンドシティ、NRG、トラックレコード等々。どの名前も、施設の住所や所有者とは何の関係もない。僕はそれがアーティストのために、作業中にスタジオの隠密性が保たれることを保証する努力だと思っている。一九八七年、バッド・レリジョンの新しいアルバムのためのアイデアに取り組んでいたとき、僕らはアーティストに望めるすべての隠密性を得ていた。僕らのLAの世界は実質的に死んでいた。僕にはファンが残っているかどうかもわからなかった。それでも、ブレットはウェストビーチでやる気のある若いバンドのレコーディングに時間の大半をかけていて、グレッグ・ヘトソンは全米ツアーでパンクが育っていた大小の都市を訪れて国中を回っていた。僕は人々が再び活気を取り戻したバッド・レリジョンを待ち望んでいることに自信を持った。

ウェストビーチはあまり商業的な施設ではなかった。ハリウッドの、どちらかと言えばさびれた地域にある、小さな五部屋からなるバンガローに造られていた。スタジオの一方の側の隣では産業用機械が運転され、反対側はハリウッド・ブルヴァードにつながる駐車場だった。隣で運転中の重機の音が高感度のマイクに入ってきて、レコーディングの演奏を中断しなければならないことも多かった。それでも一般的に言えば、この小さな建物はレコーディングに向いていた。それぞれの部屋がある程度防音されている。リビングはドラム部屋、正面玄関はボーカル室で、キッチンはロビーのようなものだった。シングル用のベッドルームでアンプのボリュームを必要なだけ上げることもできた。制御室は台所とリビングをつなぐ廊下で、二四チャンネルのミキシングコンソールがちょうど収まる幅があった。ウェストビーチの変わった欠点は、別々のミュージシャンどうしの連絡がまったくとれないことだった。ドラマーはベースが見えず、ベースはギターやボーカルが見えず、ボーカルは一人玄関にいる。ウェストビーチは借家なので、ブレットと共同経営者のダネルは、壁をぶち抜きにしたり、もっと高級な施設によくあるスタジオ用のガラスをはめ込んだりすることはできず、連絡は音声のみだった。ミュージシャンはみな、調整室からの指示を聞くためにヘッドフォンをつけなければならず、手の合図は使えない。エンジニアから「スタンバイ」の指示が出たとき、まだ準備できていない奴がいたら、そいつは応答用のマイクを使うか、隣の部屋に駆け込んで飛び跳ねてドラマーに姿を見せて手を振るかしなければならなかった。ドラマーが止めれば、他のミュージシャンも演奏を止めることがわかる。それでも、ウェストビーチには抜群の雰囲気と電子装置があって、ブレットの個人的な趣味も至るところにあったので、僕とバッド・レリジョンにとっては創造性の根拠地になるように思えた。

ブレットはレコーディングに夢中だったので、ライブで演奏することはあまり考えていなかった。それでも一九八七年の九月、ギルマンストリートという、バークレーの、ある新進のプロモーターが本拠地にしていた会場で演奏するという話があった。グレッグ・ヘトソンはサークル・ジャークスでの仕事があったので、他にギタリストがおらず、ブレットが今回かぎりということで演奏してくれることになった(一〇〇万数えるのにどれくらいかかるかを計算したあのツアーだ)。四年以上ぶりにオリジナルのラインナップがステージで演奏されることになった。ライブは大成功だった。ギルマンストリートは売り切れで、サンフランシスコ湾一帯のパンク連中が熱狂的に迎えてくれたことが信じられなかった。LAに戻ると、みんなで、グレッグ・ヘトソンもブレットもバンドの恒常的なメンバーにして、バッド・レリジョンは五人編成にするのがいいということになった。

ブレットと僕はすぐに何曲か歌を作りにかかった。僕のウェストサイドにあるアパートにブレットが来ることもあった。空き時間があると、いつも二人はそれぞれに曲を書いていた。顔を合わせると、曲想を披露し合った。たいていはアコースティックギターで弾いて、ハーモニーをつけることも多かった。ブレットも僕もサイモン&ガーファンクルのファンで、エヴァリー・ブラザーズも好きだったので、そのまねをして、アコースティックだけでパンクのハーモニーを作っていた。

二か月もしないうちに、夜の練習にバンドを集められるだけの曲がそろった。ブレットと僕が仕事を抜けられる週に三日は練習をしようとした。バンドメンバーは新しい曲目に喜んで、全身全霊で練習に打ち込んだ。

僕らにとってそんな楽天的な時期はそれまでなかったかもしれない。僕は新しい旅――大学院――に乗り出していて、哲学的な考察や学問上の課題が僕の歌作りの構想の質を大きく高めると思っていた。新しく見つけた概念や言葉を聞きやすくしたいので、歌うときにもっと伝わりやすい明瞭なものにしようと苦労して手間をかけた。サラダバー係で稼いだ金で小型の携帯スタジオを買い、そろえつつあった自宅レコーディング装置でボーカルの練習をした。僕がハーモニーやアレンジの技術を本当に身につけたのはこのときだ。ブレットは、それまで僕らを見てくれたどのエンジニアやプロデューサーよりも腕はずっと上で、その腕をもってスタジオで音を作っていた。音響工学の学士号をとっていて、その知識を使ってバンドの音をスタジオでこれまで以上のものにしようと真剣だった。また、新しいレコードレーベルの運営や、芽生えつつあった文学への貪欲な愛情で、頭への刺激も受けていた。新しい知的活動が見つかると、バンド全体が活気づいた。ギルマンストリートでのライブが成功して、僕らは観客が「向こうで《アウトゼア》」覚醒させてくれるのを待っているのを自覚していた。レコーディングの日程を決め、その日が近づいてくると、練習の回数も時間も増えた。

熱帯雨林への遠征のことは背後に隠れていたが、僕はボリビアで体験した深い感情を手放すことはなかった。孤独に満たされた長い昼と夜を覚えていた。熱帯の熱は悲惨なほど動かず、南カリフォルニアの乾いた風にしかなじみがない者にとっては、ほとんど表現不能なものだ。ジャングルでは、つねに湿気の層が羽毛布団のように人をくるむ。皮膚がそれに覆われてくると、事態は悪くなるばかりだ。それでも僕は、地球上に残る最後の本当の原野の一つで作業できて恵まれていたと思った。現地にいたときは、悲惨なことを体験してはいても、生命の秘密は都会のコンクリートジャングルにいるときよりも、森にいるときのほうが明らかになりやすいと思っていたことも思い出した。

調査ノートの一冊には、「マスタープランが一日一日の世界を支配するビジネスマンは、自分が属する種がゆっくりと崩壊している兆候が見えていない」と書いてある。僕はこれを、レコーディングのタイトル曲になった曲の歌詞の基調として提案した。他の歌詞のトーンは、パンク世界が何年か前に死んだことに対する失望と、パンクが受け入れやすいと思っていたもっと進取の気性の方向性に対する希望とを同時に表に出していた。ブレットと僕は、アルバムのタイトルを『サファー』〔苦しめ〕にすることを決めた。

練習では、みんな団結して猛烈に演奏していたので、僕らはレコーディングの日を何日か前倒しして、その熱意を利用することにした。練習しすぎると演奏から生命が抜けることがある。基本的なトラックは、それがなまの新鮮さを保っているあいだに録音したかった。『サファー』のレコーディング初日に感じたどきどきを僕は忘れない。ブレットはマイクをセットするのがいつも以上に丁寧だった。ブレットが信頼するスタジオの共同経営者ダネルは、何時間もかけてドラムの前のマイクやスピーカーの位置を少しずつ調節し、ブレットは完璧な位置が見つかるまで、かすかで聞き取れないほどの音色の違いに耳を澄ませていた。それは僕には目新しいことだった。それを見ることでオーディオ技術について多くのことを知った。同時に、曲の演奏を始めるのが待ちきれなかった。

何時間か一人一人で単調に試した後、一緒の演奏が始まった。自分のヘッドフォンから聞こえてくる音が信じられなかった。楽器の音の透明さ、ステレオによる音像が生み出す分離と広がり、自分の声のすがすがしさは、それまで聞いたどんな音とも違っていた。最初に収録したのは「競争の国」という、ロサンゼルスに戻ったことに対する賛歌だった。最初は純粋に音がうれしくて、にやにや、わはわは、笑うのに忙しくて歌えなかった。みんなが各自に基本トラックを録音しているあいだは別々だったが、調整室に入って再生を聞きに行くと、ブレットとダネルはばかみたいに笑っていた。スタジオで見事な音の作品が生まれるときの、圧倒的な畏敬の念に並ぶものはない。他とは全然違う喜びだ。レコーディングの作業は科学の部分もあり、演奏の部分もあり、まったくの運の部分もあった。僕らは今でもスタジオに入るたびにそのことについて冗談を言う。それは「計画された自然発生だ」と。

『サファー』の演奏はただただ爽快だった。ドラッグなどなくても、みんなただ興奮してずっとハイになっていた。ブレットは僕らがパンクのレコードでは誰も聞いたことがない音を生み出していて、僕は即興的にできているようなハーモニーを生み出していた。メンバーはそれぞれ、自分自身について新しいことを発見したらしい。僕らは何年かの休止期間をおいて、鬱屈した創造性を解放したかのようだった。演奏は一晩中続き、夜が明けてから眠り、昼頃また集まって、またレコーディングを繰り返した。みんなの集団的知性や野心をすべてつぎ込むノンストップの創造性の発露だった。七日後にアルバムがすべて録音され、ミキシングされ、立派な成果ができた。

アルバムは世界中で知られるようになり、将来の一連のアルバムやツアーの元になった。『サファー』は南カリフォルニアの休眠中のパンク界を復活させたとよく言われる。一九九〇年代初めの「グランジ」

運動の先頭に立つ多くの人々など、後に世界的に有名になったパンクミュージシャンの多くが、このアルバムやその後のアルバムに影響されたと言っている。『サファー』は、当時の影響力のあるパンク雑誌、『フリップサイド』と『マクシマム・ロックンロール』の二誌で、一九八八年のアルバム・オヴ・ジ・イヤーに選ばれた。どちらも、ジェリー・マホーニーが描いた、ひとけのない郊外で炎を上げるパンク少年の絵を載せていた。作品としても商業的にも大成功だった。けれども僕が進化論の研究から学んでいるように、成功には思いもよらない落とし穴がある。

＊

その頃、ＵＣＬＡからハリウッドまでサンセット・ブルヴァードを急いで行き来しながら、考えることはいつも、ふらふらとさまよっていた。僕は古典的な比較解剖学の授業でＴＡの筆頭になっていて、医学進学課程のたくさんの学生に、進化を理解することは医者にとっても大事だということを教える仕事をしていた。進学課程の学生とのやりとりは楽しかった。学生は総じて、「下等」動物の組織や器官が、自分たちのお気に入りの動物であるヒトとどう関係するのか、知ろうとする気があったからだ。その知的好奇心のおかげで、僕は古典的な胚発生学を頭に詰め込んで、進化による説明の歴史をすべて勉強せざるをえなくなった。修士課程の指導教授からは、「教えるようになるまでは、本当には勉強してないんだよ」と言われていたので、ものすごい量のことを勉強していた。

僕はいつも、音楽を単調な学問からの逃げ場にしていた。午後遅く、生物医学図書館の稀覯書室で落ち着かなくなったときは、サンセット・ブルヴァードの方向転換や突然のブレーキ灯をくぐり抜けて、スタジオのブレットのところへ急行した。『サファー』を出した後は、時間を無駄にせず、次のアルバム『ノーコントロール』〔制御不能〕や、さらにその次の『アゲンスト・ザ・グレイン』〔性に合わない〕をレコーディングするための曲作りをした。二年半で三枚のアルバムを出し、そのたびに前より仕上がりがよくなった。ほとんど何曜日でも、学校を抜け出してスタジオでの活動で充電することができた。他のバンドがレコーディングしていることもあった。ブレットが新曲のアイデアを弾いてくれることもあった。僕が自宅の携帯スタジオで録音したテープもよく持って行った。バンド全員が入る練習スペースも用意していて、新曲の練習をして楽しい夜を何時間か過ごすこともあった。それでも毎朝学校へ戻り、授業に出て、ＴＡの仕事をし、修士論文のための研究テーマを探した。

いろいろな研究課題《プロジェクト》のあいだを堂々巡りして前に進めない人が多かった（友人のロンはそれを「プロジング」と言っていた。ずっと構想ばかりで決して実行されないということだった）。しかし、音楽と研究のあいだの行き来は僕には向いていて、今でも習慣になっている生涯の日課となった。一方で退屈になると、もう一方へまっしぐらだった。両方の分野で前に進まなかったら、無責任な道楽のそしりを受けていただろう。けれども僕は、音楽と研究の両方で目標を引き上げ続けた。おそらくとり散らかってじっとしていられないだけのように見えただろうが。ＵＣＬＡで修士号をとろうとしていた三年のあいだに、僕はコロラド山中の夏の野外調査を三回やり通し、太古の脊椎動物の環境に関する学位論文を書き、比較解剖学、進化論、古生物学の授業九つを担当し、三枚のアルバムをレコーディングし、バンドと一緒にアメリカとヨーロッパでツアーもした。

その結果、スケジュールの多くが綱渡りになった。ＵＣＬＡは四期制で、夏休みが長く、学校は一〇月まで始まらなかった。五月の末から六月にかけて一か月は野外調査に出たが、それでも学校が始まるまでバンドで夏のツアーに出る時間があった。一九八八年はとくにてんてこまいだった。学校の休みのあいだにグレタの実家を一緒に訪れたとき、将来の義母から、「腰を下ろしてこのすてきな午後を楽しめないの？」と言われたのを思い出す。僕にもう少し時間と関心を娘に向けなさいという意図だったと思うが、そのときはそういうことに気づかず、またわかろうともしていなかった。とにかく外へ出て、近くにあるものすごい崖まで出かけるほうに気が行っていた。グレタの母が住んでいたのはサンジエゴ郡の北部で、化石がたくさん採れるデル・マール泥岩層や、壮大なトーリー砂岩層が露出したところから一マイルほどしか離れていなかった。穏やかな午後の日光浴や、たわいもないおしゃべりで過ごすより、化石のほうがずっと気になっていたことは確かだ。それでも一九八八年の夏、僕はグレタと結婚した。そして一か月もしないうちに、バッド・レリジョンは最初の本格的な全米ツアーに出た。

ツアーをするミュージシャンと結婚するなら、強く、誠実で、自信のある人でなければならない。皮肉なことに、まさしくそうした性格が、たいてい、若いアーティストやミュージシャンには欠けている。当時二三歳の学生だった僕も例外ではなかった。アルバムが売れて、バンドが遠方からもコンサートに来るよう求められるようになるにつれて、自分のシンガーソングライターとしての役割が、研究上の志望や家庭生活と衝突しかかっているのはわかっていた。でも、自分ではそれに適応できると思っていた。三度目のヨーロッパツアーから戻ると、グレタと一緒にニューヨーク州イサカという静かな町へ移り、僕はコーネル大学で博士課程に進んだ。バンドでは、僕がLAを離れることに誰も驚かなかった。僕は曲は書き続け、練習やレコーディングの時期になれば戻って来ると約束していた。その頃、ジェイはカナダのバンクーバーへ移ろうとしていた。みんな、それぞれに他の関心を追いつつ、バッド・レリジョンもやっていけることに自信があった。何と言っても、バンドにはたいてい、スポーツチームのように

「シーズンオフ」があり、世界中をツアーするバンドならたいてい、別々のところで暮らすメンバーがいるものだ。けれども博士課程、教育、作曲、レコーディングのためのLA行き、コンサートツアーという組合せには、代償があった。

＊

悪名高い一九九〇年一二月二八日、エルポータル劇場でのパンク騒動をめぐる詳細は、僕にはぼんやりしている。僕はその頃、本格的にLAを離れて、コーネル大学の博士課程の学生としての本分を見つけようと必死だった。そんな一人でよるべない頃、バンドの仲間から、クリスマス直前に電話があって、ノースハリウッドの舞台でライブをやるからLAに戻って来いと言われた。それまでの二年のあいだにヨーロッパと全米のツアーが成功したことから、僕はバッド・レリジョンが、混乱する週末の賃貸ホールだけでなく、都心の一流のコンサート会場で演奏してもいいはずだと確信していた。とはいえ、僕はクリスマス休暇を切り上げて、そのコンサートの演奏をしにLAへ飛んだ。ライブの翌朝には東海岸に戻って、次の半期の実験指導の準備をしたり大学院の勉強をしようと思っていた。

僕はいつものように、前座のペニーワイズとNOFXの演奏が始まってから会場についた。僕が「舞台裏」（バッド・レリジョン用に一晩借りたのは映画館だったので、更衣室も楽屋もなかった）についたとき、ペニーワイズのメンバーがマイクにどなっているのが聞こえた。何か警官の話で、警官がコンサートを中止させようとしているのは不当だと言っていた。「コンサートが中止だって？　つまりここにいなくてもいいってことか」と僕は思って、レンタカーに引き返すと会場を離れた。角を曲がって劇場の正面を通りすぎるとき、怒ったパンクの誰かがチケット売り場の窓を割っているのが見えて、「何と変わり映えのしない」と思ったのを覚えている。そのときの騒ぎより一〇年近く前、僕が巻き込まれたパンク騒ぎがあったので、一九九〇年一二月のその夜の光景では、とくにあわてることはなかった。

ホテルに戻って寝る前に地元のニュースを見ていると、キャスターが言った。「CMの後は、ヘビーメタルバンドのバッド・レリジョンがノースハリウッドで騒動を起こしたというニュース……」と言っていた。テレビのニュースで自分のいるバンドの名が出てびっくりしたが、すぐに怒りのほうが上回った。「ヘビーメタルバンド？ ヘビメタなんかやったことねえよ」と思ったのだ。けれどもそのニュースで流れるビデオを見て、チケット売り場の窓を割ったところから始まり、本格的な大混乱の騒ぎになって、警察車両や逮捕者や流血まであったことがわかり、ショックを受けた。それでも、その晩は友達からも家族からも電話一本かかってこず、僕は眠ってしまった。

翌日イサカで飛行機から降りると、テレビのあるところへ行って、CNNで続報をやっていないか見てみた。驚いたことに、バッド・レリジョンの騒ぎは全国ニュースになっていた。一晩中、三〇分ごとに流れるニュースだ。「ヘビーメタルバンドのバッド・レリジョンがチケットを売りすぎ、消防当局が演奏を中止させ、警察が呼ばれて騒ぎになりました」。当時、僕らにはマネージャーがついておらず、マスコミ対応する広報担当もいなかった。ニュースは一人歩きする。入場券を売りすぎたプロモーターは何も言っておらず、報道する側は自分たちで納得のいく話を作るだけだった。もちろん僕らはチケットの販売にはタッチしていなかったが、プロモーターの名前よりもバンド名のほうが有名だったので、バッド・レリジョンの騒ぎということになった。

当時の僕は、商業面にはほとんど関心がなかった。学校の研究に集中できればよかったし、商売や管理のことについてはほとんど何も知らなかった。僕はそこで、騒ぎのニュースは勝手にやらせといて、自分は博士課程のことをするだけと思い切った。バンドのファンが怒っていたことには気づかなかった。ファンは僕らがファンを食い物にしたと思っていたのだ。公式に記者発表をして見解を述べるということをしなかったので、ファンは僕らがチケットの売り上げを持って逃げたと思っていた。ニュースがエスカレートしたら、僕らの評判も経歴も台無しになったかもしれない。

ところがブレットはちゃんとしていて、プロモーターに、僕らやファンに対する義務を果たすよう断固主張した。僕らはファンに対してライブをしなければならず、ファンは僕らの演奏を保証したチケットを持っていた。ブレットは騒ぎの大混乱を、ファンだけでなくバンドにとっても何かをするチャンスと見ることができた。

ブレットは、プロモーターがチケットを尊重して、ライブ会場も間に合わせのエルポータルの三倍はある、もっと大きくてちゃんとした会場に移すよう求めた。プロモーターは同意して、翌日、地元のラジオ局で、二週間後にバッド・レリジョンが、ハリウッドにある、国際的に有名なツアーバンドのメッカのようなパラディアムに登場することが発表された。[8] エルポータルのチケットは有効で、追加のチケットもあると言われた。

ラジオでの宣伝は効果抜群だった。収容人数が三五〇〇あるパラディアムのチケットは、その週のうちに売り切れた。元のエルポータル用のチケット一〇〇〇枚は、紙くずどころかプレミアものと思われ、さらに二五〇〇人が、あの騒ぎは何だったのかを見ようと待ち構えていた。パラディアムで完売したコンサートによって、バッド・レリジョンは、世間からの消えることのない認知を確立した。僕らは商業的な可能性もあり、成長中の音楽ジャンルで重要な役割をしたと言える、押しも押されぬ看板バンドと見られるようになった。騒動の前は、全国的なツアーバンドがＬＡに来るときの、「定番」の前座と考えられていた。僕らは大きな会場でも売れると何度も言っていたが、プロモーターは僕らと心中しようとはしなかった。音楽ビジネスのことなどわかっていない自信過剰なガキだと思っていた。もっとメジャーなバンドが僕らを前座に使って、僕らのファンを引き寄せていながら、格下に甘んじなければならなかった。

一九九一年の一月には、その認識が変わり、それ以来変わっていない。騒ぎは一時的な予想外の災いとなった。ブレットはカオスに乗じて成果を上げ、みんな――バンド、ファン、プロモーター――にとってプラスの結果を生み出した。生命には予想外の大変動があふれていて、それぞれのあいだを、長い、予測のつく穏やかな時期が隔てている。

＊

ただ、そのいちばん当たっていた時期にも、背景には悲劇が控え、その存在を思い知らせようと待ち構えている。一九九四年、ロサンゼルス一のパンクバンドの地位を確立した後、一五年組んでいたブレットがバンドを抜けようとしていることを知った。それはシュールな瞬間だった。僕はコーネルの大学院で骨の進化を研究していた。同時にニューヨークの大物プロデューサーとも会って、メジャーなレーベルと交渉しようとしていた。バンドはアトランティック・レコードとソニー・インタナショナルとの契約を結んでメジャー・デビューを果たしたところだった。新しいアルバムが出たときは、ヨーロッパ最大のフェスティバルのいくつかで主演を務めるよう誘いがあった。僕はイサカの郊外に新居を買ったばかりで、それを生産工場――自宅レコーディングスタジオを備えた――でもあり、家族にとっても楽しく機能的な家でもあるものにしようと忙しくしていた。僕はそれをジャクソン邸や、あるいはむしろフランク・ザッパの「ユーティリティ・マフィン・リサーチ・キッチン」のパンク版に近い、音楽一家のワンダーランドのように思い描いていた。すべて、繁栄とヒットが続く方向を指しているように見えていた。

後から見れば、暗い側もよく見える。ほとんど気づかないまま、僕の生活は締切、電話会議、約束の、とんでもなくややこしい迷宮に姿を変えていた。大学院で始めていた研究は、光学顕微鏡と電子顕微鏡を使って何百時間もかけて調べなければならなかったし、両方の顕微鏡の使い方を覚えるのにすでに二年もかかっていた。博士号となると、修士号よりも求められるものは多い。そんな博士課程三年目のあるとき、メジャーレーベルからの仕事の話がきた。メジャーなレーベルと契約したとたん、当時雇ったばかりのマネージャーから毎日電話がかかってきて、レーベルの「クリエイティブ」部門からも引っきりなしにかかってきて、他にもあれこれと新しい仕事ができる。ソニーもアトランティックも、バッド・レリジョンを売り込むための専従チームを用意して、「クリエイティブ要素」という、つまりブレットと僕からの指示を必要としていた。

僕は全部こなせると思っていた。博士課程の面接が二、三か月に一度あり、僕の顕微鏡仕事は、電話会議とニューヨークやカリフォルニアへ出かけたりする合い間の時間に行なった。ツアーは学校が休みの夏のあいだ以外は短く切り詰められた。夏のあいださえ、本来なら六週間できるところを、三週間休みをとり、そのあいだに僕は顕微鏡に戻って、長時間かけて遅れを取り戻そうとしていた。

僕がしなければならないほとんどすべての仕事でひび割れが大きくなりつつあった。バンドのマネージャーは、自分がバッド・レリジョンのレベルを上げたと思っていて、新しい仕事のオファーを喜んでいた。その間、ブレットと僕との連絡はあまりなかった。ブレットはそんなバンドの進み方に不満を抱いていていた。また、名義上は僕と二人で始めていたレーベル（エピタフ・レコード）は、ブレットがせっせと面倒を見てちゃんとした会社になり、やっと成功したところだった。ブレットのスタジオでの仕事のおかげで、オフスプリング、NOFX、ペニーワイズ、ランシッドといった、ヒット曲のあるバンドとの契約がとれるようになり、バッド・レリジョンのレコードもホットケーキのように売れていたのだ。レコードを作り、売るという仕事には、レーベルの責任者としてのブレットがいつも関与している必要があった。ブレットの生活も、僕と同じく、とてつもなくややこしくなっていた。そしてある晩、ブレットが電話をかけてきて言った。「他の連中と喧嘩してな。俺バンド抜けるわ」。喧嘩を理由にしていたが、それはやめる理由に僕を入れないという配慮だった。二人のコミュニケーションが足りなかったことも理由の一つだということは、僕にもわかっていた。

その電話をもらったとき、僕は自分の世界が終わろうとしていると思った。大当たりの時期も一瞬にしてどん底になる。僕はとんでもなく忙しく、緊迫した結婚生活と、なったばかりの父親業もできるだけ責任を持ってこなさなければならなかった。そこに今度は、創造性の面での重大な危機だった。バッド・レリジョンをブレット抜きでどう続けられるのか。

僕はバンドをやめようとは一度も思わなかった。ただただ、二人で一緒に始めたことを大事にし続けなければと思っていた。自分の生活を続け、他のことも信じ続けることにした。その先どうなるかは思い煩うことなく、手近にあったチャンスに乗った。何と言っても、契約ではあと三枚のレコードを完成させなければならなかった。曲を書いてレコーディングすることが自分の血だと強く思っていた。ブレットが抜けたせいで自分が好きなことをやめるようなことはできなかった。まだみんなが僕の音楽を聞きたいと思っているという恵まれた位置にもいた。おまけに、ローンもあり、大学院もあり、扶養家族もいた。自分が幸せであり続け、かつ責任をまっとうするのに必要なことは、音楽の仕事がもたらしてくれると信じていた。

しかしひび割れは広がり始めた。ツアー、宣伝、作曲のための時間が多くなり、研究は中断しなければならなくなった。大学は理解してくれて、無期休学を認めてくれた（博士論文の研究に戻るまで、結局六年かかった）。その頃、マネージャーは自分の夢の仕事を見つけ、バッド・レリジョンをやめることにした。

何より悲惨なことに、ニューヨークで二人目の子が生まれてほどなく、グレタと僕は離婚した。これは僕の生活の中では大打撃だった。音楽や研究にかけたエネルギーや意欲を後悔することはなかったが、当時のことで悔やむことは他にたくさんある。その頃の僕は、妻にとって、僕がいないことがどういう意味を持つか、自分の情熱がどう影響するかという、もっと大きな絵を認識するほど大人になっていなかったのだ。生活は、チャンスや仕事という形をとって、気がかりなペースで飛び込んでいて、僕はそれをうまくこなしていると思っていた。僕が適応だと思っていたことは、実は幻想だった。避けられない歪みに自分ではうまく適応していると思っていても、結婚生活については多くのことが支障をきたしていた。離婚して以来、僕は適応でものを考えることには反対するバイアスがかかっている。生活を切り抜ける唯一の方法は、他人が必要とすることを尊重し、そのときに生じる多くの失敗や不完全を受け入れることだと思うようになっている。

二年にもならないごく短いあいだ、僕は人生の複雑さや流れを変える大変動を経験した。もちろん父親であることもやめなかった。自分はいい父親で、そうであることが好きだという自信がいちばん大きかったので、それをやめる理由はなかった。実際、幼い我が子のことは大好きで、離婚やてんてこまいのスケジュールはあっても、父親としてさらにがんばろうという気になった。ブレットがいなくても、ソングライターとしてもっとやれると信じてもいた。僕がその目標を達成したかどうかは大したことではない。僕は好きなことを続けたということだ。子どもが第一で、その次がバンド、それから学校だった。この優先順位を立てて守ることで、悲劇からよいことが出てくる可能性の扉が開けた。

暴動騒ぎをめぐる混乱のときと同じく、このときの悲劇続きも、結局は職業的にはいい結果につながった（家族の生活でも、いいことはたくさんあった）。バンドでソングライターは僕だけになって、スタジオでは別のクリエイターの意見が必要になることはわかっていた。レコード会社も支援してくれて、有名なプロデューサー――リック・オケイセックやトッド・ラングレン――を迎える助けをしてくれたし、そうした人々から大いに教えを受けた。さらに、この騒々しい時期に、華麗なギタリスト、ブライアン・ベイカーが加わってくれた。バンドが世界的に成長してツアーがいちばん成功したのもこの時期だった。バンドのメンバーやマネージャーや家族に降りかかったあの混沌とした苦境がなくても、こうした結果になる運命だったのだろうか。もしかしたらそうかもしれないが、それは意味のない問いに思える。進化の場合と同じく、「こうだったかも」というのはどうでもいい。「現に存在しているもの」こそが、手にして考え、鑑賞する対象だ。多くの友達が言いたがるように、「これが現実だ」。僕はそれを「さかのぼって歴史の流れを変えることはできないから、今あるものを受け入れることを学んだほうがいい」というふうにとっている。

宗教を信じている人の多くは間違って自然主義者のことを何も信じていないと言うが、それはばかげている。誰でも何かを信じている――それは人間であることの一部だ。僕も信じていることがあると認めるのに何の問題もない。ただそれが伝統的な信仰とは違うだけのことだ。自然主義者も、何より、世界は理解可能で、世界に関する知識は観察、実験、検証で得られると信じていなければならない。科学者はたいてい、この点についてあまり考えていない。それが正しいと仮定して仕事にかかるだけだ。しかしこの仮定は哲学者以外の人々とも無縁ではない。たとえばインテリジェント・デザイン創造主義者が、理科の授業での方法的自然主義を人格神論的自然主義に替えろと言うとき、公共の言説に共通の前提から、この仮定を除けと迫っているのだ。

*

世界が理解できて知ることができると信じる人々はたいてい、進化は進化が意味することすべて込みで起きたと思っている――地球の想像を絶する年齢、目的もなく生じた膨大な数の苦痛、方向性のない進化的変化、非人類の先祖からの人類の進化などのことだ。進化を認めることは、知、情、意、いずれの点からもなかなか難しい。すでに見たように、進化にはアナーキーな成分が備わっている。限られた人為的状況以外には、制御も方向づけもできない。自然選択は進化の一部だが、それは必ずしも中心にあるわけではない。運、不運、環境のランダムな変化、適応的ではない形質、生物どうしの相互作用、物質の自然な創造性といったものも、進化では顕著な役割を演じる。

そういうわけで、進化の価値の尺度として適応度や順応に依拠するのは間違っている。自然選択が生命で優勢な力なら、「私はあなたより適応しているので、私のほうだけが生殖すべきだ」とか、「私は生物学的に有利なので、あなたよりも資源を使う権利がある」とかのことを言うことが論理にかなうかもしれない。進化を多面的でアナーキーな繁栄すべてを含めて正確に見れば、結論は違ってくる。みんな、世界の知覚のしかた、世界への応じ方を共通にした進化した生物なのだ。しかもそれぞれが特異で、再現できない因果の連鎖でつながった出来事で生じてきた。何かの勝手な基準から見た適応度を元にして人を生物学的に判断することはできないとすれば、どんな人でも等しく正当とするしかない（純粋に倫理的な根拠からもこの結論は導ける）。進化のおかげで誰かが誰かより上ということはない。丈夫だろうと虚弱だろうと、障害があろうとなかろうと、男だろうと女だろうと、白人だろうと黒人だろうと他の色だろうと。人類という種の一部として存在するというだけで、どの人にも自動的に価値や尊厳が伴う。

進化をないことにしようという試みの一つとして、それでは世界が無意味になると説かれることがある。そういう人々は、『究極理論への夢』を書いたスティーヴン・ワインバーグの、「宇宙について知れば知るほど、宇宙には意味がなくなるように見える」[9]を引き合いに出す。あるいはリチャード・ドーキンスの『遺伝子の川』の、「われわれが見ている宇宙の特徴は、意図も、目的も、善もなく、盲目的で情もない冷淡さしかないとしたときにまさしく予想されるものだ」[10]を引き合いに出す。あるいはさらに僕の指導教授、ウィル・プロヴァインの「［進化が教えるのは］究極の目的はなく、自由意志もなく、究極の意味もないということである」という言葉を、本人が書いた脈絡から[11]外して取り上げる。この三つの発言の主が、他のところで生命に内在する価値について、縷々《るる》書いていることにはおかまいなしだ。自然主義的世界観を恐れる人々は、自然主義を無関心な度し難いものと攻撃する。

その論旨には、古典的な欠陥がある。この陣営の人々は、ある領域で得られた結論を混同して、それが成り立たない別の領域にあてはめようとしている。たとえば、僕は進化生物学でもどんな科学的営みでも、愛の価値について多くのことが言えるとは思っていない。ホルモンが重要で、人の感情に対するその影響を学べることはわかっている。けれども、進化が持つ荒涼たる意味は、僕の家族に対する愛情に影響するかと言えば、またそれで自分が法を犯しやすくなるとか、社会の求めを引っくり返してしまおうと思うようになるかと言えば、そんなことはない。単純に、人が生物学の自然法則に従う神なき宇宙に暮らしているからというだけで、人間関係に意味がないということにはならない。

人間は、生のあらゆる面に意味や目的を与える。この意味や目的の感覚が、よい人生の生き方についての指針となる。この指針は、社会に暮らし、どうするのがいいかをともに考える人々の相互作用から、自然発生的に生じる。神や聖典を必要とするわけではない。もっと言えば、自然主義的観点からすれば、よい生活の追求で得られる知識は、さらに観察や検証にかけられる。生は前進する作業で、エラーを認識すれば修正もできる。人は人生を楽しんで謳歌してよいが、それは神話で言われるあの世で起きることを恐れるからではなく、たった一度の人生だからこそのことだ。

*

人生には、人が信じなければならない面が他にもある。よほど不幸なことでもなければ、誰でも人生のどこかで愛し愛される関係を持つものだ。その関係は他の人々との通常の関係を超えている。たとえば、感情移入は愛の成分だが、愛はただの感情移入ではない。愛は人を変える。それには、誰かのために特別なことをしようという意思がかかわっていて、そのことは他の人に対しては行なわれない。それは人の長所も明らかにするが、それが人を最低なところに落とすことも僕は見てきた。多くの歌が愛の喜びにも苦しみにも依拠しているのは意外ではない。

愛は信じることを必要とする。自分が愛する人については証拠はどうでもよく、それで何の問題もない。僕の愛情は主観的で、他の人に確かめてもらうことはできない。二〇〇八年に再婚したアリソンに会ったときには、一緒にいるときは何とも言えないいい気分になることがすぐにわかった。しかし、相手を求める気持ちを測定したり、実験したり、深く理解したりする方法はない。愛は特異な感覚で、それを感じている人以外には経験できない。この特定の主観的感情について僕と合意できる唯一の他人は、アリソンという、僕と関係を共有している人物だけだ。

愛が明らかにする信じ方は、たいていの宗教で必要な神の信仰とは違う。愛し合っていると言う二人にのみあてはまる主観的経験に基づいているのだ。僕はアリソンが僕を愛していると信じているが、その愛や僕のアリソンに対する愛が、経験的な事実として検証にかけられることはないこともわかっている。愛は事実ではない――どこまでも続く賭けだ。それでも勝ち目を上げる方法はあることも、僕は学んできた。僕が観客席に身を投げて、観客がちゃんとそれを受け止めて支えてくれたときのように、僕が信じるのは、僕の自分自身に対する自信と、アリソンが二人の愛は自分にとって根本的に重要であることを示す様子に基づいている。その意味では、僕も信心がある人間なのだ。

第8章◉賢く信じる

私は世界の多様性が好きだ。人類という一つの種には、この創造物この見事な進化の展開の一部を終わらせる権利はないと思うし、自然が、進化が生み出してきたものを保存する務めを果たさなければならないと思う。

——エルンスト・マイア[1]

自然史は私の世界の楽しみ方の重要な一部であり、ずっとそうだった。……頭を悩ませるように見えることとを見たり読んだりすると、それが科学の作品の出発点となる。

——ジョン・メイナード・スミス[2]

ホテルの部屋に電話がかかってきた。「ロビーでタレントが待っているぞ」。「タレント」とはロック業界の用語で、「あわよくばバンドの誰かと、それがだめなら関係者の誰かと寝ようと思っている容姿のいい若い女性」という意味だ。僕はリオデジャネイロのコンサートからホテルに戻って、朝七時のモーニングコールを頼んだところだった。ツアーマネージャーが階下に「ゲスト」がいると言ってきたのは真夜中近く、僕は一人で国を遠く離れていて、リオの女性は伝説的だ。でも僕はグルーピー関係のことはもっと早い時期に卒業していた。それよりも翌朝に計画していた冒険のことを夢に見ていた——大西洋岸の最後の熱帯雨林の名残を見るのだ。

ブレットとジェイと僕とでバッド・レリジョンを組んだ一五のときから一九になるまで、ライブで演奏したのは、ほぼカリフォルニア、アリゾナ、ネバダの三つの州だけだった。ライブの後の性的な出会いは簡単に得られた。知り合いのこともあったが、多くは一夜かぎりのことだった。HIVが心配になる前の、ちょっとみだらな楽しみだった。

「僕はここにはいないと言ってくれ」とマネージャーに言った。

マネージャーは「それでも一晩中待っているだけだぞ」と言った。僕もそうだろうなと思った。南米のファンは辛抱強い。滞在するホテルの車道でキャンプして、空港から到着した僕らを迎えてくれることも多い。もっと大事な仕事があるというふりをすることもできるが、一緒に写真を撮ったり、CDにサインしたり、女性の多くの場合は部屋へ連れて行くまで待っている。僕らが滞在するホテルをどうやって突きとめるのか、最初は謎だった。そのうち、ホテルの営業部門にもファンがいて、すぐに友達に知らせるのだということがわかった。

その夜は一人で寝て、翌朝七時に起きると、ある教授夫妻と会った。二人ともリオデジャネイロ大学の生物学者だった。僕の大学院の教授が、郊外の沿岸にある山地で一日、発見の旅をするよう手配してくれていた。先生の知り合いが何人かこちらの大学にいて、研究者がやって来ると喜んで案内をしてくれるのだという。前の晩には二人とその大学院生に、コンサートの関係者用通行証を渡していたこともあって、二人は僕と過ごすのを楽しみにしてくれていた。二人が好きな沿岸のフィールドへ連れて行ってくれて、それからティジュカと呼ばれる沿岸の熱帯雨林のまっただ中でその日を終えようということだった。

二人がトヨタの四駆で迎えにきたときは、ホテルのドアまですっ飛んで行った。「グレゴリオ!」とロビーの柱の向こうから女の子が声をかけてきた。ロビーの椅子で一晩を過ごしたのだろう。「ゆうべはどうして下りてきてくれなかったの？」

「今日は森で野外調査をするから、ちゃんと眠らないといけなかったんだよ」。さらに二人の女の子が加わって、外で待っているトヨタを困ったように見ていた。その一人が、片言の英語で、パンタナルにある両親の牧場に来てよと言った。ブラジル中央部にある湿原地帯だ。一瞬、そこには地球上の他のどこよりもたくさんの動植物の種があったなと思った。パンタナルはなかなか行けないが、野生生物で有名で、その子の一家の奥地の小屋で過ごせたらきっと楽しいだろう。けれどもその話は断らなければならなかった。すでにリオ周辺でものすごい観光が計画されていたのだ。

今でも僕は自分が何という機会を逃したのかと思う。青春まっただ中の男が、美しいブラジル女性が迫ってくるのを押しのけて、鳥や樹木や爬虫類や両生類を見に行くなんて、いったいどんな奴だと。けれどもこのときの訪問は、ハイスクールでダーウィンの『ビーグル号航海記』を読んだときから始まった夢が行き着く頂点だった。僕は森にいる自分を、ダーウィンがブラジル沿岸を旅した冒険に描いたように思い描いていた。今や熱帯雨林は急速に姿を消しつつある。保存と回復のどんな願いも、世間と、この滅びつつある原野の最後の名残を訪れる機会に恵まれた人々との対話をくぐり抜けることになる。僕もその対話に参加する資格を得たかったし、その欲求は肉欲よりも上だった。

＊

なぜ人は自然を大事にすべきなのだろう。本当に意味のあることなのか。ほとんどの人にとっては、自然はときどき訪れて楽しむところだ。南カリフォルニアの人々には、海辺に行ったり、セコイアを見たりするのが自然と対話する方法だと思っている人が多い。ニューヨーク州の田舎にいる人々は、地元の滝へ出かけて行って、壮大な自然を目撃できてうれしいと思う。そうした人々にとって、自然は物であって、過程だったり創造性の源だったりはしない。「自然を大事にする」と唱えるのは、自分がそこへ行くときにあって欲しいからだ。

しかし自然が物のうちなら、失われた後で取り戻すことはできる。そう思うことで、多くの人々に、人の貪欲な商業活動が変わった生物種をいくつか絶滅させてもかまわないという、間違った安心感がもたらされている。自然を物や場所だと考えることによって、ふつうの人々は、絶滅危惧種にも、絶滅したときにはそれとよく似た、適当な代わりの種がいるにちがいないとか、ある生息地が破壊されても、それに似た、危険にさらされていない場所がいくらでもあるだろうと安心している。この安心感は何から何まで正しくない。どの生物種も、どの個体も、反復できない、一度きりの因果関係の連鎖でつながった出来事の結果として生まれている。生物種も個体もすべて、進行中の自然の過程なのだ。死や絶滅と同じく、一度消えてしまったら、あらためてやり直すことは事実上ありえない。

「自然」という言葉は、実は何も意味していない。言い方によっては、すべてが自然だ。そのため、たとえば飲料会社は、その製品について、甘味料は巨大な食品加工工場でできたコーンシロップであっても、「自然な」成分一〇〇パーセントと言うことができる。数々の工業化学的処理を経て飲料に用いられるというのに、どこが自然だと言うのか。まあまあ、実はすべてが自然なんですよ。

僕は「神」という言葉にも同じ不満を抱いている。神がすべてでどこにでもあるのなら、その言葉はどんな目的に役立つのだろう。すべてを説明するとすれば、何も説明したことにはならない。何か大事なことを表しているなら、誰によっても観察でき、調べられ、他の人に伝えられるものであるべきだろう。

一元論の視点からすると、自然は一つの場所ではすまない。観察でき、実験でき、保存でき、大事にすることができるものだ。自然には、人にとってはまだ謎の面がいくつかあるが、自然主義者の世界観では、すべての現象が観察、実験にかけられ、いずれは理解できるとされる。自然の事物は私たちがいてもいなくても、独自に進んで行く。自然食品は、人間が耕作してできる場合もあるかもしれないが、人間の介入がなくても生じる生物学的な過程によってできている。森林にある植物は、人間との接触があろうとなかろうと成長する。自然とは、生物学的、地学的、化学的、物理学的過程だ。それを妨げたり、害したり、方向を変えたり、取り込んだりすることはできるが、止めることはできないし、自分で思いたいほど制御はできない。

僕は自然を大事にするが、多くの人々が大事にするのとは形が違う。僕にとっての自然は、生命が繰り広げられる過程の源だ。この展開は、意味を持った文章をなしていて、その意味は解明を必要とする。自然の場所を訪れるたびに、自然史の解説を読むたびに、自然現象を調べるたびに、僕は新しいことを理解する。その物語には、伝統的な語りの成分はまったくないが、話はだんだんわかってくる。敵役も、主人公も、危機の場面も、終わりもない。人が自然の文章の読み方を学び、その文章が解読されていくうちに、この物語は柔軟に方向を変える。自然について学ぶことは、いくらでも課題があって、一生続く探求だ。

人は自然の一部で、もちろん僕は人も好きだ。[3] いい奴が相手だと、まるでお互いがお互いのためにできているかのような感じになる。悪い奴でも関心は引く――あいつらの行動をどうやって僕らが組み込まれている関係の網と折り合いをつけるか。僕は家族や友人に対して感じる愛情のことを言っているのではない。そういうものは信じるという感覚として組み込まれているので、問題にもならない。研究対象となる愛情について言っているのだ。人間と接触する、善いも悪いも含めた自然について、また人間の行動の背後にある動機について、人はやっとわかり始めたところでしかない。僕が人々に対して抱く愛情は、自然主義者としての好奇心を満たすのに役立つ。

運命もないなら、デザインもない。生と死があるだけだ。僕の目標は、生について、それを生きることによって学ぶことであって、造物主が僕から隠している謎の計画を明らかにしようとすることではない。

*

ニューヨーク州の片田舎にある自宅あたりで、僕はよくBMWのバイクに乗って、この二〇〇〇年でほとんど変わっていない田園風景の中をうねる、白線もない狭い道路を走る。農地の中にところどころ耕作を放棄した畑や、二次林〔原生林が大規模火災などで失われた後にまた育った森林〕、三次林が混じる。かつては伐採をしていたのだろうが、今はまた成長した樹木が茂っている。遠乗りのハイライトは、高い頁岩の層に張り付く巨木が生い茂る峡谷の奥だ。こうした谷は険しすぎて木材も採れず、何万年ものあいだ、森林が手つかずで残っている。斜面での樹木の分布は、第一に、どの方向から日光が当たるかに左右される。北東に向いた斜面では、僕が大好きなカナダツガの密度が高い。ツガはマツ科に属する。比較的日光の少ない、湿った寒冷な環境に見られる。赤っぽい巨大な幹がまっすぐ何メートルも伸び、そこから枝が伸びている。その枝の先には、何万という小さくて平べったい、先端は柔らかく丸い、常緑針葉樹の葉がつく。足下には、落ち葉や小さな「松ぼっくり」や樹皮が積もって、厚い絨毯のようになり、通る人の足音を和らげる。

僕はこんな森が好きだし、生きているあいだに幸運にも見ることができた他の多くの森も好きだ。このニューヨーク州の森に農地も持っているし、家族と一緒に復元生態学《エコロジー》「運動」に参加する。この運動はアメリカに広まっている潮流ではないので、その言葉はかっこに入れた。復元生態学は、コーネル大学のような立派な生態学の専門課程を有する大学だけで推進される、ちょっと変わった関心だ。[4] 考え方は単純で、人間はあってあたりまえと思っている生態系を何百年もかけて劣化させているということだ。そこでその生態系を、生命圏の健康を回復させることを最終目標にして、できるだけ回復させる決断をする必要がある。わかりにくい、抽象的な話に聞こえるかもしれないが、単純な決断をするだけで、土地の健康を大きく増進させることができる。たとえば、家の農地に生えている成木は、侵略的な「絞殺魔」の蔓植物と戦っていた。何十年か前に材木を採りにきた人々が入ってきて、古い樹木を取り除き、林床にある蔓植物への日射量を多くしたことでとりついたものだ。業務用の剪定ばさみやチェーンソーを使って――手作業の健全な作業（かつ適度な運動）――蔓を取り除くと、成木は一年もすれば劇的に回復した。

その気になれば、ごくささやかな土地ではあっても改善することができる。たとえば、たいていの人がコマーシャルのおかげで、庭の芝生は健康を保つために化学薬品を必要とすると信じているので、雑草や動物を殺すやっかいな物質を土に加えている。見かけはきれいなゴルフ場のグリーンは、プロが手入れした芝生の理想の姿だと偏った信じ方をして、芝一種だけにすることが最適な答えだと思い込んでいる。けれども、化学物質を芝生に加えれば、そのぶん、土中の害虫などを自ら調節する能力をだめにし、いろいろな緑の植物が自生する能力を損なうことになる。僕の家には広い芝生がある。そこには一八年のあいだ化学物質を加えてはおらず、八種類もの芝と「雑草」があるので、一年を通して、乾燥期にも寒い時期にも緑が見えるようになっている。草取りはする。これはたいてい、問題があると考えられる植物（タンポポなど）が土地を乗っ取ってしまわないようにするためだ。そうでなければ、雑草の魅力的な緑の葉は、芝生を豊かに彩ってくれる。また、化学薬品がなければ、土には昆虫などの土を掘り進んでかき混ぜてくれる動物が増えるので、土には空気が入り、健康を保つ（生物撹拌と呼ばれる）。逆に、近隣の芝生には、乾燥期や冬に、土が固くなって何も生えないところが斑のように残っていることが多い。

生態系が複合的でつりあいをとっているのが自然の常態だ。別の例を挙げると、人の体も、相互作用する組織や器官の大群を支える精巧な生態系と見ることができる。こうした存在には、ある程度の自律性がある――たとえば機能不全を起こしたり、勝手に肥大したりする――が、互いからの入力に応じても機能し、一種のチームとなっている。体にある組織、器官はすべて、細胞核にあるＤＮＡの遺伝情報は同じで、それぞれの組織の細胞は、遺伝子暗号のうち一部だけをＲＮＡに転写し、タンパク質に翻訳する。たとえば皮膚がコラーゲンを作り、鼻の粘膜が粘液を作るのもそういうことだ。体の組織がすべて一体で動けば、「自己」が生まれ、個々の生物となる。

体の中には他の生物も暮らしている。たとえば細菌は腸や皮膚など、体の出入り口になるところすべてで繁殖している。こうした他の生物は、宿る体とは違うＤＮＡを持ち、独自の規則に従って生殖する。それでも人などの個体としてのありように関与している。その点では、自己も森や芝生のようなものだ。

自立的に機能しているように見える個別の成分もあるが、それぞれの成分は相互に依存しており、入り組んだ網目に編まれている。人間なら腎臓を一つ、耳を片方なくしたり、また混交林ならニレの木を除いたり、芝生なら雑草を根こそぎ絶やしたりして、そうした存在の一部が取り除かれても、大きな網目のすべてが破壊されるわけではない場合もある。とはいえ、取り除かれると大きな網目の存在が危うくなるような、死活にかかわるような成分もある。人間なら心臓や肝臓を失ったり、あるいは太平洋雨林を伐採しつくしたり、新しく種を蒔いた芝生の土を固めたりのことを考えよう。一見すると必須ではなさそうな種が、過剰な狩猟、漁獲、「有害生物駆除」などで生態系から取り除かれても、結果は体から何かの臓器をいわれなく取り除いたのと同じようなことになりうる。確かに、片肺でも生きることはできるとはいえ、僕はやはり、なくさないで器官を酷使しないようにしたいと思う。スポーツでの怪我、受動喫煙、糖分やカフェインの摂りすぎなどによって自分の体に加わってきたダメージに気づくこともある。けれどもそのダメージが重大にならないうちに、復元生態学的手法を応用して、食生活を改善することはできる。環境の面倒を見るのと同じ厳格さで健康にかかわる判断を下すことはできる。どちらにも相互依存の網目を生かすということだ。

森林を維持するのは芝生を維持するよりも大規模な仕事で、僕の力は、自分の健康に対するほどは森林には及ばない。しかし目標は同じ、ダメージが生じる以前の状態にできるだけ近い自然の過程を復元することだ。森林の場合には、これは人間が介入する以前ということになる。人が天然資源を効果的に使えば、理想に思えても持続できそうにない、結局は不健康な何かの状態を求めて時間やエネルギーや資金を浪費しなくてもいいだろう。この地球で生き延びるためには、重要な自然の作用や、それが生命圏で担う役割を発見し、どこのバランスが崩れて不健全な人間生活の元になっていそうかを突きとめ、人類にとっても長期的に利益になるような持続可能な状態を回復しなければならない。管理の仕事は家庭や畑で始まるが、教育が欠かせない。子どもに生態系と自身の健康を同じように考えさせる必要がある。後手に回った措置より、予防措置のほうがずっと好ましい。また、復元が必要なときには、小さな行動でも大きな違いを生むことがある。たとえば、僕はニューヨーク州森林管理計画という州全体での事業に参加している。これは土地の所有者に、所有する樹木や湿地の経済的、生態的価値を知ってもらうことによって、森林を維持する手伝いをしようというものだ。この教育・連携事業を通じて、僕はニューヨーク州の森林から蔓植物を除く仕事について知った。そこで今は、森を歩くときはいつも、頼りになる業務用の剪定ばさみを持って行く。

自然に対する姿勢は本能ではなく、学習されるもので、健康な習慣というのは幸運によってもたらされることはまずない。あたりまえのことと思っている場合が多い自然のものについて、あえて学習しようという意欲は、復元生態学が促す営みを受け入れる方向への第一歩だ。そういうわけで、土地の一部を、将来訪れる人々のために原野を確保する以外の何の理由もなく、恒久的に野生にしておく保存の努力が大事で、僕もそのことを認識している。言い換えると、ある地域から何かの生物種を収穫しようとしたり、自然の産物を何かの形で利用しようとする人がいない場合には、原野はつくづくと眺め、人間に乱されていない自然の過程に近づく喜びのためにとっておくべきだろう。この点で僕は、復元生態学にはスピリチュアルな成分があると思う。それは他の生物や、人間の経験をはるかに超える時間の規模につながる感覚を僕にもたらす。

自分がなぜこんなにカナダツガが好きなのか、正確なところは自分でもよくわからない。心地よい日陰で夏の熱い太陽から守ってくれ、冬には穏やかな避難所になってくれるからかもしれない。巨大なシルエットのどっしりとした落ち着きのせいかもしれない。何かの理由で、ツアーと研究のてんてこまいのスケジュールから逃れることができるときには、僕はニューヨーク州フィンガーレイク地域にあるなじみのカナダツガの自生地に向かい、そこへ行くと、この世に心配事がないかのような感じになる。そびえ立つ成木に囲まれ、東部の森林の巨人たちの中で風や雪や雨から守られている。カナダツガの森に立っていると、時間旅行をして、先史時代の光景に足を踏み入れたような感じになる。木の一本一本は、何年も風雨に耐えていて、カナダツガという種は、人類よりもずっと前から存在している。この意味で、自分の農地ではあっても訪問客のような感じがする。

　このカナダツガの林は更新世の名残だ。北米の大型哺乳類はほとんどが更新世の終わりに絶滅した。人類も大型哺乳類で、これからどうなるか、誰にも確かなことはわからない。人類の未来が開けていることを指し示す兆候もあるが、それと同じほど、急速に絶滅しそうな兆候もある。科学研究によって、北米の大型哺乳類がどうなったかわかっているが、人間に残された時間はおそらく尽きかけているだろう。人類の数が増え、生態系への打撃も大きくなって、地球の歴史の新しい「世」が始まろうとしている。

*

　およそ一万八〇〇〇年前、北米の広大な範囲が寒く湿っていて、カナダツガにはぴったりだった。この時期のあいだ、僕の農地を含むニューヨーク州の田舎は氷河に覆われていた。何千メートルもの厚さの氷が大陸の北半分に広がり、東部では、アパラチア山脈北部の最高峰だけが氷や雪の上に顔を出していた。[6] 五大湖地方には、巨大な氷の塊が大地にのしかかっていた。ロッキー山脈や今のカリフォルニア州になっているシエラネヴァダ山脈にさえ、厚さが何百メートルもある氷河があった。

この二〇〇万年にわたり、氷河期が地球を何度か支配した。氷河最盛期と呼ばれる、いちばん南に達したところには、堆石《モレーン》と呼ばれる巨礫を始め大小の石や細かい土砂が残されている。このモレーンの分布を地図にして、更新世――およそ二〇〇万年前から一万年ほど前に温かくなる時期まで――の氷河がどこまで進んだか、その範囲が推定されている。[7] モレーンにある有機物の年代を測定すれば、前進と後退の繰り返しについて信頼できる時系列も得られる。

二万三〇〇〇年ほど前から、北米では溶ける雪が積もる雪よりも多くなり、それから数千年で氷床は急速に後退を始めた。雪解け水で巨大な湖や川ができ、高地の川岸や周辺地域には生息可能な土地も登場するようになった。氷床が溶けて北に後退した後には、固まっていない堆積物で厚く覆われた、平らで広大な氾濫原ができた。これが後に豊かな農地になる。氷が溶けた跡に山が再び顔を出し、その谷には湖や急流がたくさんできた。今日の地球の平均気温では、氷床ができるのは高緯度か高地かに限られる。それ以外のところは温暖すぎて、雪も氷も、春、夏、秋をくぐり抜けて残ることはない。かつて巨大な氷河があったところは今では植物や動物、あるいは巨大な淡水の湿地や湖沼でいっぱいの陸上の生態系が大陸規模に広がっている。今日の雲はたっぷり含んだ水分を、氷河に積もる雪ではなく雨の形で地上に注ぐ。

更新世の名残は、見るところを見れば、今でも見つかる。氷床が極地へ後退するにつれて、温暖な気候を好む生物種が北へ生息地を広げる。寒冷な気候を好む種の名残となる集団は、ニューヨーク州の田舎やカリフォルニアの北などの中緯度地方でも、北側に面した斜面に安全な避難所を見いだした。こうした生き残りの種は、生息地を広げる温帯性の種と接触するようになり、新しい関係の網目を生み、現代世界のような生態系ができる。

今日の生命は歴史の名残だ。カナダツガは寒い北向き斜面を占めているので、氷河が広がっていた時代には、この木がもっと広い範囲にあったという仮説が立てられる。この仮説は、今日では氷河やカナダツガには温かすぎる領域にこの木の化石が発見されたことで支持されている。今あるカナダツガは、その祖先が暮らしていた状況のことは何も知らないが、斑模様に残った各地で偉容を残していて、もしかすると、いつか寒冷な気候が戻ってくれれば、生息範囲を容赦なく広げるかもしれない。

動物も同じレンズを通して見ることができる。その生息範囲は気候変動の波に合わせて広がったり縮んだりする。たとえば、氷雪では昆虫は大いに苦労する。体温を上げたり、組織の凍傷に耐えたりする力がないので、冬があまりに厳しくなるような環境からは遠ざかっていなければならない。さなぎは不凍液の役をするアルコールを代謝、分泌できるので、短期間の寒冷期ならしのげる。けれども昆虫の最大の多様性は、温かい地方、とくに熱帯地方でとくに大きい。

この何十年かの地球温暖化が生じてきた中で、種どうしに新たな接触が生じ、ときに破局的な結果を生むことがある。数々の寄生虫や病気が北米全体の森林に影響しているが、これはもっと寒い冬の気温になじんでいる樹木の種が、昆虫や菌類の種と接触するようになったせいだ。過去には、極寒の冬があって、害虫などが問題を引き起こすのを防いでいた。そうした個体群は、森林に損害を与えるほどの規模を確保することができなかった。ところがそこまで温度が下がらないと、昆虫や菌類は相当の害をもたらし、いくつかの種は全滅し、絶滅までいかなくても、生息範囲が相当に限定されてしまうものもある。マウンテン・パイン・ビートル〔キクイムシの仲間〕はアメリカ西部全体でロッジポールマツの大半を破壊しつつある。エメラルド・アッシュ・ボアラー〔タマムシの仲間で樹木に穴を開ける〕は、アメリカ東部のトネリコ《アッシュ》の木に大損害を与えている。ビーチスケール・インセクト〔カイガラムシの類で木を食べる〕と、それに伴う菌類は、かつて立派に育っていたブナの木の成木をほとんどすべて絶滅させている。生物種どうしが新たに接触すると、その集団の構造や地理的な生息範囲が大きく変化することがある。

何かの種の個体密度が、有効な生殖ができない水準にまで下がると、絶滅はそう遠くない。ほんの五〇年前にはアメリカニレの大木が北米東部の硬材樹木林全体に育っていた。一九世紀にできたアメリカの町には、ほとんど必ず、「ニレ通り《エルムストリート》」という大通りがあって、これは歩道に並ぶ大樹にちなむ名だった。アジア産のキクイムシが入ってきて、それが広めた菌類による病気のせいで、街路にはニレの木は一本もなくなり、一九七〇年までには、森林のアメリカニレの成木も事実上消滅した。[8]

家の農地の隠れ家のようなカナダツガのところへ逃避して過去や現在の生物種どうしの相互作用について考えるときは必ず、更新世にいたゾウの仲間で、つい最近（地質学的に言えば）絶滅したマストドンのことを思う。このゾウはそれほど遠くない昔、そのあたりを歩き回っていて、多くは湖や川のそばの沼沢地で静かに死んでいった。今日、その化石が湿地――低い丘陵に囲まれて、落ち葉や多年草、場合によっては動物などの有機物の残骸が集まるところ――で見つかる。湿地は一般に浸食が非常に遅い。それはつまり、化石になるのにはぴったりの場所ということだ。湿地は何万年分もの死んだ生物を記録する有機物墓場のようになっている。

家の農地の近くでも、それほど遠くない前にマストドンがニュースになった。一九九九年、地元の二つの家族がそれぞれの地所の貯水池を広げようとして、掘削機を使っていた。このあたりで貯水池を作るとすれば、当然湿地に作られる。これまでに発見された中でも最も整ったマストドンの化石は、こうした貯水池の拡張工事のときに発見された。[9]

　家の農地にも原始の湿地がある。湿地から出て行くのはちょろちょろ流れる細い小川だけだから、過去一万五〇〇〇年のあいだに下りてきたものは何でもそこにあるかもしれない。僕が巨大な掘削装置を持ち込んで、かよわい生息地を破壊しようと思えば、多くの大型哺乳類の遺骸が見つかるだろうが、僕はそれほど化石が欲しいわけではない。

　マストドンなどのゾウの類は、四〇〇〇万年以上前に、おそらくアフリカで暮らしていた共通祖先の末裔だ。今日残っているゾウ類の属は、アフリカゾウとアジアゾウの二つしかない。現存するいずれのゾウも、北米の我が家の農地がある一帯を歩き回っていた巨大な獣の化石があるあたりまでは広がっていない。

　マストドンはいろいろな生息地で暮らしていたが、更新世の北米全体には、あたりまえにいて、ニューヨーク州の田舎の針葉樹の森、ウィスコンシン州の草原や平原、テキサス州の峡谷、フロリダ州の沿岸の平地などを占めていた。更新世の北米には、今のアフリカよりも見事な大型哺乳類の集団があった。ダイアウルフ（今知られているオオカミと同じ属だが超大型）、サーベルキャット、巨大なナマケモノ、バイソン、カリブー、ウマ、ラクダなどで構成されていた。ロサンゼルスには、ラブレア・タールピッツという、更新世の動物群の化石を見るのに好適な場所の一つがある。この博物館の骨格標本展示ケースのような壮観な土地では、絶滅した動物たちの相互関係の詳細を明らかにする発掘が進んでいる。ラブレアの動物は、堆積しやすい湿地ではなく、石油タールが滲み出るところで死んだ。ロサンゼルス周辺地域では、地殻のあちこちに何百万年前からの巨大なひび割れがある。地殻が弱い一帯では、埋蔵されている石油が堆積物を浸透して上昇し、点在する池にあふれ出てくる。石油はタールのように濃密で粘度が高く、巨大な哺乳類がそうした池に落ちると出られない。死にかけた巨大哺乳類は、捕食動物や腐食動物を引き寄せ、それがまた池にはまる。化石にとっては幸運なことに、タールは骨の保存には優れている。

化石は残酷な話を伝える。北米を歩き回っていた大型哺乳類はほとんどすべて、更新世の終わりに絶滅した。たとえば、一万五〇〇〇年から一万三〇〇〇年前、マストドンは生息地域のほぼ全域で急速に滅んだ。これは地球の気候が大変動する時期で、それが動植物に過激な影響を及ぼした。氷河は最後の最盛期から後退を始めていた。けれども気候が徐々に温暖化しているときでも、ときどき一〇〇〇年以上も寒期が襲い、一時的に氷河が復活することもあった。凍結と雪解けの繰り返しの中で、巨大哺乳類は生き延び、自分たちが食べる植物が生息地を移すのに合わせていたらしい。他の生息地でもおそらく暮らすことはできただろうが、マストドンがいたのは、大部分がカナダツガやトウヒの針葉樹のあるところだった。化石化した遺骸の胃の内容物にそうした植物種が存在することや、骨と一緒に、シロトウヒやバルサムモミの化石があることが、その説の証拠となる。トウヒはよくあるクリスマスツリーに似ている。高緯度の寒冷地にあってタイガや寒帯林と呼ばれる豊かな森で、種の共同体を構成している。「最近」の時期——完新世とも呼ばれる、一万一六〇〇年前から現在まで——に先立つ寒冷期には、トウヒの森は今日よりもはるかに南まで続いていた。大平原《グレート・プレーンズ》の大部分は、この丈夫な常緑樹の種で覆われていた。タイガはマストドンが好む生息地だったらしい。今日のタイガはカナダやロシアの北極圏の南、あるいはアメリカ西部の高い山脈にしかない。更新世には、氷河が極地に向かって後退する中で、マストドンの集団はトウヒの森の後について、樹木の生息地の移動に合わせて北へ向かっていた。

更新世の最後の寒期が生じたのは、マストドンなど多くの大型哺乳類が滅んだ一万二九〇〇年前から一万一六〇〇年前にかけての頃だった。この、全体としては温暖な気候の中の寒くて乾燥した時期は、今のカナダ、スカンディナヴィア、ロシアに見られる生息地とよく似た、大量の淡水湖や湿地を伴っていた。化石植物は、この短期的な寒冷期が始まる直前に、ツンドラからトウヒの森へと急速な変化が生じていたことを明らかにしていて、更新世の終わりには変わりやすい気候があたりまえだったことをうかがわせている。

一万一六〇〇年前から再び始まった徐々に温暖化する傾向は、地球上の生命の大規模な再編成の時代を画することになった。マストドンは完新世の始まりに絶滅した哺乳類のおよそ三〇種のうちの一つとなった。実は、完新世には、人類に影響があったせいで、地球史でも重大な大量絶滅の一つと言える時期がある。「古アメリカ人」などの狩猟民は、地球のあちこちで、絶滅した大型動物の多くに頼って暮らしていた。[10]

更新世の氷河最盛期のあいだには、地表面のおよそ三〇パーセントが厚い氷に覆われていた。水の総量は限られているので、それほど多くの水が大陸規模の氷床に凍結しているときには、海水面も後退する。今日は浅い海になっているところも、氷河期には露出して陸地だった。

アラスカとロシアのあいだのベーリング海峡は比較的浅く、今日のベーリング海峡の海底は、更新世の氷河期の最盛期には、海水面より上にあった。その結果、両大陸のあいだには「陸橋」があった（実際には「橋」と言ってもただの低地だが）。陸上の広い範囲を歩き回る移動性の動物集団がこの陸橋を渡った。つまり、アフリカから放浪の旅をしてアジアに植民地を残した後、この陸橋を通って北米に移住することができたのだ。

更新世の終わりには、アジアから別の動物がベーリング陸橋を渡った。脳の発達した二足歩行するホモ・サピエンスだった。北米の大型動物の滅亡における人類の役割は、今も北半球最大級の謎の一つとして残っている。人類が更新世の大型哺乳類を過剰に狩猟したのだろうか。そうだとすると人類は、他の種にも及ぶ人類の破壊的な影響を避けるようなことを学んでいるだろうか。

*

マストドンが絶滅した時期は、北米の人類文明の文化的滅亡の時期に重なる。このいわゆるクローヴィス人は、移動生活をして大型動物を追っており、特定の種の動物を食料と衣料に利用している場合が多かった。北米大陸のあちこちにある何百もの考古学的遺跡から、クローヴィス人による石、燧石《ひうちいし》、火山ガラスでできた鏃《やじり》が出てくる。こうした原始的な人工の遺物は、完新世直前の寒冷期より後には、どこからも出てこない。クローヴィス人は、寒冷期前の比較的温かい時期にうまくやっていけたようだ。その後、その生活様式は、大型動物の多くと同じく終わりを迎えた。

クローヴィス文化の終焉、大型哺乳類の絶滅、更新世末の寒冷期の時期が合致することを説明するために、数々の仮説が出されている。寒冷期に入る直前の温暖化の傾向によって厳しい旱魃があった証拠があり、それからすると、クローヴィス人とその狩猟対象となった哺乳類はすでに圧迫されていたようだ。急激な温度低下に適応できなかったのかもしれない。人類が哺乳類を獲りすぎたためにマストドンの絶滅をもたらし、自らも滅びたという仮説もある。[11]

大型の哺乳類は絶滅しても、人類は生き延びて別の生活様式に切り替えた。少なくとも六つの文化集団が、クローヴィス人の後に残った。この完新世の新しい文化は、大型とはいえ前よりは小さい狩猟対象の動物に適応しなければならなかった。上等の獲物となる哺乳類は、アメリカバイソン（*Bison bison*）で、これは更新世末の寒冷化による生態系大変動を生き延びたバイソンの亜種の直系の子孫だった。

アメリカバイソンは、北米のグレートプレーンズの草原が完新世に徐々に温暖化するのにうまく適応していた。近代の北米の先住民は、更新世のクローヴィス古アメリカ人の末裔で、バイソンに頼って生活してきた。ヨーロッパ人がグレートプレーンズの先住民と接触したとき、何百万頭というアメリカバイソンの群れが移動しているのを見ていた。その個体数は、ヨーロッパ人が北米に入ってきた当時で六〇〇〇万頭と推定された。それが一八八〇年になると、残っていたのはわずか一〇〇〇頭だった。そのほとんどは、非先住アメリカ人による過熱した屠殺で一掃された。アメリカ文明を広げようとする努力は軍事作戦のようになって、バッファロー（アメリカバイソンの別名）を根絶することになる。暗黙の了解で、先住民がアメリカの進歩には邪魔で、バッファローを除いてしまえば、先住民の生活様式は成り立たなくなると見られていた。バッファロー狩りは、東部各州から先住民族を民族浄化で追い出そうとした、一八世紀全体にわたる、やはり合衆国軍を背景にした試みと連携していたのだ。

一九世紀には保護活動が始まり、最近では復元生態学もあって、いくつもの個人所有のバイソンの群れが維持、交配され、イエローストーン国立公園などの広い地域がバイソンの生息地として保全された。今日では北米で三五万頭以上のバッファローが移動生活をしている。これは立派な数だが、元の個体数と比べれば一パーセントにも満たない。さらに、今日の群れの遺伝子多様性は大きく下がっていて、今日のバイソンの多くは、遠い親戚のヨーロッパバイソンの遺伝子を受け継ぐ家畜の牛との雑種になっている。

多くの大型哺乳類は人類と地球を共有することで厳しい時代を生きてきた。ホッキョクグマ、ハイイログマ、シンリンオオカミ、ジャコウウシ、カリブーなど、多くが絶滅を危惧されている。この点で、今も人類は更新世絶滅をまのあたりにしつつある――そしてそれを進めている――のだ。

＊

我が家の農地の小川沿いにある僕の大好きなカナダツガの森に行くと、僕は二つのことを思い起こす。

1　生物種どうしは、インテリジェント・デザインの作用とは無関係な気候変動などの地球規模の出来事によって、歴史全体で相互作用してきたこと。生物種には目標などない。この点で、過去の人類も、狩猟の対象となる動物と変わらなかった。人類はずっと、衝動的、近視眼的に、目の前の必要に応じて行動していて、自分たちの行動が他の種にどんな打撃を与えるかを認識していなかった。

2　自然界に見られていることは、そうした相互作用がもたらした結果だということ。けれども今日、人間が過去を、近代科学の方法や器具を使って今まで以上に丁寧に調べられるようになってくると、先祖の誤りの一部を避けるための方針を実行することができるようになる。

僕はこうした観察結果を、自然界以外のことにもあてはめたがる。ブレットと僕でバッド・レリジョンの人気について話すときには、生態学的なたとえを使うことがある。漁業のように、ファンのことを貴重な有限の資源と考える。たとえば、一九七〇年代のペルーの漁業は、イワシの漁獲高では世界でもトップクラスだった。イワシはあらゆる種類の家畜の飼料として使われる[12]。各国の漁民が集まって無制限にイワシを捕獲したため、イワシの集団は壊滅して漁業をやめなければならなくなった。このイワシの個体数を再建するのには二〇年以上かかり、その間、何万という水産業労働者が失業し、海産物の市場も大きく変化した。生態系のつりあいを尊重すればこそ、ペルーの持続可能な漁業戦略が期待できる。

僕らがツアーや新しいレコードの準備をするときには、ファンの期待に過度に応えることのマイナス面について考える。この過度に喜ばせることを、更新世末の狩猟過剰やペルー沿岸の過剰な漁獲になぞらえる。ファンの知的レベルや、新しくて特別なことを見たり聞いたりしたいという欲求は尊重する。「コア」なファンがいなければ、バンドは続かない。そうしたファンのために新曲を出し、ライブを開いて、バンドに対する熱意が高まるのを期待して、ファンを育てる必要がある。そのファンが友人にバンドのことを話してくれれば、曲を聞いてくれる人の総数が増えるかもしれない。ファンは当然ついて来ると思ってしまい、できるだけのことをするのを怠ったり、ろくに練習もしないライブをしたり、生半可な曲のアルバムを出したりすると、ファンがついていても、がっかりして帰り、二度と来なくなるだろう。次のアルバムを出すまでのあいだに誰も聞かなくなってしまいかねない。これは商業漁業での貪欲による配慮不足に似ている。ファンとの健全な関係を養わずに、それまでの人気にあぐらをかいて、だんだん昔の「毎度おなじみ」の曲に飽きてくるファンから、稼ぐだけ稼ごうとするバンドもいる。僕らは自然界に対するのと同じような敬意を持ってファンに向かう。こちらが腕や芸を磨くのを怠っていなければ、ファンがまた次のライブにもきてくれるのは、カナダツガの木々の幹から寄生する蔓植物を切り取っておけば、またその木々が物陰や日陰を与えてくれることを知っているのと同じことだ。

僕はアメリカの西海岸と東海岸の両方で相当の時間を過ごすことができた点で恵まれている。ロサンゼルスでは授業をし、音楽をレコーディングする。そこはニューヨーク州の田舎のような静かなところではないが、それでも家族や友人と一緒に毎年シエラネヴァダ山脈でキャンプをすることにしている。高山帯で一週間過ごし、丈夫な動植物のそばでの生活を経験して、高木限界より高いところでの地質を調べる。また、必ず時間をとって、山脈の西側斜面にあるセコイアの壮大な林を訪れる。この木と比べると、東部のカナダツガは小さく見える。セコイアは地球で最大の生物で、高さは一〇〇メートル近くにもなる。幹の幅は道路よりも太くなることも多く、最初の枝が出るところまでまっすぐ二五メートルほども伸びる。

ジャイアントセコイアは材木用に不用意に伐採されたために、一〇〇年前にほとんど絶滅しかけた。この木は成木になるのに一〇〇〇年近くかかるので、ジャイアントセコイアで持続可能な木材採取を行なうことは不可能で、今ではわずかに残った森が法律で保護されている。この森はシエラネヴァダ山脈西側の渓谷に沿った、高さ数百メートルから二千数百メートルの北向き斜面にある。この高さの範囲外では種子が発芽せず、今ある狭い生息地以外では、新しい木立が根づくことはない。この木の生息地は、ニューヨーク州の田舎の山あいにあるカナダツガの場合と同じく、気温が低い、日光が直接届かない、湿った林床の一画でできている。更新世にはもっと大きな集団がもっと広い範囲にわたっていたが、今残されているのは、その孤立した名残だ。

そうした名残の集団の中に立っていると、自分も何かの形でその一部だと思わないではいられない。それを「スピリチュアルなつながり」と呼ぶ人もいるだろう——自分がもっと大きな生命の網の一部だという感覚だ。名前はどうあれ、人は最近の大量絶滅で残ったものの中で生きているという感覚からは逃れられない。この認識は僕にとって、曾祖父のザーにとって神を思うこととはきっとこういうことだったのだと思うほど、心を動かすものだ。

すべての種は目の前の状況に応じて何とか間に合わせている。状況が厳しく教育も不十分だということになると、環境を復元する営みに加わらず、短期的な貪欲のほうを選ぶ人々に責任を負わせることができるだろうか。僕は、ヒューマニストとして、そのような決断の責任を人に負わせたくはない。人は誰でも、文化や親から与えられた社会的経済的道具で間に合わせなければならない。持続的に考えることを教わらなければ、安い値段、適切な報酬以外のことを考えてくれるとは期待のしようもない。

音楽家としては、ヒット曲を一曲出して稼いだバンドを、僕はたくさん見てきた。そんなバンドが次に新しいアルバムを作るときになると、創造のポテンシャルをさらに進めるより、似たような曲を書いて万人向けのヒット曲を絞り出す。みんなすぐに関心を失い、そういうバンドは「一発屋」と呼ばれる。短期的な資本投資と利益に目が行って、長期的な創造性は失われる。

たぶん個人に短期的な資源利用の責任を負わせることはできないだろう。人類はずっと、他の種に対する劇的な環境擾乱や破壊をもたらす能力があった。今日の他の生物種を絶滅させる人類の力は、クローヴィスの過剰狩猟説の仮説以上に圧倒的だ。好むと好まざるとにかかわらず、人はこの惑星の世話役の立場にある。健全な生物種を助長するすべての因子が制御できるわけではない。けれども、自然に内在する創造性が栄えるためには、人類以外の種も、人による過激な干渉なしに相互作用する必要があることを、人は認識しなければならない。

これを書いていたときにも、ニューヨーク州知事が、ガス会社にニューヨーク州の大部分の地下に埋蔵されている大量の天然ガスを採掘することを認める法案を検討していた。我が家の農地はまっ先に掘削される地域にある。採掘の方法は水力破砕と呼ばれ、高圧の水と有毒な化学物質の混合物を何百メートル、何千メートルもの地下に押し込んで、岩石を破砕して天然ガスを解放する。コロラド州やユタ州の広大な地域がこの手法で破壊されており、飲料水を汚染し、広大な面積に廃液がたまり、それ以外の種類の汚染や森林破壊が生じている。天然ガスを使うことによる利益の可能性は理解している。温室効果ガスの排出はガソリンよりも低いし、配送もクリーンだし、外国から輸入しなくても国内で供給できる。しかしこうした再生不可能な資源をニューヨーク州の森林の脆弱な地域から採掘することの長期的なコストは、ガス会社が認めるよりもずっと大きい。汚染された水源はすぐには回復しないし、人口が増えれば農業用水の需要も増すので、ニューヨーク州の農地は、ガスの採掘で劣化させるより、食料生産のために残したほうがいい。

近代の人類社会は自分たちの破壊的な営みについて考える能力も得ている。クローヴィス狩猟民と同じ運命に陥る必要はない。現代人はクローヴィス人よりも資源をうまく管理できるだろう。現代人類は、歴史上のどの時期よりも、地球の作用やその上での生命の微妙なつりあいについて理解している。人類が生態系の資源すべてを能動的に管理しなければならないときがくる――人口過剰と環境の変化のせいですでに時期はすぎているという人もいる。二一世紀の農業、工業、政府の意思決定は、自然科学の知識を必要とせざるをえない。事実に基づいた社会を望むかどうかを議論するときには、少なくとも、自然主義的世界観とそこから導かれることを考慮する必要がある。人はみな、生物学をもっと知る必要があるだろう。それで害になることはない。

複雑な生態系を永遠に持続可能な形で操作する方法を知っているなどと思うのは傲慢なことだ。たとえば、過去に生じて世界の今の状態に至った創造的な過程がすべてわかっているわけではない。けれども、自分たちが野放図に破壊していて、それについての正当な理由はないこともわかっている。わずかな、誤った富や安楽を約束するために、短期的な利益しかないのに、植物や動物の集団に対して過激な抑圧を生んでいることもわかっている。天然資源の採掘のためのもっと環境に優しい方法が考案されるまで待つことはできる。もっと再利用の範囲を広げることもできる。企業は環境保護を阻止するために何千万ドルもの弁護士費用を使うより、その資金を研究、調査、試験に使うこともできる。最善の広報活動は、自然主義的世界観の方法にある。観察、実験、検証だ。たとえば、掘削は安全であることを市民が確かめることができれば、ガス会社に反対する環境に基づく理由はないことになる。

自然は過程であって利用するものではないことを法律や政策の中で明らかにすることによって、将来の世代に対して、人は自然科学の研究から学ぶことがあって、人類の利己的必要よりも大きいことを気にするのだと伝えることになる。そうすれば人は、後の世代から、今の時代の強欲よりも知恵で記憶されることになるだろう。

第9章●意味ある死後

たぶん……価値観の変動は、自然ではない、飼いならされた、囲われたものを、自然な、野生の自由なものから見て再検討することによって実現するのだろう。

――アルド・レオポルド、一九四八年に亡くなる一か月前の言葉[1]

知的労働者は自分の職能を完成に向かって作業する中で自身の自己を形成する……自分の生活体験を自分の知的作業の中で使うことを覚えなければならない。つまりそれを絶えず検証し、解釈するということだ。人の中心には、この意味で職人らしいところがあり、人は自分が作業するすべての知的産物に個人的にかかわっている。

――C・ライト・ミルズ[2]

多くの宗教が、死んだらどうなるかを詳しく述べている。そうした宗教――たとえば転生を考えるヒンドゥー教や、天国と地獄がある伝統的なキリスト教――では、この世での行動が死後の魂の行方を決める。善い行ないは死後に報われ、悪行は罰せられる。要するに、こうした宗教での神は親で、人は子という扱いだ。間違った行ないをすれば、永遠のお仕置きを受ける。このように、典型的な親子関係を現世の経験から超自然の世界へと投影することが、宗教的な人々が無神論者を不道徳な快楽主義者だと見る理由に思える。死後の世界による行動のチェックがなければ、人は放任されて甘やかされた子どものようになるというわけだ。

人に非物質的で超越的な魂が備わっているとする、あるいは、死後も生きている何かが残るとする説を支持する証拠は何もないので、自然主義者の世界観には死後の生という展望はない。生物から生物へ伝わるのは、DNAなどの生化学的分子の形をとるか、文化的な文書、遺物、伝統の形をとるか、いずれかの情報だけだ。僕は自分の魂あるいは霊が音楽や文章の中で生きると思いたいが、これは宗教的な人々が信じている不死とは違うと思う。宗教的な人々が魂を信じるのも、子どものときに間違って覚えたことが一生続く名残のように見える――この場合は、すべての生き物にはその物理的な体とは別の本質があるということだ。

けれども、自然主義者は死後の世界を信じないからと言って、自分が死んだ後にどうなるかを気にしないということではない。僕は、たとえば僕が死んだ後、家族が幸せでいられるかどうか、仲間たちが僕らの築いた伝統を受け継いでくれるか、世界は僕の活動によって少しはよくなっているかといったことを心配する。僕が今生でしたことが、世界に長期的な違いをもたらすことを、その大望が実現するかどうかわかることはなくても願う。実は、自然主義者は宗教的な人々よりもこうしたことを気にする傾向があることを強固に論じることもできる。自然主義者は、自分の今ここでの行動が因果的にもたらす結果を強調する倫理を支持するからだ。超自然の世界でよりよい生をという神話的な希望とは違う。自然主義の中心をなす信条は、今生は人が経験する唯一の生で、したがって、自分の生命や他者の生命をよくする希望は今生の中になければならないということだ。

宗教的な人々は、今生だけに集中するのは十分ではないという場合が多い。天国の約束と地獄の脅威がなければ、善き生活を送る気にさせる十分な誘因がないという。僕はそうは思わない。ほとんどの人は、宇宙全体の因果の連鎖による出来事について、自分は大した影響は及ぼしていないと思っているかもしれない（このことは、原野へキャンプしに行くときにはいつも思う）。けれども、手近のことについて、人は大きな影響を及ぼす。さらに、人類は史上かつてないほど文化的につながるようになっていて、誰でも世界に長続きする違いをもたらす可能性は、どんどん大きくなってきている。誰もが、親、仲間、人類の一人としての自分の可能性を実現することに、できるかぎりの手間をかけるべきだろう。

ある友人——やはり自然主義者——は、生命では潜在的な適応度《フィットネス》が最も重要だと考えている。これは心臓を健康にするようなフィットネスではない。進化生物学での約束事としての表し方では、ある個体が生み出す生活可能な子の数がフィットネスの数学的な尺度となる。本当に適応《フィット》した動植物は、後の世代でさらに多くの子をもうける子をたくさん得る。

その友人は、「爬虫両生類学」を研究していて、ずっと行なってきた野外調査から、フィットネスがいちばん高い雄は、いちばん多くの雌を得られる雄だという結論を得た。この友人にとっては、人間の社会的相互作用には一つの主要な原理がある——どの雄がいちばん雌を引き寄せるかということだ。トカゲについては、多くの雌を得る雄は、最大にして最も豊かな縄張りを得て、それを守る雄となる。雄のトカゲがとくに潤沢な領域に縄張りを設け、他の雄を排除すると、雌がその領域にある資源に引き寄せられ、その縄張りの雄だけがこの雌と交尾できることになる。

その友人と僕との仲がいい理由の一つは、その友人もパワフルなギターを弾き、バッド・レリジョンよりも前の七〇年代に長髪のアヴォカド・マフィア[3]ふうのロックバンドをしていたことだ。音楽での体験を、自然主義者や教授としての職業と融合して、雄と雌の関係について納得のいく筋が通った構図に達した。「最高の縄張りを持つ雄が多くの雌を得る。人間にとっては、あのステージよりいい縄張りはない」。僕は同意したが、一つだけ条件をつけた。「いちばん縄張りがいいのはリードボーカルで、ギタリストじゃない」。

僕には子どもは二人だけなので、生物学的なフィットネスは平均程度だが、誰もが子をなすわけではないとしても、子をなすということの意味について、少し考えてみよう。人間の人口が一定あるいは増えるなら、全員で平均して二人の子ができなければならない。もちろん、子がいない人もいれば、三人以上の子がいる人もいる。けれども仮に、全員が二人ずつ子を得るとして、違いは時間とともに均《なら》されるとしよう。これはなかなかいい仮定だ――アメリカの合計特殊出生率は、女性一人当たり二・〇五人となっている。[4]

誰にも子どもが二人いて、その子どもが二人ずつ子を持てば、孫は四人になる。孫のそれぞれが二人の子を作れば、ひ孫は八人になる。一世代に二倍が繰り返される。玄孫は一六人、さらにその子は三二人……というわけだ。この結果は教会の過去帳で見ることもできる――多くの人が、十分長く生きれば、何人もの孫やひ孫を残しており、亡くなると先祖になってその数は増え続ける。

この数はすぐに膨大になる。すべてを自分で見ることはできないが、子孫の数は急速に増える。一人の人が死んで一〇世代後――二世紀か三世紀後――には、子孫がそれぞれ二人ずつの子をもうけたとして、一〇〇〇人以上の子孫ができることになる。正しそうには見えないが、それを支持する証拠は多い。一世代の平均を二五年とすると、メイフラワー号がアメリカにきたのは一六世代前だ。系図学者でも、メイフラワー号でやってきた人々の子孫すべてをたどることはできない――人類の歴史を生きた人々の大部分については記録は存在しない。けれども系図学者なら、メイフラワー号に乗ってきた人のうち、今日でも生きている人々の子孫がいる人であれば、それぞれに何千という子孫がいることを知っている。

先の単純計算から予想できることだ。同様に、今のあなたに平均的な数の子ができるとすれば、数百年後には何万人という子孫がいることになる。

その子孫はどこで暮らすのだろう。今あなたが住んでいるあたりのどこかで暮らしている可能性がいちばん高い。その場合、その子孫はいずれ子孫どうしで結婚することになる。とくにその地域の全人口のうち、あなたの子孫が占める割合が相当に高くなればそうだ。おそらく自分たちが遠い親戚（二人の人物に共通の先祖、この場合は「あなた」がいれば親戚と言うことにする）であることは知らないだろう。姓も違っているだろうし、ともに先祖にあなたがいるという記録ももう残っていないからだ。人類はみな、遠い近いの差はあっても、共通祖先がいるので、結婚相手は誰でも親戚ということになる。

あなたが今いるところでは暮らしていない子孫もいるだろう。別の町、別の州、別の国、別の大陸で暮らしているかもしれない。行った先の土地で誰かと結婚し、子どもをもうける。その場合、その町、その州、その国、その大陸にあなたの複数の子孫ができることになる。その時点から一〇世代もすれば、あなたが今暮らしているところには暮らしておらず、世界の別のところで暮らす子孫が一〇〇〇人以上できるだろう。

話の行く先がどういうことか、わかるだろうか。世界はじきに、あなたの子孫でいっぱいになるということだ。世界の中のあなたが今住んでいるあたりの人口の中には、あなたの子孫がどんどん増える。そして世界に広がる子孫もいて、同じことをよそで始めることになる。

ごく最近まで、この過程がどれほど急速に進むか、誰も知らなかった。ところが二〇〇四年、統計学者と計算機学者と本書の共著者が、新しく開発した数理計算手法を使って人間の系譜をモデル化した。その結果に三人は驚いた。今から二〇〇〇年後には、あなたに子がいてその子にも子がいるとすると、全世界の全員があなたの子孫になるという。[5] この結論は、すべての人に二人の子がいるという前提も必要としない——子どもの数が何人だろうと、いればそうなる。人が生きているあいだに少し動き回ることだけが必要となる。[6] その前提からすると、世界中の全員が数千年後にはすべてあなたの子孫になることが、数学的には確実になる「「あなた」だけの子孫というわけではない。今いる他の人の子孫でもある」。

この結果は、二〇〇〇年前から三〇〇〇年前の人々にもあてはまる。言い換えると、ソクラテス（紀元前四六九～三九九）の時代にアテネに住んでいた誰か、あるいは孔子（紀元前五五一～四七一）の時代の中国、二五〇〇年前の南アフリカに暮らしていた人が、四人か五人の孫を得たとすると、その人は今の地球上で生きている人すべての先祖ということになる。すると、イエス・キリストがマグダラのマリアとのあいだに子をなしていたら、二人は今日の地球にいる人々のすべてではなくてもほとんどの先祖となる——ダン・ブラウンの『ダ・ヴィンチ・コード』で言っていそうなこととは逆に。同様に、今日の世界中の人々全員とは言わなくても、大半は、ジュリアス・シーザー、ネフェルティティ、漢の高祖など、今から二〇〇〇年あるいは三〇〇〇年以上前に生きていた人々なら誰でも先祖となる。

人は直系の先祖から生まれてきたものと考えるよう教えられているため、このことは直観に反しているように見える。自分の有名な親戚へのつながりは過大に評価し、それ以外の人々は無視する傾向がある。けれどももちろん、一本の直系というのはない。あなたが生まれるに至る無数の生殖の組合せをすべて考える。両親だけでなく、祖父母、曾祖父母と過去へさかのぼる。人はふつう、自分は二〇〇〇年か三〇〇〇年前に地球上に暮らしていたほんの一握りの人間の子孫と考えて、今日に子孫がいる当時生きていたすべての人の子孫とは考えない。自分の先祖は人類の中のごく小さな部分だと考えるほうが落ち着く。「私はアイルランド人」、「私はドイツ系とフランス系」などと言われるのを耳にするほうが、「私はすべて混じっている、「混合《ブレンド》」と言われる場合よりも多い。それはたいていの人が、特定の集団の比較的最近の文化伝統に帰属意識を持っているからだ。しかし生物学的なデータが語る話は違う。私たちの系譜は信じがたいほど入り組んでいる。人は自分で想像するよりはるかにからみ合った系図の広大な網目の中にいる。

＊

私たちの社会的ネットワークは、子がいるかどうかとは無関係に、想像以上に濃密で、つながりも多い。このネットワークは、人が収まる系図の網目に似た意味の網をなす。この意味は同じ時代の人々のあいだに形成されることで、何代にもわたるものではない。したがって、社会的な接続と自分の行動の他者への影響は、系図的関係とはまったく別の時間の規模での変化に従う。たいていの場合、それは、今の自分を決める複雑な因果の集合にある家系よりも重要でさえある。

ふつう、人は何人の人と意味のある社会関係をなしていると思われるだろう。意見や情報を交わしたり、ただ社交上の儀礼だけのつきあいだったりの人のことだ。そのすべてが何らかの形で、影響の大小はともあれ、人の行き来に影響される。きっとこのリストには、家族、友人、職場の仲間、さらにはただの知り合いも入っている。このリストに入るのが、ごく控えめに一〇人だとしよう。もちろん実際の数はそれよりはるかに多いだろうが。

各人のリストに載っている人は、少なくとも一〇人（おそらくそれ以上）の人が載ったつきあいのある人のリストを持っている。その中には、あなたのリストにある人がいることもあるだろうし、違う人もいるだろう。すると、この「二次」の関係集合——自分がかかわる人とそのかかわる人がかかわる人——には、すでに一〇人から九〇人、さらにはもっと多くの人々がいることになる。

その中の多くの人は手近で暮らしているだろうが、少なくとも何人かは遠くにいる。その遠くでつながっている人にも別の町に暮らす家族がいたり、外国にフェイスブック上の友達がいたり、別の州に仕事上のつきあいがある人がいたり、遠くへ引っ越した大学時代のルームメートがいたりする。こうした人々がまた世界の別のところにかかわりを広げることができる。

系図のネットワークと同じように、この社会的関係は、急速に世界中に広がり、いっぱいになる。社会関係は、系図のような世代を超えて生じるのではなく、数日、さらには数時間で世界中のあちこちからの応答をもたらすこともある。インターネットはこのかかわりをとくにわかりやすくした。電報、手紙、人づてなど、ナローバンドの通信手段に頼らざるをえなかったときは、アフリカの小国で戦争があった、中国の奥地で伝染病が発生したなど、それなりに大きな出来事も、関係国の外には伝わらないこともありえた。今日のブロードバンド様式の情報伝達とは対照的だ。パラグアイのサッカー場で試合中に犬が迷い込んで試合が中断されたとか、オーストリアの村の鉱山で事故があったとか、遠く離れた土地のごく小さな出来事が、ユーチューブのビデオで流れ、世界中に広まることができる。内輪の話がインターネットや携帯電話でウイルスのように広まり、世界中の人々に届くことがある。

現代的な通信手段がなくても、誰かが世界中のどこにいても、その人とは数段階のつながりでしか離れていないことがわかっている。この結果は「六次の分離」[7]という概念の元になっている——任意の二人の人は、知り合いを六人たどればつながるという説だ。言い換えれば、「Xは、Yを知っている誰か

を知っている誰かを知っている誰かを知っている誰かを知っている」と言うことができる。実際の研究では、この命題に重要な条件がつけられている。[8] 社会階層が異なっている人どうしのつながりだと、もう少し数は増えるかもしれない。また、二人の人のあいだの最短距離は、数学者が言うように、自明どころではなく、解くには計算機による膨大な計算が必要となる。[9]

しかし、社会的ネットワークの密度の高さは疑いようのない事実で、新しいデータがそのことを明らかにしている。たとえば、携帯電話での通話記録は社会的ネットワークを見やすくして、多数の人々が緊密に相互連関していることを十分に明らかにしている。[10] フェイスブックなどのソーシャルネットワーク技術を利用する多くの人々は、自分が非常にわずかな数の段階でネットワーク上の誰のところにでも達することを、直観的に理解しているだろう。

この人間どうしのネットワークは、私たちの生活の興味深い特徴というだけにはとどまらない。それこそが生命なのだ。もちろん、この本を読んでいる、ツイッターでやりとりをする人々が、アマゾン流域の奥地にあるバラッカで暮らす若者と接触することはないかもしれない。それでも、状況がどうあれ、つまり裕福だろうと貧しかろうと、都市にいようと田舎にいようと、途上国の人だろうとG7諸国の人だろうと、その人の社会的ネットワークは、当人の世界観の形成や、是非の感覚を生む上で要となる役割を演じている。そして今日、人口動態がまったく違う地域の人々が、少なくとも電子的に出会う可能性があり、この可能性は、マスメディアの相互接続のおかげで、かつてないほど高くなっている。

私たちの誰も、どれほど個人であることを求めようと、社会的なつながりの網目の外には存在できない。生まれたとたん、他者とのやりとりが始まる——近いところでは母と、父と、さらに祖父母、兄弟、同級生、先生と。他者との関係は、テレビを見たり本を読んだり音楽を聴いたりするようになるとさらに大きくなる。大人になると、職業に就き、恋愛をして、世界観を磨き上げていく。人生に意味と方向を与える社会的脈絡に浸っている。そして強固な社会的接続があるために、自分がどう暮らそうと、将来の世代に影響せざるをえない。

人間の意味は人間に由来するのであって、超自然の源からではないというのが、僕の明瞭な結論だ。人が死んだ後には、その人が死後について抱いた望みは、生きているあいだに影響を残した社会的ネットワークにある。何らかの形で人に影響を及ぼすなら――社会的な網目が核家族ほどの大きさだとしても――他者は人を模倣して、その考え方、行動様式、生活様式を将来の世代に伝えようとする。人生で善いことをし、子どもにも同じことをするよう教える動機としては、これでも十分すぎるほど大きい。

人の生を記述する一つの方法は、意味は人が収まっている複雑な社会のしがらみから生じるとすることだ。けれどもその記述はまったく適切ではないように見える。科学、宗教、倫理、芸術――すべては人間の相互作用が進行する様子から生まれる。さらに、この社会的制度は、その都度の創造的な組合せとともに変化し、現代テクノロジーによって生み出される社会的接続の数が膨大に増えたおかげで、過去のどの時代と比べても社会的変化の勢いが高まっている。多くの人が確固とした社会制度と信じることは、可塑的で、変形し、科学の場合と同じく構造変化しやすいと見なければならない。この章の冒頭に掲げた引用でアルド・レオポルドが述べているように、価値観の変動は、検証可能な知識の集合が進むにつれて進むのだろう。すべての制度は現代の生活の基礎的事実を認識しなければならない。

宗教を信じる人々にとっては、これは気力をくじく見方かもしれない。曾祖父のザーが今も生きていたとしたら、こんなことを聞いてみたい。「科学的知識が聖書と違うことを言い、社会という織物が目の前で変化する社会で、聖書の言葉に想定されている不変性に基づく信仰をどう築けますか」と。母によれば、聖書を字義どおりに解釈するザージいさんの姿勢は、晩年には、もっと進歩的で寛容な聖書解釈を望む仲間の多くとのあいだに距離を生んだという。多くの正統派の人格神論者の多くのように、曽祖父の進み方は本人が生み出そうとする社会的なしがらみから離脱する人々を多く生むことになった。今日の世界では、どんな制度——宗教、大学、新聞、製造業、さらにはパンクロックのような音楽のジャンル——でも、「かくあるべし」という絶対主義的原理にあまりに強固にしがみつくことは、ますます難しい。「かくある」を定める変化——強化された巨大な社会的ネットワークに由来する創造的な組合せを含む——は、目もくらむ速さで生じる。すべての変化について行くことはできないように見えるかもしれないが、それはあくまでも静止的な世界観にとどまろうとするから難しいのだと思う。どんどん接続が増えていく世界に内在する力動性を認めてしまえば、変化は心配するようなことではなくなる。この力動的な社会的視点は、観察、実験、検証という自然主義の原理と完全に合致する。

濃密な社会的ネットワークと個人としての自律のあいだには綱引き関係がある。社会的期待は抑圧的になることもある。僕はこの本全体を通じて、個性が他者の要求によって抑えられることに目を向けるよう求めてきた。社会の根底にある社会的機構の大きなしがらみの中のただの歯車になることに、どうやって抵抗できるだろう。

僕の答えは単純だ。人は自分の創造性を受け入れて、それと争おうとするのをやめる必要がある。予想外のことが生じれば、それが悲劇でもチャンスでも、創造的な目的に向かう賢明な意思決定を実行しなければならない。人はそれぞれ、自分の行動や言葉を通じて世界に対して影響を及ぼす力がある。子育て中の親だろうと、教えを説く牧師だろうと、壁を築いている煉瓦職人だろうと、自然を調べている生物学者だろうと、本を書いている作家だろうと、授業をしている教授だろうと、人々がその思想を共有する機会が他と比べて大きいわけではない。

僕はミュージシャンになり、ソングライターになって、自分の考えを詩で表現することができたので、この点ではとくに恵まれていたとは思う。歌とは要するに何かと言えば、経験、情緒、世界観を蒸留して、聞き手に伝え、知ってもらうことだ。ポピュラーな歌は、それが人々の内面となって、その人の無視できない部分としてその歌が採用されるほどに人に影響を与える。歌によっては一時的な作用だけのものもあれば、一生をともにするものもある。「これが自分の歌だ」と言ってもらうのは、歌を作る側にとっては究極のほめ言葉だろう。歌を自分のものとして取り入れてもらえるほど他人を楽しませるものを作ろうとしてきたのだから。

歌を作るのは職人仕事で、それを本職とする人間が時間とともに腕を上げていくのは意外なことではないはずだ。家を建てていて、美しい手作りの階段を作りたいと思ったら、三〇歳にもならない職人に任せようと思うだろうか。大工の世界の有名なことわざに「人生は短く、仕事を覚えるのは時間がかかる」とある。[11]たいてい、年配の大工や石工のほうが、若い職人よりも仕事はできる。学ぶべき経験となった一つ一つの仕事を見渡しているからだ。次の仕事は、前の仕事でしたことに基づいて、それをさらによくする機会となる。歌を作るのにも同じことが言える。僕はずっと、自分の最高の仕事はこの先すぐのところで待っていると思ってきた。心地よいメロディやいい歌詞がうまくできたときでも、前に作った歌にある成分を、また別の新しい形で使おうという気持ちは変わらない。

バッド・レリジョン結成から三〇年、ずっと運には恵まれていた。二〇〇一年にはブレットがバンドに復帰して、それによる新たな創造性の発露により、僕はこのバンドでも上位に入るアルバムと思うものができた。僕らの演奏を求める需要はかつてないほどで、定期的に全米や世界のあちこちを回ってライブをしている。ブレット、ジェイ、グレッグ・ヘトソン、ブライアン、新たに加わったドラムの逸材、ブルックス・ワッカーマンなどを友人に得た。僕らは一家のようなもので、みんなで一緒に何かのことをしてきた。

横で走っている車の窓が開いていて、そこでカーステレオから流れる僕の何かの歌を、横で僕が走っているのを知らずに向こうで歌っているのが聞えてくるという幸運な場面にも、何度も遭遇した。そういうときには、実にうれしくなる。僕は自分が、つかの間であれ、他の人の人生に何かの意味あることを生み出したことがわかったのだ。僕の世界観、あるいは少なくとも僕が書いたメロディが、何かの形でその人にそういう気にさせるように移し替えられている。僕が言おうとしたことをどれだけ理解してくれているか、歌詞の意味を自分のものにしてくれているかどうかはわからないが、何らかの形でその歌が心に響いている。もしかしたら僕の曲によってその人の人生の質が高まったかもしれない。もしかしたら僕の歌詞を友人や恋人に伝えたかもしれない。僕の創造性を取り込んで、僕がいなくなった後にも残る網目に広げてくれたかもしれない。僕の考えでは、死後の希望としては、自分がかかわった人々、自分のしたこと、自分が伝えた考えによって記憶されるより大きいものはない。歌手でなくても、名を知られた人でなくても、そういう残り方はある。すでに得ている関係を強める必要があるだけだ。そうすることによって、自分が自分よりも大きなものの部分になる自信ができる。そして自分が死んだ後も、人々が自分のことを覚えていて話題に上り、そうして自分が受けた影響がさらに先の世代に広がることになるだろう。

創造性は取り組むかいのある課題だ。とことん人間である——自律的でも人とかかわり、独立していても相互に依存している——必要がある。創造性は個性と社会性との対立に橋をかける。人類の種としての平凡さを認めつつ、同時に独自の個人として区別を立てる。人は自分の能力を動かして、社会的ネットワークを変え、一方ではそのネットワークを強化している。

生命は果てしない創造性の行為だ。人の生命は、沸き上がる悲劇や突発的な破局はあるものの、驚異のことを考えたり経験したりするところだ。生まれたときには誰にも特定の計画が敷かれているわけではない。インテリジェント・デザイナーによって生み出されたという考え方を捨てることによって、毎朝目覚めては、「なったことはしようがない、どうすれば今ここでの最善ができるか」と言える。生命は決して静止的に決まっていることではない。生命は、破局的な悲劇はあっても、想像もしなかった形の新しい変種を生み出すことで生き延びてきた。僕は進化の歴史を語ることに慰めを感じる。僕が何かを生み出すとき、自分が生命という大掛かりな芝居に出演していて、宇宙の動作中の創造性エンジンの一部となっているように感じる。その感覚が、たいていの人々の人生にある宗教の慰めに取って代われるだけのものかどうかはわからないが、僕にとってはそうなのだ。

謝辞

僕は昔、前書きによくある「本書のアイデア、間違い、見解はすべて私自身のものである」といった宣言は、読者からすればあまりに当然のことで、なぜそんなことを言うのだろうと思っていた。この本を書き上げてみると、そういうただし書きを書いた著者の気持ちがよくわかる。みんな、ただ自分が教えを受けた先生たちの名声を守ろうとしていただけなのだ。この本は僕が長年、多くの人々との相互の影響すべてを蒸留したもので、相手の見識や知恵——ご本人の予想とは違う形で解釈してしまっているかもしれないが——に対する心の底からの感謝を的確に表現することが僕にはできない。この謝辞は、僕の考え方に影響を与え、この本をまとめられるようにしてくれた方々に対する幅広い感謝としたい。

この本は、エージェントを務めてくれて、一年半にわたってメールやら電話やらで、「準備ができたら」この本について、ランチでもしながら打ち合わせをしようと誘ってくれたジ・エージェンシー・グループのマーク・ジェラルドがいなかったら、始まりもしなかっただろう。打ち合わせの後は、やはりジ・エージェンシー・グループのキャロライン・グレーヴンが、僕が過去に書いた何百ページもの文章から全体像を作る作業をしてくれた。二人には、僕を信頼し、バーニー・グリーングラスでのランチのときの打ち合わせで話し合った予定を信頼してくれたことに大いに感謝する。

出版社のハーパースタジオでボブ・ミラー、ジュリア・チェイフェッツ、デビー・スタイアにアイデアを話したときは、この本がそんな熟練のプロの一団による先を見通した指導を受けられるとは思っていなかった。三人のことを知った今、一緒にやる出版社は他にないと心の底から言うことができる。ボブ、ジュリア、デビー、それからジェシカに感謝する。

スティーヴ・オルソンに共著者として加わってもらうことにしたとき、この本は「次のレベル」に行けると思った。スティーヴは物書きとして受賞歴もあり、科学解説の腕に僕は感心していた。スティーヴと出会ったのは何年も前のバッド・レリジョンのコンサートでのことだった。二人で人間の先祖——スティーヴのいちばん有名な著書のテーマ——について話し、後にスティーヴは、自身の進化とパンクロックについての知識を、僕について書いた『ワイアード』と『ペースト』両誌に書いた二本の記事に融合してくれた。この本のための僕のアイデアをまとめる作業を始めたとき、スティーヴは、完成して初めて明らかになるような懸念を抱いていた。スティーヴは共著を書いたことはなかったが、同様の仕事で悪夢のような経験をした他の共同研究者の話は多数読んだことがあった。ところが本書は容易にまとまり、そのことに二人とも衝撃を受けた。引っかかりも、停滞も、口論もなかった。各章とも何度か読み返したが、引っかかるところはなかった。スティーヴのこんな共著者としての力と友情に感謝する。

イット・ブックス社のキャリー・カニアとの仕事は楽しかった。その展望はこの本に計りしれない助けとなった。広報はハーパーコリンズ社のグレッド・キュビーとエピタフ・レコーズ社のオースティン・グリスウォルドがしっかりと取り計らってくれた。ケヴィン・キャラハンは発売までの作業を仕切ってくれて、ケイティ・ソールズベリは冷静に配本の作業を処理してくれた。

早い段階の草稿には以下の方々が目を通して意見をくれたことで大いに質が向上した。ミーガン・シュル、ウィル・プロヴァイン、ポール・アブラムソン、ジェイ・フェラン、プレストン・ジョーンズ、リン・オルソンに感謝する。編集担当のジュリア・チェイフェッツには、何段階もの修正に目を通し、専門家として作業を進めてくれたことに感謝する。オルガ・ガードナー・ギャルヴィンは校正を務めてくれた。
僕の断続的な大学生活は、数々の人々によって楽しくなっているが、とくにジェイ・フェラン、マーク・ゴールド、ウィル・プロヴァイン、ウォレン・オルモン、フリッツ・ハーテル、ピーター・ヴォーン、ローリー・ヴィット、ポール・アブラムソンには、大学の同僚にして友人というまれな組合せでつきあってくれていることに感謝する。UCLAの「正面」に立つ事務当局の方々――トレーシー・ニューマン、リリー・ヤネス、ローリー・ホルブルック――は、授業を楽しくしてくれている。UCLAの生命科学基礎課程と地球宇宙科学で教えることができてありがたいと思っているその学生諸君にも。いろいろと勉強してくれたこと、とくにオフィスアワーには試験には出ない哲学の問題を話してくれてありがとう。

曲作りの作業は特殊な仕事で、とくに子どものときからの友人で、仕事上のつきあいというより兄弟のような共同の作者がいてくれて僕は恵まれている。ありがとう、ブレット・ガーウィッツ、いつも励まし、知恵をくれて。いつも哲学や音楽の話題で活発な議論をすることで、僕は大いに恩恵を受けている。

貴重な宝石であり、ツアーに出るミュージシャンの創造性ある仕事に参加してくれているバンドのメンバー、スタッフの、ジェイ・ベントリー、グレッグ・ヘトソン、ブライン・ベイカー、ブルックス・ワッカーマン、イエンス・ガイガー、ケイシー・メイソン、ロン・キンボールに感謝する。五つの大陸で一緒に過ごした数えきれない時間には、いつも肩のこらない散歩に出たり、必要なときには一体になって、僕はいつも楽しませてもらっている。僕の仕事の他の分野では、スティーヴン・バーレヴィ、エリック・グリーンスパン、フランク・ヌーティ、ダリル・イートンに、親友で大事な助言者になってもらっていることに感謝する。

家族の支えなしにはいかなる仕事も成功はおぼつかない。家族から受けている励ましはきりがなく、家庭のいろいろな方面に侵入してくる僕の仕事を許容してくれていることに感謝する。この本を書いているときには、いつもグラハムとエラのことが頭にあった。この本を読むことがないとしても、この内容は二人への愛情に触発されていることは知っておいて欲しい。アリー、この本にある言葉で表せる以上に僕は君を愛し、感謝している。忍耐と理解をありがとう。お母さん、お父さん、グラントには、さらに多くのことを知り、さらに多くのことをし、さらに多くのことを創造する刺激を与えてもらい、その過程で僕はそれぞれの知恵の深さを知った。もっと広い「家族」にもお礼を言いたい。僕をいつも支えてくれている「内輪」の友人たちで、信頼する仲間、最高の遊び友達、ライ・マーティン、デーヴィッド・ブラガー、ミーガン・シュルに。やはり家族のフランクとシーラ・クラインハインツにも、受けている愛情や支援に感謝する。

註

第1章　権力との衝突

1…ラプラスのこの発言は、皇帝ナポレオン一世に、ラプラスの五巻からなる『天体力学概論』（一八二五）で軌道運動を天文学的に分析したとき、神に触れていないのはなぜかと問われて答えたときのもの。この引用はいろいろなところで、とくに現代の文献で引用される。啓蒙の重要性が理解されるようになって、この引用が当を得たものになったらしい。Brian L. Silver, *The Ascent of Science* (New York: Oxford University Press, 1998), 61を参照。

2…アインシュタインがこのことを言ったのは、一九三〇年、友人との会話でのこと。A. Calaprice, ed., *The Expanded Quotable Einstein* (New Jersey: Princeton University Press, 2000), 14を参照〔さらに増補された *The New Quotable Einstein* の訳としてアリス・カラプリス編『アインシュタインは語る』（林一ほか訳、大月書店、２００６）がある〕。

3…科学では、権威的な姿勢はパラダイム、つまりその分野で今支持されている見方から出てくる。要するに、パラダイムは定説《ドグマ》だ。パラダイムを強固に守りすぎる科学者は、科学の精神に反して、定説の権威を尊重すべきだとする印象を与えることが多い。実際には、科学は定説に異を唱え、それまでの権威を崩すことを通じてもたらされるパラダイム変動にも依存している。いずれ、発見、検証、新たな理論化によって、標準的な科学の営みがすり切れてしまい、「科学革命」と呼ばれる例外的な時期のあいだに新しいパラダイムが登場する。Thomas S. Kuhn, *The Structure of Scientific Revolutions* (Chicago: University of Chicago Press, 1962) を参照〔トマス・クーン『科学革命の構造』中山茂訳、みすず書房、１９７１〕を参照。

4…Phil Zuckerman, "Atheism: Contemporary Numbers and Patterns," in Michael Martin, ed. *The Cambridge Companion to Atheism* (New York: Cambridge University Press, 2007), 47-65.

5…プラトンはこの論証を、『エウテュプロン』という対話篇で行なっている。「エウテュプロンは、神々の望みを正確に知っているという民間の「司祭」の戯画である。ソクラテスの『敬虔とは何か、不敬虔とは何か』という問いに、エウテュプロンは『敬虔とは私がしているようにふるまうことです』と答えざるをえなくなる」。Karl Popper, *The Open Society and its Enemies, Volume 1. The Spell of Plato* (London: Routledge, 1945), 265より〔内田詔夫ほか訳『開かれた社会とその敵第1部　プラトンの呪文』未来社、１９８０〕。エウテュプロンのジレンマは、「あるものが神によって優遇されているゆえに特別な地位に値するのですか、それともそれは特別な地位にあるから神に優遇されるのですか」と問うことで敷衍できる。これがプラトンによって語られる、経験に関するソクラテスのジレンマだった。

6…物理学者はふつう、時間と空間を一つにして「時空連続体」と呼ぶ。この点では、宇宙にあるのは時空、物質、エネルギーの三つのものしかない。

7…複雑系が予測不可能であることについては、Stephen Wolfram, *A New Kind of Science* (Champaign, Illinois: Wolfram Media, 2002) を参照。

8…Herbert Vetter, *Speak Out Against the New Right* (Cambridge: Harvard Square Library, 2004).

9…Jacquetta Hawkes, *The Atlas of Early Man* (New York: St. Martin's, 1976).〔ジャケッタ・ホークス『古代大地図』阿部年晴ほか訳、小学館、１９８０〕

10…Richard Leakey and Roger Lewin, *Origins* (New York: Dutton, 1977).〔リチャード・リーキー、ロジャー・レーウィン『オリジン』岩本光雄訳、平凡社、１９８０〕

11…Donald Johanson and James Shreeve, *Lucy's Child: The Discovery of a Human Ancestor* (New York: Viking, 1989).〔ドナルド・ジョハンスン、ジェイムズ・シュリーヴ『ルーシーの子供たち』堀内静子訳、早川書房、１９９３〕

12…一九〇二年、ラディヤード・キプリングは、様々な動物について、それがしかじかの形質を得た気まぐれで魔法のようないきさつを述べる短編集を発表した〔*Just so Stories for Little Children* ＝『ゾウの鼻が長いわけ――キプリングのなぜなぜ話』(藤松玲子訳、岩波少年少女文庫、２０１４) など〕。たとえば、サイがごつごつした皮膚と気難しい性格を得たのは、サイが泳ぐために皮を脱いだとき、パーシーが皮膚にケーキの屑を詰め込んだからだとか。進化生物学者は「なぜなぜ話《ジャスト・ソー・ストーリー》」という言葉を、進化の結果につけられる、検証も反証もできない因果的説明を指すために使う。

13…人類にわかっているかぎりでは、ヒトは自らの存在について考え、物理学的・生物学的世界の多くの要素を認識し、分離し、実験する唯一の存在だ。その意味で、また地球全体に住み着き、宇宙を探検できるようなきわめて能動的な種だという意味で、人類は自らを進化の中でも最高クラスの産物だと言って喜んでもおかしくはない。しかし進化で言う「成功」を決める基準はもちろん他にもある（僕が思うに、カクテルパーティや二次会で話すのにはうってつけの話題だ)。たとえば、「復元力《レジリエンス》」となると、人類はまだちゃんとした試験を受けるところまでもいっていない。人類が収まる属、「ホモ属」が生まれたのは、およそ二〇〇万年前でしかない。属の年齢を表すときにはそんなに長い時間ではない。シャミセンガイという、海で穴を掘って暮らす殻を持つ無脊椎動物のように、六億年も前から海辺の堆積物の層にせっせと穴を掘ってきた属もあることを考えよう。人類など、地球がもたらしうる生態環境の大変動を経験しかかったことさえないような、ほんの子どもに見えてしまうほどの属は他にもある。

また、人の代謝はいくつかの点であわれなほど一次元的だ。呼吸で酸素を消費しなければならないし、十分な栄養を蓄積するために他のものも食べなければならない。人類が酸素を奪われれば、血中の二酸化炭素の生化学的変化と酸性度が何分もしないうちに脳に影響を及ぼし始める。肺への酸素の流れが速やかに回復しなければ、すべての細胞はほどなくして死んでしまう。

三四億年以上前、地球上に現れた最初の生物が、今日の人類とともにあることを考えよう。この、藍藻類と呼ばれる微生物は、必要とする生化学的「部品」を光合成で作る。炭素源となるものを食べる必要はない。むしろ、大気中の二酸化炭素を消費して、日光からのエネルギーを使い、水の分子を分解する。藍藻類は人類とは違って酸素を廃棄物と見る。それでも、人類が酸素を必要とするように(エネルギー代謝用の電子源として)、藍藻類にも水は必要だ。人類は酸素がなければすぐに死んでしまう。ところが、藍藻類が好みの電子源である水を断たれても、別の化学物質、硫化水素に切り替えることができるし、水素原子を使うこともできる。言い換えれば、藍藻類の代謝能力は、環境の化学的構成が大掛かりに変動しても耐えられる。藍藻類は好気性の(酸素が豊富な)環境でも、嫌気性の(酸素が少ない)環境でも、日射量が多くても少なくても(暗闇で硫黄を還元することもできる)、変わらず暮らすことができる。この顕著な代謝の柔軟性は、人類の種としての能力をはるかに超えていて、それがおそらく、藍藻類が地球史のこれほど膨大な期間にわたって存在してきた理由だろう。人類の代謝需要が高く、環境変化への許容度が限られていることからすると、大気の組成が劇的に変化すれば、人類にはそれに応じられる内在する柔軟性はほとんどなさそうだ。

14…Theodosius Dobzhansky, "Nothing in Biology Makes Sense Except in the Light of Evolution," *The American Biology Teacher* 35 (March 1973) :125-129.

15…「はるかなる進化的時間」とは、何百万年とか何億年という時間を区別するために用いる。進化的変化は「生態学的時間」でも生じるもので、こちらは数万年から数十万年の範囲にある。これは「小進化的」変化と呼ばれることもある。しかしこのくだりで参照している化石のパターンは、大進化、つまり進化の系統全体に影響する大規模な変化だ。

第2章　生命を理解する

1…二〇〇三年六月二五日、マサチューセッツ州ケンブリッジにて行なわれたインタビューより。Gregory W. Graffin, *Evolution, Monism, Atheism, and the Naturalist World-View* (Ithaca, New York: Polypterus Press, 2004), 140. その後改題して、Greg Graffin, *Evolution and Religion: Questioning the Beliefs of the World's Eminent Evolutionists* (Ithaca, New York: Polypterus Press, 2010)。www.polypterus.orgを参照。

2…二〇〇三年六月二五日、マサチューセッツ州ベドフォードにて行なわれたインタビューより。同前、167。

3…Lynn Margulis and Dorion Sagan, *Acquiring Genomes: A Theory of the Origins of Species* (New York: Basic Books, 2002).

4…Brian Cogan, *The Encyclopedia of Punk* (New York: Sterling Publishing, 2008) と、*Mojo Magazine*, *Punk: The Whole Story* (London: Dorling Kindersley, 2006) に、パンクとその祖先についての優れた解説がある。

5…真核生物の進化についての新しい解説は、T. Martin Embley and William Martin, "Eukaryotic evolution, changes and challenges," *Nature* 440 (2006) : 623-630.

6…このような言い方をすると、卒倒する進化生物学者も多いだろうし、そうなるのも無理はない。進化の考え方では、この分野の先頭に立つほとんどの人によれば、この言い方は危険なほど究極の罪に近い。これは、アリストテレスの時代からある古代の遺物、「目的論」という違反となる。要するにそれは、事実には基づかない神秘思想で、事物の説明をすべてそれの目的からつける考え方だ。草の目的は牛が放されて餌を食べるための場所ができるようにすることだとするのが一例だろう。牛の目的は人間にミルクと肉を与えることとなる。進化の目的は、目的論の観点からすれば、いずれ複雑さを増した形態を生み、その後のどこかで人間に至ることとなる。進化を動かすのがこの種の目的だということは実証はされていない。関心のある読者は、Henri Bergson, *Creative Evolution*, translation by Mitchell, Henry Holt, 1913)〔アンリ・ベルクソン『創造的進化』合田正人ほか訳、ちくま学芸文庫、2010、など〕およびPierre Teilhard de Chardin, *The Phenomenon of Man*, Bernard Wall, trans. (New York: Harper and Brothers,

1959)〔ピエール・テイヤール・ド・シャルダン『現象としての人間』美田稔訳、みすず書房、２０１１〕を参照。目的論の問題については、Ernst Mayr, *The Growth of Biological Thought* (Cambridge: Belknap, 1982), 528を参照。個人的には、進化で「適応的なデザイン」とか「最適」といったことを言うのは、目的論の側にあって危険だと思う。

7…Edward B. Daeschler, Neal H. Shubin, and Farish A. Jenkins, "A Devonian tetrapod-like fish and the origin of the tetrapod body plan," *Nature* 440 (2006): 757-763.

8…Steve Olson, *Mapping Human History: Discovering the Past Through Our Genes* (Boston: Houghton-Mifflin, 2002).

9…Gregory W. Graffin, *Evolution, Monism, Atheism, and the Naturalist World-View* (Ithaca, New York: Polypterus Press, 2004).

10…プロヴァインが本書を草稿段階で見てくれたときに、この意見をくれた。

11…「自然主義的誤謬」についての詳細は、第８章註３を参照。

12…この言葉をカッコでくくったのは、遺伝子とは何かを正確に定義するのが難しくなっているからだ。二本の糸による、らせん状の核酸分子で、そこに遺伝子暗号があると言うこともできるが、それではあまりに単純化しすぎになる。Mark B. Gerstein, Can Bruce, Joel S. Rozowsky, Deyou Zheng, Jiang Du, Jan O. Korbel, Olof Emanuelsson, Zhengdong D. Zhang, Sherman Weissman, and Michael Snyder, "What is a gene post-ENCODE? History and updated definition," *Genome Research* 17 (2007): 669-68を参照。やはり核酸のＲＮＡも遺伝子暗号を利用し、遺伝子を含んでいることを忘れないように。人間では、すべての真核生物（細胞核がある生物——先に触れた相利共生の結果——で、原核生物——内部共生を経ていない細胞——と区別される）の場合と同じく、ＲＮＡが、タンパク質合成でＤＮＡの発現のしかたを決めるのを助ける、重要な調節の機能を行なう。

一般的には、遺伝子とは、何らかの生物学的な機能をする産物を生む符号化された生化学的情報と考えるのがいいだろう。しかし形質の元になる可能性があるものは他にいくつもある。Mary Jane West-Eberhard, *Developmental Plasticity and Evolution* (Oxford: Oxford University Press, 2003), 20を参照。

13…相互影響論による説明については、Richard Lewontin, *The Triple Helix, Gene, Organism, and Environment* (Cambridge: Harvard University Press 2000), 116と、David S. Moore, *The Dependent Gene: The Fallacy of "Nature vs. Nurture"* (New York: W. H. Freeman, 2001)〔デイヴィッド・S・ムーア『遺伝子神話の崩壊』池田清彦ほか訳、徳間書店、２００５〕を参照。

14…脊椎動物の古生物学者、ピーター・P・ヴォーン。僕の修士論文は、エヴァレット・C・オルソンと、地球科学者のウォルター・リード、ゲルハルト・エルテルといういずれもUCLAの先生に審査、承認してもらった。修士論文の題目は、「化石を含むハーディング砂岩の新たな産地――最古の脊椎動物の環境と外骨格組織のいくつかの側面に関する考察」という。"A New Locality of Fossiliferous Harding Sandstone: Insights into the Earliest Vertebrate Environment and Some Aspects of Dermal Skeletal Tissue," University of California, Los Angeles, 1990.

15…Greg Graffin, "A New Locality of Fossiliferous Harding Sandstone: Evidence for Freshwater Ordovician Vertebrates," *Journal of Vertebrate Paleontology* 12 (1992), 1-10.

16…Neil Shubin, *Your Inner Fish: A Journey into the 3.5-Billion year History of the Human Body* (New York: Random House, 2008).〔ニール・シュービン『ヒトのなかの魚、魚のなかのヒト』垂水雄二訳、ハヤカワ文庫NF、２０１３〕

17…適応放散とは、「〔進化による〕系統発生的な系譜が繁栄して、いろいろなニッチや適応帯を確保すること」。Ernst Mayr, *What Evolution Is* (New York: Basic Books 2001), 208.

18…近年の微生物学研究から、すべての生物に「生命の樹仮説」を適用するのには大きな問題があることが明らかになった。生命の樹《ツリー・オヴ・ライフ》（ＴＯＬ）は、すべての種の関係が、一段一段、先祖から子孫へとたどれて、それを可能にする遺伝子の署名（遺伝子型）があることを想定している。家系図になぞらえれば理解しやすいが、実際には、この見立てではわからないことが出てくる。始祖が一〇人の子を得て、その子もそれぞれに一〇人の子をなすとする。一〇〇人のいとこどうしは、一族の始祖のＤＮＡも、互いのＤＮＡもある程度共有することになる。ところが、現存する生物すべてが、とくに細菌まで含めると、先祖と子孫の関係が明瞭でなくなる。細菌は遺伝物質を交換することができる。そのため、種が異なる細菌から、一世代で第三の種を生むことがある。そこで、生命はＴＯＬよりもむしろ「生命の網目《ウェブ・オヴ・ライフ》」と見るべきだと唱える生物学者もいる。ＴＯＬは大多数の生物の一族に成り立つが、それでも、生命圏からデータが得られるにつれて、不十分だということになるかもしれない。系統樹のウェブ版については、http://tolweb.org/tree を参照。

19…ダーウィンとウォレスの理論は一八五八年、リンネ協会の会合で発表された。

20…ケンブリッジ大学出版は、ブリッジウォーター論集の一部を再刊している。たとえば、Charles Bell, *The Hand: Its Mechanism and Vital Endowments as Evincing Design* (Cambridge: Cambridge University Press, 2009) を参照〔チャールズ・ベル『手』山鳥重ほか訳、医学書院、２００５〕。

21…Neal H. Shubin, Edward B. Daeschler, and Farish A. Jenkins, "The Pectoral Fin of Tiktaalik roseae and the Origin of the Tetrapod Limb," *Nature* 440 (2006): 747-749.

22…Moncure Daniel Conway, *Autobiography, Memories and Experiences of Moncure Daniel Conway*, Vol. 1 (New York: Houghton, Mifflin, 1904), 359.

23…ジェームズ・ルーバの経歴については、Gregory W. Graffin and William B. Provine, "Evolution, Religion, and Free Will," *American Scientist* 95 (July-August 2007), 294-297を参照。また、James H. Leuba, *The Belief in God and Immortality: A Psychological, Anthropological and Statistical Study* (Boston: Sherman, French and Co., 1916) を参照。

24…James H. Leuba, "Religious Beliefs of American Scientists" *Harper's Magazine* 169 (1934), 291-300.

25…僕の関心は、進化生物学分野の超一流の権威にとっての信仰ということであり、生物学者一般、科学者一般ではなかったので、調査を世界中のナショナルアカデミーのメンバーに限定した。

26…Edward J. Larson and Larry Witham, "Leading Scientists Still Reject God," *Nature* 394 (1998), 313.

第3章　自然選択という偽りの偶像

1…William B. Provine, Afterword to *The Origins of Theoretical Population Genetics*, (Chicago: University of Chicago Press, 2001), 199.

2…最近の一般向け分類学入門として、Carol Kaesuk Yoon, *Naming Nature: The Clash Between Instinct and Science* (New York: W. W. Norton, 2009) がある〔キャロル・キサク・ヨーン『自然を名づける』(三中信宏ほか訳、NTT出版、2013)〕。

3…僕は知識と知恵を区別したい。ただ、ハイスクールの頃には区別のしかたを知らなかった、この区別は、Bertrand Russell, *The Scientific Outlook* (New York: Norton, 1931) を読んだことに基づいている〔バートランド・ラッセル『科学の眼』(矢川徳光訳、東京創元社、1957)〕。知恵は僕の物理的社会的状況を、自分で有益と考えるものに仕上げる助けになるが、その役には立たない種類の知識は、僕はトリビアだと考える。

4…Martin J. S. Rudwick, *The Meaning of Fossils*, 2nd ed. (Chicago: University of Chicago Press, 1985).〔マーティン・

J・S・ラドウィック『化石の意味』(菅谷暁ほか訳、みすず書房、2013)〕
5…ダーウィンは自伝にこう書いている。「実を言うと私は、人はいかにしてキリスト教が正しいことを望むようになるのか、ほとんどわからない。もし正しいなら、聖書の平明な言語からすると、父や兄弟や多くの友人を含むそれを信じない人々は、永遠に罰せられることになるらしいのだ。……ここで私が導いた漠然とした結論を示そう。ペイリーが示したような自然におけるデザインの側からの古い論証は、かつては私にも決定的に思えたが、今や自然選択の法則が発見されて成り立たない。……有機的存在のばらつきと自然選択の作用には、風が吹いて進む道筋ほどのデザインもなさそうだ。自然にあるすべては定まった法則の結果である」。Nora Barlow, ed., *Charles Darwin's Autobiography* (New York: Norton, 1958), 87.〔チャールズ・ダーウィン『ダーウィン自伝』八杉龍一ほか訳、ちくま学芸文庫、2000〕ここでダーウィンが言っているウィリアム・ペイリーは、一八世紀末から一九世紀初めにかけての一流の自然神学者で、時計は知性ある時計職人の手作業なしには組み立てられないという論法をとった。それを職人としての神という比喩として使い、自然の入り組んだ「たくらみ」――今日の自然主義者なら適応と呼ぶもの――の説明とした。最近の批評については、John O. Reiss, *Not by Design: Retiring Darwin's Watchmaker* (Los Angeles: University of California Press, 2009) を参照。
6…ダーウィンの子どもについて手短な解説は、http://www.aboutdarwin.com/darwin/Children.htmlを参照。
7…ダーウィンは、すべての「動物はせいぜい四つか五つの先祖の子孫であり、植物もそれくらいあるいはもっと少ない数の先祖に由来する。……形質の発散による自然選択の原理に基づくと、このような低い、あるいは中程度の形態［藻類］から、動物や植物が発達したというのはとんでもない話ではないように見える。そして、これを認めれば、われわれは同様に、この地上で暮らしてきたすべての有機的存在が、何らかの原始的な形態の子孫かもしれないことを認めざるをえない」としている。Charles Darwin, *The Origin of Species by Means of Natural Selection, or the Preservation of Favoured Races in the Struggle for Life*, 6th ed., (London: John Murray, 1884), 425.〔チャールズ・ダーウィン『種の起源』、渡辺政隆訳、光文社古典新訳文庫、2009など〕
8…僕の見解は、大学院時代までさかのぼる、学科の教員、同業の仲間、学生との無数の会話に加えて、自然選択の問題を扱う数々の本に刺激されてきたし、今もそうだ。これは「軽い」読書ではない。夕食前に(あるいはツアーで飛行機で移動する二時間の読書で)少しずつ消化して、一冊読むのにも何か月もかかることもある。もっと詳細について関心がある人々は、以下を参照。Eva Jablonka and Marion Lamb, *Evolution in Four Dimensions, Genetic,*

Epigenetic, Behavioral, and Symbolic Variation in the History of Life（Cambridge: MIT Press, 2005）; Mary Jane West-Eberhard, *Developmental Plasticity and Evolution*（Oxford: Oxford University Press, 2003）; John A. Endler, *Natural Selection in the Wild*（Princeton: Princeton University Press, 1986）; Reiss, *Not by Design: Retiring Darwin's Watchmaker.*

9…たいてい、進化論学者は明示的にこうは言わないが、新しい証拠は進化論を解明する語りに組み込まれる。解釈は「現在主義的モデル」に基づく。この言葉は「斉一説」と呼ばれる進化論の根底にある原理をなす要素の一つだ。1 過去の地球の過程は、今日動作しているのと同じ自然法則によって定められていた（現在論）。2 この過程は、今日と同じ速さと強さで生じる（漸進論）。たいていの科学者は、斉一説の第二の要素は証拠が支持しないので、これを否定する。しかしほとんどの発見は、根底にある原理としての現在主義と矛盾しない。たとえば進化では、現在主義モデルを使って——今日生きている若い動物の成長段階を調べて、何億年も前の化石を解釈するなど——手許の化石に、顎骨と生える前の歯一本以外に証拠がなくても、化石になったその個体が若い哺乳類だと推理する。Donald R. Prothero and Fred Schwab, *Sedimentary Geology, An Introduction to Sedimentary Rocks and Stratigraphy*, 2nd ed（New York: W H Freeman and Co, 2004）, 454を参照。

10…Barbara Forrest and Paul R. Gross, *Creations' s Trojan Horse: The Wedge of Intelligent Design*（New York: Oxford University Press, 2004）.

11…John Angus Campbell and Stephen C. Meyer, *Darwinism, Design, and Public Education*（East Lansing: Michigan State University Press, 2003）.

12…Ernst Mayr and William B. Provine, eds., *The Evolutionary Synthesis: Perspectives on the Unification of Biology*（Cambridge, Mass: Harvard University Press, 1980）.

13…「適応度曲面」という考え方の発達とそれを考案したシーウォール・ライトについては、William B. Provine, *Sewall Wright and Evolutionary Biology*（Chicago: University of Chicago Press, 1986）を参照。

14…R. C. Lewontin, *The Genetic Basis of Evolutionary Change*（New York: Columbia University Press, 1974）を参照。

15…Nina G. Jablonski and George Chaplin, "The evolution of human skin coloration," *Journal of Human Evolution* 39（2000）, 57–106.

16…Kenichi Aoki, "Sexual selection as a cause of human skin colour variation: Darwin's hypothesis revisited," *Annals of Human Biology* 29（2002）, 589-608.

17…Timothy D. Weaver, Charles C. Roseman, and Chris B. Stringer, "Were neandertal and modern human cranial differences produced by natural selection or genetic drift?" *Journal of Human Evolution* 53 (2007), 135-145.

18…メチル化や遺伝子によらない継承については、Eva Jablonka and Marion J. Lamb, *Evolution in Four Dimensions, Genetic, Epigenetic, Behavioral, and Symbolic Variation in the History of Life*（Cambridge, Mass: MIT Press, 2006）を参照。

19…M. J. West-Eberhard, *Developmental Plasticity and Evolution*（New York: Oxford University Press, 2003).

20…F. J. Odling-Smee, K. N. Laland, and M. W. Feldman, *Niche Construction: The Neglected Process in Evolution*（Princeton, New Jersey: Princeton University Press, 2003).〔F. John Odling-Smee ほか『ニッチ構築』（佐倉統ほか訳、共立出版、２００７）〕

21…エピタフはそれ以来成長して、社主で、僕の友人であり曲作りの仲間でもあるブレットのおかげで、今や独立系のレコードレーベルとして、世界でも有数の存在になった。ブレットは高校を中退したが、卒業資格試験を受け、アーティスト、レコーディングエンジニア、レコード界の大物になった。

22…『スピン』誌に載った記事が、ドッグタウンのスケートボーダーと、このグループが一九八〇年代初めにパンクミュージックを取り入れたことについてある程度の見通しを与えてくれた。

七〇年代半ば、［ジェイ・］アダムズと［トニー・］アルヴァが誰よりも一歩先んじて、生活全般にスケートをばりばりに取り入れる先駆けになった。しかし七〇年代の末にはパンクがついてきた。アルヴァは言う。「ブラック・フラッグ、サークル・ジャークス、デセンデンツ、バッド・レリジョン、スーサイダル・テンデンシーズ。当時ＬＡで起きていた音楽は全部拾った。あいつらのライブにはエネルギーがあった。スケートとパンクは互いの栄養になった。どちらも攻撃性の全面的なはけ口になったからだ」。

パンクはスケートの集まりで流す音楽としては、テッド・ニュージェントやジミ・ヘンドリクスに取って代わった。音楽は集会そのものと並行していて、その集会はドッグタウンのハードコアな評判がその先をいくにつれて、どんどん暴力的になった。「おおぜいが俺らを追っかけてきたよ。雑誌なんかで俺らのことを読んでたからね。みんな、カオスのボールが転がっているみたいで、偵察任務中の移動部隊みたいだった。どこかのスケート場に顔を出すと、俺らのところへやってきて、大したことないなとか言って挑発してきてたよ」とアルヴァ。当然、喧嘩になる。夜には、地元のスーサイダル・テンデンシーズ（ジム・マイアの弟のマイクがリードボーカルだった）のようなバンドのライブへ行った後にはもっと暴力的になった。アダムズは、「『パーティ』をやって、クエールードを服んで、バットなんかで喧嘩した」と言う。

この時代の区切りになった不幸な事件のときには、アダムズの幸運も、結局本人の不品行には及ばなかった。一九八二年には、テキーラ好きが昂じて他人の夜をめちゃくちゃにしていた。ある晩、べろべろになったアダムズやパンク仲間が、ゲイの二人連れが街路を歩いてくるのを見つけて、やじった。相手がどなり返すと、アダムズは一人を蹴り始め、別の仲間がもう一人を殴った。すぐに二人とも顔からコンクリートに倒れ込んだ。現場にいた他の仲間も加わって、うつぶせの二人をつま先が鋼のブーツで蹴っていた。それが終わる頃には、一人は死んでいた。事件の二日後、アダムズはアパートの部屋で逮捕され、殺人で訴追されたが、他が蹴り始める頃には現場を離れていたと主張した。最終的に暴行で有罪とされ、四か月収監された（G Beato, “The Lords of Dogtown.” *Spin* 15, no 3［March 1999］より）。

第4章　無神論という偽りの偶像

1…以下のフランス語原文からの英訳による。*L'Homme n'est malheureux que parce qu'il méconnaît la Nature. Son Esprit est tellement infecté de préjuges qu'on le croirait pour toujours condamné à l'erreur: le bandeau de l'opinion, don't on le couvre dès l'nfance lui est si fortement attaché, que c'est avec la plus grande difficulté qu'on peut le lui ôter.*〔人間が不幸なのは自然を知らないからにすぎない。その精神は先入観に侵されるあまり、人はいつも誤るようになっていると思われる。子ども時代からの見解のベルトがきつく巻きついていて、それを取り除くのがきわめて難しいのだ〕Paul Henri Thiery, Baron d'Holbach, *Système de la Nature, ou Des Loix du Monde Physique & du Monde Moral*; par M. Mirabaud, nouvelle edition (Londres, preface, 1771) より。Kessinger publishing onlineで閲覧可能。

2…Sam Harris, *The End of Faith: Religion, Terror, and the Future of Reason* (New York: Norton,2004). Richard Dawkins, *The God Delusion* (Boston: Houghton Mifflin, (2006)〔リチャード・ドーキンス『神は妄想である』垂水雄二訳、早川書房、２００７〕. Daniel C. Dennett, *Breaking the Spell: Religion as a Natural Phenomenon* (New York: Viking 2006)〔ダニエル・C・デネット『解明される宗教』阿部文彦訳、青土社、２０１０〕. Christopher Hitchens, *God is Not*

Great: How Religion Poisons Everything (New York: Twelve, 2007). ハリス、ドーキンス、デネット、ヒッチェンスが登場する"The Four Horsemen"〔黙示録の四騎士〕という動画は無神論者どうしで行なわれる会話の好例で、www.RichardDawkins.netで閲覧可能〔翻訳時点では、このサイトでDVDとして販売中〕。

3…Penny Edgell, Joseph Gerteis, and Douglas Hartmann, "Atheists as 'Others': Moral Boundaries and Cultural Membership in American Society," *American Sociological Review* 71 (2006), 211-234.

4…Barry A. Kosmin and Ariela Keysar, *American Religious Identification Survey 2008* (Hartford, Conn.: Trinity College, 2009).

5…Graffin, *Evolution, Monism, Atheism, and the Naturalist World-View*, 120-121.

6…ドーキンスは「ミーム」という用語を『利己的な遺伝子』で紹介した。ミームとは、遺伝子と同様、人から人へ伝わるが、精子と卵子によるのではない。ミームのほうは、文化的記号、言葉、行動の形で伝わる。それを何らかの理由で「頭から離れない考え」と考えよう。ミームは遺伝子の継承とは関係がない。しかしドーキンスは、この引用部分では、社会の定めに従いやすくなる、あるいは権威を重んじやすくなるように脳に影響する遺伝子あるいは遺伝子群があることを、暗黙のうちに仮定している。「ミーム取り込み」とは、何かのアイデアや命令が個人によって簡単に採用されるような仮説上の状況のことを言う。したがって、その人物は「だまされやすさ遺伝子」があることになる。あらためて言うと、これはすべて仮説だ。

　おもしろいことに、「ミーム（meme）」はオックスフォード英語辞典にも載っていて、生物学由来の用語として定義されている。ところが、ＵＣＬＡの学部で教えるために使う最新の生物学の教科書、David Sadava et al., *Life the Science of Biology*, 8th ed. (Sunderland, MA: Sinauer and Associates, 2008), および Jay Phelan, *What is Life, A Guide to Biology* (New York: W. H. Freeman, 2009) には載っていない。出典については、Richard Dawkins, *The Selfish Gene* (Oxford: Oxford University Press, 1976), 192.〔リチャード・ドーキンス『利己的な遺伝子』日高敏隆ほか訳、紀伊國屋書店、２００６〕

7…生まれたときから脳に一定の「認知構造」が備わっているということはありうる。それが本当なら――認知心理学者の説の中心はそういうことだが――生まれてから最初の数年のうちに生じる社会的「刷り込み」は、その後の世界観に比較的小さなそれとはわかりにくい影響しか及ぼさないだろう。人の世界観の生得の構造が生まれたときに定まっていると考えられるからだ。それでも、深いところで支持されている信条が個人の生活体験の結果だとすれば——そして生得の脳の構造にはわりあい影響されないものなら——幼少時の社会環境と教育が、人の世界観を決める上で鍵を握る役割を演じることもありうるだろう。このことや、脳に関連するその他のテーマについては、以下を参照。Jean-Pierre Changeux, *Neuronal Man* (New York: Pantheon, 1985)〔ジャン＝ピエール・シャンジュー『ニューロン人間』新谷昌宏訳、みすず書房、２００２〕; Francis Crick, *The Astonishing Hypothesis* (New York: Scribners, 1994)〔フランシス・クリック『ＤＮＡに魂はあるか』中原英臣訳、講談社、１９９５〕; Antonio R. Damasio, *Descartes' Error: Emotion, Reason, and the Human Brain* (New York: Avon, 1994)〔アントニオ・Ｒ・ダマシオ『デカルトの誤り』田中三彦訳、ちくま学芸文庫、２０１０〕; Gerald M. Edelman and Giulio Tononi, *A Universe of Consciousness, How Matter Becomes Imagination* (New York: Basic Books, 2000); Joseph LeDoux, *Synaptic Self, How Our Brains Become Who We Are* (New York: Viking, 2002)〔ジョゼフ・ルドゥー『シナプスが人格をつくる』谷垣暁美訳、みすず書房、２００４〕; Steven Pinker, *The Blank Slate* (New York: Penguin, 2003)〔スティーヴン・ピンカー『人間の本性を考える』山下篤子訳、ＮＨＫブックス（全三巻）〕.

8…Vassilis Saroglou and Antonio Muñoz-García, "Individual Differences in Religion and Spirituality: An Issue of Personality Traits and/or Values," *Journal for the Scientific Study of Religion* 47 (2008): 83-101. また、Bruce Hunsberger, Michael Pratt, and S. Mark Pancer, "A Longitudinal Study of Religious Doubts in High School and Beyond: Relationships, Stability, and Searching for Answers," *Journal for the Scientific Study of Religion* 41 (2002): 255-266も参照。

9…Bob Altemeyer and Bruce E. Hunsberger, *Amazing Conversions: Why Some Turn to Faith and Others Abandon Religion* (Amherst, NY: Prometheus Books, 1997). また、Altemeyer and Hunsberger, *Atheists: A Groundbreaking Study of America's Nonbelievers* (Amherst, NY: Prometheus Books, 2006) も参照。

10…Frank Newport, "This Christmas, 78% of Americans Identify as Christian," Gallup, 2009.

11…Brian J. Grim and David Masci, "The Demographics of Faith," Pew Research Center, Washington, D.C., 2008.

12…この段落と次の段落の数字は、Phil Zuckerman, "Atheism: Contemporary Numbers and Patterns," in Michael Martin, ed. *The Cambridge Companion to Atheism* (New York: Cambridge University Press, 2007), 47-65からとった。

13…音楽が人々のものの考え方にとって深い意味を持つという、僕が信じていることの根拠となる科学的理由はたくさんある。Anthony Storr, *Music and the Mind* (New York: Free Press, 1992)〔アンソニー・ストー『音楽する精神』佐藤由紀ほか訳、白揚社、１９９４〕とOliver Sachs, *Musicophilia: Tales of Music and the Brain* (New York: Knopf,

2007）〔オリヴァー・サックス『音楽嗜好症』大田直子訳、早川書房、２０１０〕を参照。

14…バッド・レリジョンのアルバム『グレイ・レース』〔灰色人種〕の「カム・ジョイナス」〔ここでは「こっちへおいでよ」とした〕という歌は、群れて進むことを皮肉った叫びだ。

世界が回っている理由がわかったというのかい
見つけたことに真実は見つからないんじゃないのかい
すごく怖がってるね、悪魔だらけだから
こっちへおいでよ
聞いたよ、おまえは自分の居所を探してるって
自分と同じ目標の仲間がいっぱいのところだって
ともに生きる家族がいて、兄弟と呼びたいなら
こっちへおいでよ
して欲しいのは気持ちを変えるだけ
必要なのは目を閉じることだけ
こっちへおいで、こっちへおいで、こっちへおいで
みんなが抱えている悩みが見えないかい
みんな自分のためにおまえを求めているだけだし
でも俺は誓う。こちらはそういう奴らとは違うって
こっちへおいでよ
おまえが生き方を探していることはわかる
真実がみんなの合意で決まるところ、
掟になった勝手な命令だらけのところ
こっちへおいでよ
俺たちが欲しいのはおまえの狭い心
それを俺たちの仲間に入れろ

人生を漂い、一人でやっていける
必死に、孤独に、自力でやっていける
でも俺たちはあと何人か、頑固な仲間が欲しいと思ってる
こっちへおいで、こっちへおいで、こっちへおいで
意地も献身もあるし、魔法の薬もある
世界は俺たちが嫌いだし、俺たちも奴らが嫌いだし
だがこちらへくればおまえはもちろん赦される
独立して、自律して、革命的で、知的で、勇敢で、強くて、物知りで、
おまえが奴らの仲間でないなら、もうすでに俺たちと同じ
こっちへおいで、こっちへおいで、こっちへおいで！

15…「モラル・テロ」はヒッチェンスの本の「宗教は幼児虐待か」という章による。Christopher Hitchens, *God is Not Great: How Religion Poisons Everything*, 218を参照。

第5章　悲劇——世界観の構築

1　…Robert J. Richards, *The Tragic Sense of Life, Ernst Haeckel and the Struggle over Evolutionary Thought* (Chicago: University of Chicago Press, 2008), 107.

2…この引用は、ダーウィンが娘の死からわずか一週間後に書かれた追悼文のもの。これはオンラインのDarwin Correspondence Project (http://www.darwinproject.ac.uk/death-of-anne-darwin#memorial)、あるいはSydney Smith and Frederick Burkhardt, eds., *The Correspondence of Charles Darwin*, vol.4 (Cambridge: Cambridge University Press, 1989), Appendix IIで見られる。

3…歴史家ロバート・リチャーズの論旨の焦点は、エルンスト・ヘッケルの進化論への影響力——一九世紀末から現代の進化論生物学者に見られる今の無神論的姿勢に至るまでの——は、愛妻アンが「胸膜炎」（たぶん虫垂炎がひ

どくなって破裂した）で亡くなったという、ヘッケルの人生最大の悲劇によるということだ。リチャーズは、私が本書で認めているように、無神論は進化論研究から不可避的に導かれる結論ではないことを認識している。しかしリチャーズは、ダーウィンの理論を広めたと最も広く認められているエルンスト・ヘッケル（「ダーウィンのブルドッグ」と呼ばれたトマス・ハックスリーよりも二五年近く長い一九一三年まで存命だった）が、現代進化論の無神論的基調に関与していると説く。リチャーズは、「『私の』論旨は、現代進化論の本質とは関係のない側面、すなわち唯物論的で反宗教的な特徴を検討することである。この点は、現代の［進化の］理論に伴う文化的な特徴だと私は思っている。ダーウィンの理論を支持した初期の人々の多くはスピリチュアル――つまり非物質的な形而上学を認めていた――であり、かつ信者だった――つまり自身の科学的な見解を、明瞭でも不明瞭でも何かの神学と統合していた。進化論を唱えながら、それでも無味乾燥な物質主義は否定したことで知られる人々としては、ほんの一部だけ挙げてもエイサ・グレイ、ウィリアム・ジェームズ、コンウィ・ロイド・モーガンといった人々がいる。エルンスト・ヘッケルは、自身に降りかかった悲劇のせいで、正統的な宗教は迷信と退け、戦闘的な一元論哲学――元型や自然による創造のような、ロマン派の理想主義に満ちた――を唱えた。「私の論旨をもっと特定してもよい。すなわちこういうことである。ヘッケルが悲劇的な出来事にみまわれていなかったら……ヘッケルによるダーウィン理論は顕著に敵対的なところはなく、その特徴が一般の人々に向けた顔を覆ってしまうこともなかったのではないか」。Richards, *The Tragic Sense of Life, Ernst Haeckel and the Struggle over Evolutionary Thought*, 15-16を参照。

4…この注釈書は今でも、Guardian of Truth Foundation, Bowling Green, Kentucky（http://www.truthbooks.net）から入手可能。

5…一九世紀のあいだのどこかで、「チャーチズ・オヴ・クライスト」派はアメリカのあちこちにあるいくつもの宗派に分裂した。たとえばE・M・ザーの教会は、「非楽器」派に属していた。「楽器派」は歌に楽器による音楽が伴うのはかまわなかった。母のいたインディアナ州アンダーソンの小さな町には、ほんの数キロの距離をおいて、互いに行き来のない「チャーチズ・オヴ・クライスト」の宗派が他にもあった。そうなった理由は、音楽と歌についての見解に不一致があったからだった。司祭の機能をめぐる違いもあった。E・Z・ザーの教会には司祭はいなかった。教会には長老と呼ばれる最も敬意を払われる幹部がいたが、礼拝の儀式は誰が執り行なってもよかった。この方式は「相互啓発」と呼ばれた。礼拝の儀式は毎週日曜の午前と午後、水曜の夜に行なわれた。女性は長老にはなれなかったが、儀式を執り行なうことは認められていた。

E・M・ザーの宗派と他のチャーチズ・オヴ・クライストの宗派とのあいだには、聖書学校《バイブルカレッジ》〔大学院レベルの聖職者教育機関〕の関与にまつわる違いもあった。会派の中には、若い信徒に、ボブ・ジョーンズ大学のような認可されたバイブルカレッジに行くことを奨励するため、「制度的」と考えられるものがあった。しかし曾祖父の宗派はそのような意図はなかった。曾祖父は、聖書研究は個別に追究するもので、バイブルカレッジの関与は必要ないと思っていた。それでも教育を支援したことは明らかだ。娘（僕の祖母）と孫（母）は、どちらも大学を出て教師になったのだから。

6…僕はその歌のいくつかを、エピタフ・レコーズのレーベル、ＡＮＴＩから二〇〇六年に発売した『コールド・アズ・ザ・クレイ』〔土のように冷たい〕に入れた。

7…Thomas Lewis, Fari Amini, and Richard Lannon, *A General Theory of Love* (New York: Random House, 2000) を参照。著者は愛の感情の生物学的原因や、それが人の情緒的幸福を形成する上で重要であることを、科学的な言い方で述べている。

8…Jared Diamond, *Collapse, How Societies Choose to Fail or Succeed* (New York: Viking, 2005) を参照〔ジャレド・ダイアモンド『文明崩壊』楡井浩一訳、草思社文庫（上下）、２０１２〕。ダイアモンドがこの本を書いた目的の一つは、歴史から学ぶことによって、将来の悲劇が避けられると説くことだった。「グローバル化は、現代のあちこちの社会が、かつてのイースター島やグリーンランドの古代スカンディナヴィア人のように孤立して崩壊するのを不可能にする。今日混乱状態にあるどんな社会も、それがどんなに遠く離れていようと――ソマリアやアフガニスタンなどを考えてみること――他の大陸で栄えている社会に問題を起こす可能性があり、他の社会からの影響にさらされてもいる。人間は史上初めて、全面的な衰退の危険に直面している。しかし人間は今日の世界のどこかの社会での展開から、あるいはまた過去のどの時代の社会でもそこで展開したことから、すぐに学習する機会も得ている」(23)。

9…同様のことが、個体ではなく種の脈絡で述べられている。David M. Raup, “The Role of Extinction in Evolution,” *Proceedings of the National Academy of Sciences*, USA 91 (2002) :6758-6763.

10…Donald R. Griffin, *Animal Minds* (Chicago: University of Chicago Press, 1992).〔ドナルド・R・グリフィン『動物の心』長野敬ほか訳、青土社、１９９５〕

11…G. Brent Dalrymple, *Ancient Earth, Ancient Skies: The Age of the Earth and Its Cosmic Surroundings* (Stanford, California: Stanford University Press, 2004).

12…J. William Schopf and Bonnie M. Packer, "Early Archean (3.3-Billion to 3.5-Billion-Year-Old) Microfossils from Warrawoona Group, Australia", *Science* 237 (1987), 70-73. また、Martin D. Brasier et al., "Questioning the Evidence for Earth's Oldest Fossils", *Nature* 416 (2002), 76-81およびJ. William Schopf et al., "Laser Raman Imagery of Earth's Earliest Fossils", *Nature* 416 (2002), 73-76も参照。

13…その地質学者はジョン・フィリップス（一八〇〇～一八七四）という、オックスフォード大学の先生（講師）で、一八五六年から一八六〇年までロンドン地質学会の会長を務めた人物だった。John Phillips, *Life on the Earth: its Origin and Succession*（Cambridge: Macmillan and Co., 1860）を参照。

14…大量絶滅が単細胞生物に及ぼした影響についてははっきりわかっていない。もっとデータを集めなければならない。

15…Luis W. Alvarez, "Experimental Evidence That an Asteroid Impact Led To the Extinction of Many Species 65 Million Years Ago", *Proceedings of the National Academy of Sciences*, USA, 80 (1983)：627-642を参照。

16…Michael Benton, *When Life Nearly Died: The Greatest Mass Extinction of All Time* (New York: Thames & Hudson, 2003).

17…David M. Raup, *Extinction: Bad Genes or Bad Luck?*(New York: Norton, 1991).〔デイヴィッド・M・ラウプ『大絶滅』渡辺政隆訳、平川出版社、１９９６〕

18…Stephen Jay Gould, *Wonderful Life, The Burgess Shale and the Nature of History* (New York: Norton,1989) を参照〔スティーヴン・ジェイ・グールド『ワンダフル・ライフ』渡辺政隆訳、ハヤカワ文庫ＮＦ、２０１０〕。この本は、無脊椎動物からヒトへの進化について、実際に起きた流れの各段階は化石でたどることができても、そういう進化を予測はできないことを説明している。僕にとってこの本は、ヒトがどこからきたかがわかっても、そこから、どこへ向かっているかがわかるわけではないことを明らかにしてくれた。

19…このテーマで僕が好きなの文章の一つは、Will Provine, "No Free Will", *Isis, Supplement, Catching up with the Vision: Essays on the Occasion of the 75th Anniversary of the Founding of the History of Science Society* 90 (1999), S117-S132.

第6章　創造ではなく創造性

1…Julian Huxley, *Evolution, the Modern Synthesis* (London: George Allen & Unwin, 1945), 458. を参照。

2…Richard Dawkins, *The Blind Watchmaker, Why the Evidence of Evolution Reveals a Universe Without Design* (New York: WW Norton, 1996), 9を参照〔リチャード・ドーキンス『盲目の時計職人』中嶋康裕ほか訳、早川書房、２００４〕。

3…創造性――目的も意図もない、先行する成果の組合せから発するもの――と効用――問題解決を目的として革新しようとする奮闘努力――とを区別しておきたい。人が「創造性のある芸術、科学」と考えている人間の営みの多くは、創造性と効用が混じったものだ。しかし、ここで僕が自然と同じと見ている人生の側面は、特定の課題や問題に対して答えを見つけようとする強固な努力ではなく、気まぐれな実験から生じる盲目的な（目的に関して）、創造の行為だ。いわゆるヒットソングは、効用の関心ではなく、ランダムさや気まぐれから発することが多い。

以前、トッド・ラングレンは僕に、「バン・オン・ザ・ドラム・オールデイ」〔一日中ドラムを叩け〕という曲は、ある朝夢から目覚めたときに思い浮かんだと言った。「なぜそれをその日録音したのかさえわからない」という。その曲はその後、トッド・ラングレンのいちばん有名な曲になり、今でもコマーシャルやスポーツの試合などのときに、世界中で耳にする。同様に、リック・オケイセックは、僕が書いたある曲（「パンク・ロック・ソング」）を、オケイセックがプロデューサーをしてくれたバッド・レリジョンのアルバムに入れるかどうかを話し合っているときに、こんな話をしてくれた。オケイセックは、ザ・カーズのあるアルバムをレコーディングしているとき、自分の曲（「シェイク・イット・アップ」）でも似たようなジレンマを抱えたことがあると言った。「もちろん入れることにしてよかったよ」と言っていた。その曲はアルバムのタイトル曲になり、ダブルプラチナアルバムの中の最大のポップヒット曲になったからだ。「パンク・ロック・ソング」についても気まぐれのように入れることにしたが、これはアルバムの「パンクヒット」になって、今でも演奏している。こうした音楽のヒットの物語には予測されたものはない。気まぐれがきっかけで、作品の目玉を意図したわけではない。

楽器の編成も、思いもよらない実験から生まれることがある。僕らの最初のアルバムには「ファック・アルマゲドン、ジス・イズ・ヘル」〔ハルマゲドンを一発、ここは地獄だ〕という曲があり、これは経過部にスローモーションの部分があって、アコースティックのピアノを目玉にしている。僕はピアノでその曲を書いていて、プロデューサーのジム・マンキーは、「レコーディングではパンクピアノを入れよう」と言った。僕らの時代には、アコースティックのピアノをパンクアルバムに入れたりする奴はいなくて、僕らも当時それほど実験的でなかったら、そんなことにはならなかったかもしれない。けれども僕はそれを弾いて、アコースティックピアノは曲の最終版の目玉になった。この曲はパンクのスタンダードになり、創造的なピアノの使い方として好評を得た。

科学的発見にも、効用の領域ではなく創造性の領域から生じたものが多い。ほんの少しだけ挙げても、ペニシリン、X線、ゴムは、意図せざる幸運の有名な例だ。確かに、科学や技術の飛躍は、何年もの研究やテストから生まれるものもあるが、よく考えてみれば、最大級のやっかいな難関——たとえば風邪、インフルエンザ、がん、鬱病、再利用可能なエネルギーなど——の中には、何年も解こうとしていても、今も解決からほど遠いものがある。僕はこうした治療法や解決策がいずれ見つかり、それはおそらく経験を積んだ科学者によると予測する。けれども「ひらめき」の瞬間は、効用のほうの手法よりは創造性の側から出てくるだろう。

進化で似たようなことを挙げるなら、「効用的変化」（つまり小進化）と言われる、世代ごとに生じる小規模な遺伝子の変動を考えることができる。この変化は小さくて、新種の形成にはつながらないことがある。解剖学的・生理学的な新しさ——新種やさらに高い水準の分類区分の形成——に関与する大規模な変化は、「創造的変化」（つまり大進化）とまとめて考えることができる。進化の大半は効用的だが、生命の多様性は創造性による。このことは、スティーヴン・ジェイ・グールドとナイルズ・エルドレッジによる「断続平衡」説を、おおまかな形のものでも受け入れれば、理論的な内容を与えることができる。これは進化的変化のほとんどは時間的に突発的に生じる（革新的創造性の集中的噴出）が、進化的系統の歴史は、主として長期的安定で構成されていることを言っている。Stephen Jay Gould, *The Structure of Evolutionary Theory* (Cambridge: Belknap Press, 2002), 第9章を参照。

この創造性ある「革命」——「跳躍」期とも言われる——が進化でどのように起きるかは、今も正確なところは謎のままだ。しかし前進もしつつある。たとえば、幼生がある無脊椎動物の遺伝学や発生学上の発見に基づいて、過去には、大きく異なる種の動物どうしが性的に接触して子をなしたことがあるという想定がある。生物学者のあいだでは、一方のゲノムと別の種のゲノムとの統合（「異種ゲノム」ができる）の現象が認識されるようになっている。海洋性の無脊椎動物の自由に拡散される配偶子のあいだで異種ゲノムが形成される現象は一〇〇〇万年に一度くらい起きるかもしれない。つまり、生物の歴史の中では少なくとも五〇回ほど、創造性のある事態が生じたということだ。この数字は、化石のデータとも、現存の生物の多様性のデータとも合う。Lynn Margulis and Dorion Sagan, *Acquiring Genomes, a Theory of the Origins of Species* (New York: Basic Books, 2002) の第10章を参照。

種をまたぐ生物学的実験の例もある。アメリカで最も有名な園芸家、ルーサー・バーバンクによる。Jane S. Smith, *The Garden of Invention: Luther Burbank and the Business of Breeding Plants* (New York: Penguin Press, 2009) を参照。

一八九三年、バーバンクは『果樹と花卉における新種創造』というカタログを発表した。そこにはそれまで見たことのないような植物の絵と解説が収められていた。バーバンクは二五年にわたって、最初はマサチューセッツ州の自分の農地で、後にはサンフランシスコの北にあるサンタ・ローザの自分の農場で、新種の植物を開発する仕事をたゆみなく続けた。これは単に新しい変種や品種ということではなかった。実用されていたどんな鑑定方法を使っても、バーバンクがカタログで紹介したものは新種だった。Luther Burbank, *Luther Burbank: His Methods and Discoveries and Their Practical Significance*, vol. 12 (New York: Luther Burbank Press, 1915), 128-134を参照。

今でも生物学者のあいだでは、植物だけでなく、生物すべてにわたって、品種、型、変種、亜種、種の定義をめぐっては論争がある。科学者が何かの種を別の種と交配させるとき（交雑と呼ばれる）、生まれる子は雑種と呼ばれる。雑種の多くは不稔、つまり生殖ができない。それはたいてい、同じ世代の雑種の精子と卵子が不適合となるからだ。したがって、進化から見ると、雑種は行き止まりになる。自然界では、ある個体からの花粉が、風でいろいろな種類の花に運ばれることがありうる。もしかしたら雑種ができるかもしれないが、その雑種が子を作れないとすれば、進化の視点からは無駄になった世代ということになる。

バーバンクの創造性は、自分が行なった人為的な交配実験による組合せに現れている。バーバンクは何度も、一方の種の花粉を別の種のめしべに受粉させた。本人の記録によれば、一万回に一回は生殖可能な子ができることがあったようだ。しかしこのたゆみない試行錯誤は報われ、バーバンクは何十もの雑種（生殖可能な）を発表している。

人々がバーバンクの交雑から得られた植物をすべて見る頃には、そうした新種のでき方は大いにありうるようになっていた。バーバンクのカタログは、ダーウィン的進化論の正しさに懐疑的な人々を納得させる助けになった。

今日、雑種を新種としてなかなか認められない科学者もいる。それは種についてのいちばんよく挙げられる定義に反するからだ。たとえば、チンパンジーとヒトはほとんどすべての遺伝子が共通だが、種は異なると考えられている。その理由の一つは、両者が「生殖的に隔離」されていることだ。つまり、一方の種に属する個体が、もう一方の種の個体とのあいだに、子を作れる子ができないということだ。子をなせる雑種というのは、種についてのこの理解に違反する。ルーサー・バーバンクが明らかにしたように、生命には、生殖隔離による種の定義に頑固に限定しすぎると見逃すことが多い。

実際、園芸や畜産の世界、さらには自然界では雑種は多い。雑種の種形成は、グリズリーとホッキョクグマ、オジロジカとミュールジカ、ヘリコニウスと呼ばれる属の蝶どうし、いろいろなフィンチやキツツキ、淡水、海水を問わず多くの魚類についても生じる。農業の例はさらに多く、トウモロコシの雑種がとくに顕著な例だ。ルーサー・バーバンクが始めたことは育種産業となり、商業的に成り立つ植物を増幅し、それに依拠する市場を生み出した。

雑種によって種ができるのが十分に確かめられたことは、創造性は自然の自然たるゆえんであることが明らかにする。生殖能力の範囲を考えると、ありうる生物の多様性は、ほとんど無制限に生み出されるかもしれない。僕はその予測できないところを評価する。種どうしの偶然の出会いが今も何百万と進行していることを考えよう。創造性のポテンシャルは明らかにきわめて高い。

4…John Emsley, *Nature's Building Blocks, an A-Z Guide to the Elements* (Oxford.: Oxford University Press, 2001), 183.〔John Emsley『元素の百科事典』山崎昶訳、丸善、２００３〕

5…ここではどうしても、僕が大好きな、ほとんどＳＦのような理論の一つから、あるただし書きを加えたくなる。一部の細菌やウイルスには興味深い性質がある。宇宙空間で経験されるような大量の宇宙線被曝にも、ほとんど完全な真空と言えるほどの低圧にも耐えられるのだ。スヴァンテ・アーレニウスは、二〇世紀の初頭、細菌やウイルスなら、太陽光線による放射圧によって星間空間の中を運ぶことができるという説を唱えた。これは「パンスペルミア」説と呼ばれるものの土台となった。有名な天文学者のフレッド・ホイルと生物学者のチャンドラ・ウィクラマシンゲがこの説を採用し、地球は太陽系の中でも、彗星がまき散らした微生物を宇宙空間から受け取りやすいと推論することによって拡張した。元は、このような微生物が生まれたばかりの地球に雨のように降り注いで、微生物は生殖に必要な条件にふさわしいところを見つけ、有機的進化の過程を始めたのかもしれない（火星を始めとする他の惑星では、条件が生殖にはそれほど好適ではないが、地球と同じくらいの「種まき」はあったかもしれない）。ホイルとウィクラマシンゲの推論の中心にはこんな問いがある。細菌は、その特徴がもともと宇宙空間の状況に耐えるように進化したのでなかったら、どうやって宇宙空間にあっても地球上にはない条件（Ｘ線、極度に低い真空の圧力）に「適応できる」ような進化ができたか。Sir Fred Hoyle and Chandra Wickramasinghe, *Evolution From Space, a Theory of Cosmic Creationism* (New York: Simon and Schuster, 1981) を参照〔Ｆ・ホイル、Ｃ・ウィックラマシンジ『生命は宇宙から来た』餌取章夫訳、光文社、１９８３〕。

6…Robert M. Hazen, *Genesis: The Scientific Quest for Life's Origins* (Washington, D.C.: Joseph Henry Press, 2006)、あるいはAndrew H. Knoll, *Life on a Young Planet, the First Three Billion Years of Evolution on Earth* (Princeton: Princeton University Press, 2003)〔アンドルー・H・ノール『生命最初の30億年』斉藤隆央訳、紀伊國屋書店、２００５〕を参照。

7…生命が登場した様子の一案については、次の記事でもっと詳細に述べられている。Alonso RIcardo and Jack W. Szostak, "The Origin of Life on Earth," *Scientific American* 301 (September 2009), 54-61.〔A・リカルド／J・W・シヨスタク「生命の起源」『日経サイエンス』２００９年12月号所収〕

8…今なら、インターネットが使えれば誰でも、グーグル・マップス、グーグル・アース、ビング・マップスで僕らが進んだコースをたどることができる。「Riberalta, Bolivia」を検索して、マードレ・デ・ディオス川を西へたどればよい。

第7章　信仰の属するところ

1…ユートピアのアルバム*Adventures in Utopia*に収録の"Rock Love"より。(composed by Roger Powell, Todd Rundgren, Kasim Sulton, and John Wilcox〔Bearsville Records, 1980〕).

2…Bertrand Russell, *The Autobiography of Bertrand Russell: 1872-1914* (Boston: Atlantic Monthly Press, 1967), 3より〔バートランド・ラッセル『ラッセル自叙伝』第1巻（１８７２年〜１９１４年）日高一輝訳、理想社、１９６８〕。

3…ロブ・ライナー監督映画『スパイナル・タップ』に、ギタリストのナイジェル・タフネルがピアノで曲を作っていて、タフネルはそれをモーツァルトとバッハの組合せと言うところがある——「マッハ作みたいな、ほんと」。Bマイナーで、これは「あらゆる調《キー》の中でいちばん悲しい」という。タフネルがこのキーが好きなのは、それが「人が聴いたとたんに泣いてしまう」からだ。曲名を聞かれて、「俺のラブポンプをなめろ《リック・マイ・ラヴ・パンプ》」だと答えている。

4…自分だけが存在するという「独我論（solipsism）」については、Ted Honderich, ed., *The Oxford Companion to Philosophy* (New York and Oxford: Oxford University Press, 1995), 838を参照。

5…Craig T. Palmer, "Mummers and Moshers: Two Rituals of Trust in Changing Social Environments," *Ethnology* 44 (2005), 147-166.

6…Celia A. Brownell and Claire B. Kopp, eds., *Socioemotional Development in the Toddler Years: Transitions and Transformations* (New York: Guilford, 2007).

7…Stephanie D. Preston and Frans B. M. de Wall, "The Communication of Emotions and the Possibility of Empathy in Animals," in Stephen G. Post, Lynn G. Underwood, Jeffrey P. Schloss, and William B. Hurlbut, eds., *Altruism and Altruistic Love: Science, Philosophy, and Religion in Dialogue* (New York: Oxford University Press, 2002).

8…ブレットは、一〇代の頃に行ったパラディウムでラモーンズのコンサートのことを、Steve Appleford, "Live Nation's Crown Jewel: Hollywood Palladium Reopens This Week," *L. A. Weekly*, October 16, 2008という記事の中で語っている。

9…Steven Weinberg, *The First Three Minutes: A Modern View of the Origin of the Universe* (New York: Basic, 1977).〔S・ワインバーグ『宇宙創成最初の3分間』小尾信彌訳、ちくま学芸文庫、２００８〕

10…Richard Dawkins, *River Out of Eden: A Darwinian View of Life* (New York: Basic, 1995).〔リチャード・ドーキンス『遺伝子の川』垂水雄二訳、草思社文庫、２０１４〕

11…Steven Weinberg, *Dreams of a Final Theory: The Scientist's Search for the Ultimate Laws of Nature* (New York: Pantheon, 1992)〔S・ワインバーグ『究極理論への夢』小尾信彌ほか訳、ダイヤモンド社、１９９４〕、Richard Dawkins, *Unweaving the Rainbow: Science, Delusion, and the Appetite for Wonder* (Boston: Houghton Mifflin, 1998)〔リチャード・ドーキンス『虹の解体』福岡伸一訳、早川書房、２００１〕、William B. Provine, "No Free Wil" を参照。

第8章　賢く信じる

1…二〇〇三年六月一三日、イギリスのファルマーにて行なわれたインタビューより。Graffin, *Evolution, Monism, Atheism, and the Naturalist World-View*, 157.

2…二〇〇三年六月二五日、マサチューセッツ州ベドフォードにて行なわれたインタビューより。同前、１６７。

3…第2章でも短く触れたが、避けられない哲学上の論点をここで取り上げざるをえない。それは僕の「自然は善」

と言わんばかりのところに対する異論に関係する。哲学者は「自然主義的誤謬」と呼ばれるものについて論じたがる。これは一部の自然主義者が犯す、たとえば、あることが自然に由来するから善であると思っているときの、倫理的な推論の間違いのことを言う——あるいはG・E・ムアのような哲学者はそう言う。G. E. Moore, *Principia Ethica* (Cambridge: Cambridge University Press, 1903)。「自然主義的誤謬」という言葉が造語されたのはこの本でのこと〔G・E・ムア『倫理学原理』泉谷周三郎ほか訳、三和書籍、２０１０〕。基本的には、ムアは倫理的価値観——つまり「善いこととは何か」——は、還元論的な推理では定義できないと主張しようとしている。僕が本文で、「自然」や「自然な」は何でも指しているのでどんな具体的定義も受け付けないと述べたときにも同様の道筋をとった。しかし、自然を生物進化のことと解すなら、その自然は分析でき、部分に対して定義できる。これは多くの進化生物学者が唱えることで、社会生物学を掲げる人々がその先頭に立っている。ムアの推論を批判する一人は、自然主義者のE・O・ウィルソンで、こちらは、善いことは何かというのは、つまるところヒトの自然史に由来すると説き、「善」は精神的適応に由来するのではないかと言う。善の感覚は、人の脳の特性であり、これは文化的状況の内部に存在する。人類の遺伝子＝文化共進化の一部なので、何が善かの感覚は絶対のものでも静止的なものでもなく、時間を経て変形し、環境条件とともに変化する可能性があるものだとウィルソンは言う。E. O. Wilson, *Consilience, the Unity of Knowledge* (New York: Alfred A. Knopf,1998), 248-251参照〔エドワード・O・ウィルソン『知の挑戦』山下篤子訳、角川書店、２００２〕。

僕は両派の成分を融合して、この二分割的議論は避けたい。僕はムアの倫理的還元主義嫌いもわかるが、ウィルソンのヒトの自然史が倫理的衝動の舞台になっているという考えにも賛成する。哲学者も、立法府の議員も、政治評論家も、進化生物学に通じているべきだと僕は思う。けれども無神論の話と同じく、倫理哲学の論争は、生物学でのもっと重要な問題を解くという大事な問題を脱線させかねない。

僕が倫理の議論に参加するはめになったら、進化の歴史は人を本来的に善にも本来的に悪にもしているとは思わないと言うことになるだろう。僕は人間の生物学が「自然」と呼ばれるものに由来し、善や悪の概念のようなものは、生物進化の原因に重ねられる一組の原因（「文化」と呼ばれる）によって、強められるか弱められるかすることを認識している。むしろ倫理やその標題の下に収まるテーマはすべて、人が幼い頃に、まわりの人々——たいていは近い家族——によって伝えられるのだと言いたい。人の心理的特徴はすべて、もちろん生涯を通じて影響されるが、善悪に関する根本的な感覚は幼年期に確立する。

4…詳細は国際生態学的復元協会のウェブサイトhttp://www.ser.orgを参照。また、『サイエンス』誌二〇〇九年七月三一日号は、復元生態学の最新研究を特集している。

天然資源の持続可能な開発と復元の活動について学ぶことは、大学へ行かなくても行なえる。農業協同公開講座という、アメリカのいわゆる「政府助成」大学から派生した、連邦委託による地方出先機関事業がある。アメリカの一流研究機関は、エイブラハム・リンカーン大統領時代の一八六二年に制定されたモリル法によって設立されたものが多い。この年にはリンカーンによる農務省（ＵＳＤＡ）の創設もあった。

モリル法によって、農業、機械、家政、林業について高等教育レベルの職業教育を促進する意図で、各州に政府助成大学ができた。一八八七年、ハッチ実験施設法が、全州の農民および市民に、実験施設から実用的研究を普及させる意図で、ＵＳＤＡの後援で農業研究を支援する連邦基金が設立された。

今日では、農業と生態的健康はからみ合っている。研究施設とそこの科学者は、地元の公共団体をはるかに超える生態学的問題に取り組んでいる。農業を実践する上での問題の多くは、旱魃、浸食、気候変動など、地域規模、地球規模のものもあることが認識されている。したがって、協同公開講座は天然資源管理に関する情報を普及する重要な場となっている。そこには、主として実用的な農業研究関心と見事に融合する復元生態学も入っている。

地元の協同公開講座については、http://www.extension.orgを訪れて、地元の郵便番号を入力するとわかる。

5…僕は、理由がどうあれ、同じ情緒的なつながりを感じたことがある人が他にもいたことは知っている。「しかし、浮き世の心配事で曇っていない眼を持った強く自由なごくわずかな人だけが、樹木とともに長いこと暮らすようになり、冬の装いで嵐を喜び、春には樹脂の香りを振りまきながら新芽を伸ばし、夏には雷雨のシャワーを浴び、秋の豊かな金色の熟した実をびっしり宿す、四季を通じての樹木の分布や変化の調和に表れるような、樹木の壮大さや意義を大事に考えるようになれる。この種のことを知るために、人は暦にあるような意味での時間を気にせず、木とともに暮らし、木とともに育たなければならない」。John Muir, *The Mountains of California* (New York: Century Co 1907), 140〔ジョン・ミューア『山の博物誌』小林勇次訳、立風書房、１９９４〕より

6…この想定は、アーサー・ブルームが伝える年代（放射性炭素年代測定による）に基づく。Arthur Bloom, "The Late Pleistocene Glacial History and Environments of New York State Mastodons," *Palaeontographica Americana* 61 (2008):13-24. 北アメリカのこの地方での氷河最盛期は、およそ二万三〇〇〇年前から二万六〇〇〇年前のことだった。そこでここでは、氷河最盛期と「新ドリアス期」――最新の計算では一万二九〇〇年前から一万一六〇〇年

前——とのあいだの氷河後退時期のどこかの時期を想定している。Michael Balter, "The Tangled Roots of Agriculture," *Science* 327 (2010): 404-406参照。本章でこの先出てくる記述は、Warren Allmon and Peter Nester, eds., "Mastodon Paleobiology, Taphonomy, and Paleoenvironment in the Late Pleistocene of New York State: Studies on the Hyde Park, Chemung, and North Java Sites", *Paleontographica Americana*, vol 61 (2008)、およびP. T. Davis et al.,"Quaternary and Geomorphic Processes and Landforms Along a Traverse Across Northern New England, U.S.A.," in D. J. Easterbrook, ed., *Quaternary Geology of the United States, INQUA 2003 Field Guide* (Reno, Nevada: Desert Research Institute, 2003), 365-398に基づく。

7…本書を書いているとき、国際地質科学連合は、国際層序委員会（www.stratigraphy.org）の勧告に基づいて、更新世の下限を変更した。新しいデータに基づいて、更新世はほぼ八〇万年分の氷河活動も含むよう拡張され、出発点は今からおよそ二五〇万年前にさかのぼることになった。新しいデータと新しい委員会ができればまた年代が変わるかもしれない。本書の意図の範囲では、更新世の始まりをおよそ二〇〇万年前というおおまかな値で指すことにする。

8…ここまでの二段落で挙げられた樹木の種すべてが確実に絶滅するというわけではない。何と言っても、進化のために必要なことは生殖の連続性だけで、未成熟の標本は、森林全体の至るところで見られる。しかし明らかにその集団の年齢構造は大きく変化している。寄生によってすでに生殖可能な個体（群にある優勢な樹木）のほとんどが破壊されていて、残りの樹木は成熟するまでに病気になりやすいなら、もっと健康な種との競争が増し、寄生生物の力が増すにつれて、絶滅の可能性は深刻になると想定して間違いはないだろう。昆虫と菌類によるダメージは、免疫が寄生の特化よりも速く進化しうるのでないかぎり、全面的になる。

9…Warren D. Allmon, Peter L. Nester, and John J. Chiment, "Introduction: New York State as a Locus Classicus for the American Mastodon," *Palaeontographica Americana* 61 (2003): 5-12.

10…George C. Frison, "Paleoindian Large Mammal Hunters on the Plains of North America," *Proceedings of the National Academy of Sciences, U.S.A.* 95 (1997): 14576-14583およびS. Kathleen Lyons, Felisa A. Smith, and James H. Brown, "Of Mice, Mastodons and Men: Human-Mediated Extinctions on Four Continents," *Evolutionary Ecology Research* 6 (2004): 339-358を参照。

11…C. Vance Haynes, Jr., "Younger Dryas" Black Mats "and the Rancholabrean Termination in North America," *Proceedings of the National Academy of Sciences, U.S.A.* 105 (2008): 6520-6525を参照。この仮説は古い水飲み場の遺跡によって強化されている。希少資源に引き寄せられて大型哺乳類が集まるところで、それをクローヴィス人の狩猟民が待ち伏せして大量に殺していたらしい。しかしこの仮説は一般に認められるほどの証拠もまだ得ていない。たとえば、これほどの生態学的大変動を引き起こせるのは、地球外からの衝突しかないと説く研究者もいて、更新世と完新世の境目あたりの堆積物の地球化学的な痕跡からは、この仮説にいくらかの支持を与えている。

12…Nigel Calder, *Magic Universe, the Oxford Guide to Modern Science* (New York: Oxford University Press, 2003) を参照〔ナイジェル・コールダー『オックスフォード・サイエンス・ガイド』屋代通子訳、築地書館、２００７〕。漁業に関する最近のデータは、Boris Worm et al., "Rebuilding Global Fisheries," *Science* 325 (2009): 578-585で見られる。

第9章　意味ある死後

1…Aldo Leopold, *A Sand County Almanac* (New York: Oxford University Press, 1949), 前書きの最終行より〔アルド・レオポルド『野生のうたが聞こえる』新島義昭訳、講談社学術文庫、１９９７〕。

2…C. Wright Mills, *The Sociological Imagination* (New York: Oxford University Press, 1959), 196.〔ミルズ『社会学的想像力』鈴木広訳、紀伊國屋書店、１９９５〕

3…典型的なバンドはイーグルス。「……イーグルスは、呼び方はメロウ・マフィア、サザンカリフォルニア・マフィア、アヴォカド・マフィアといろいろあるが、「サンセット」大通り《ストリップ》界隈で先頭に立つグループになった。五〇年代ハリウッドにあったフランク・シナトラ会《ラットパック》の七〇年代版だった」。Marc Eliot, *To the Limit, the Untold Story of the Eagles* (New York: Little Brown, 1998), 5.

4…CIA, *The World Factbook*, Washington, DC, 2010. https://www.cia.gov/library/publications/the-world-factbook/rankorder/2127rank.htmlを参照。

5…Douglas L.T. Rohde, Steve Olson, and Joseph T. Chang, "Modeling the Recent Common Ancestry of All Living Humans," *Nature* 431 (2004): 562-566.

6…ある集団が他の人類の集団から完全に孤立していたとしたら、現存する人類すべての系譜の元にある共通の祖先は、その孤立した集団が孤立する前にいなければならないことになる。けれども前掲論文にも述べられているように、人間社会を細かく調べてみると、生殖的な孤立が確実に二〇〇年、三〇〇年と続くような集団はないことが明らかになる。コロンブス以前の南北アメリカでさえ、ベーリング海峡を渡る移動が続いていたので、系譜は接続されたままだった。

7…Duncan J. Watts, *Six Degrees: The Science of a Connected Age* (New York: Norton, 2003).〔ダンカン・ワッツ『スモールワールド・ネットワーク』辻竜平ほか訳、阪急コミュニケーションズ、２００４〕

8…Judith S. Kleinfeld, "Could It Be a Big World After All?" *Society* 39 (2002): 61-66.

9…Jon M. Kleinberg, "Navigation in a Small World," *Nature* 406 (2000): 845.

10…Albert-László Barabási, *Linked: The New Science of Networks* (New York: Perseus, 2002).〔アルバート＝ラズロ・バラバシ『新ネットワーク思考』青木薫訳、ＮＨＫ出版、２００２〕

11…引用は一九世紀の家具職人グスタフ・スティックリーの言葉。David Cathers, *Gustav Stickley* (New York: Phaidon, 2003) を参照。

訳者あとがき

本書はGreg Graffin & Steve Olson, *Anarchy Evolution: Faith, Science, and Bad Religion in a World without God* (It Books, 2010) を翻訳したものです（文中で〔　〕で括った部分は訳者による補足。参照されている文献に邦訳がある場合は、原註に補足する形で記しましたが、本書中の訳文は、とくに断りのないかぎり、本書訳者による私訳です）。著者のグレッグ・グラフィンは、パンクロックバンド「バッド・レリジョン」のリーダーで、同時に生物学の博士課程を修了し、今はＵＣＬＡで生物学の講師も務めています。また、本書の中でも触れられている、世界中の生物学者にインタビューした結果をまとめた著書があります。スティーヴ・オルソンのほうはサイエンスライターや編集者を務め、様々な新聞・雑誌への寄稿をはじめ、何冊かの著書もあり、『生物学と人間の価値』（中村桂子訳、オーム社、１９９２）という訳書も出ています。本書はグラフィンのほうの一人称の語りが主ですが、生物学全般についての内容や構成、文章について、オルソンのライターとしての経験を取り入れたようで、この二人の共著という形をとっています。

本書はグラフィン個人の、バンド活動を中心とした経験の物語と、そういうグラフィンから見た、進化論と宗教の関係というアメリカ的な問題についての考え方を並行させています。アメリカのキリスト教原理主義者が進化論を受け入れず、聖書に書かれている「生物学」を教えるよう求める政治勢力となっているという話は、日本では、初めて聞く人には驚かれ、宗教の偏狭を示す話と受け取られることも多いのですが、では、日本人は宗教的偏見にとらわれずに、正しく進化論を受け入れていると言えるかと言うと、少し微妙になります。宗教的偏見はともかく（だからといって偏見がないことにはなりませんが）、実は、問題はむしろ「進化論を受け入れている」というところにあります。

日本で日常的に言われる「進化」は、人でも物でも、世の中での経験を積んで、より高度なものにレベルアップするといった意味で使われ、人も物も、もちろん生物も、そういう意味で進化するものと考えられているようです。日本では、人が猿から進化したことをあたりまえのように受け入れている人が大多数でしょうが、それはたいてい、猿からレベルアップして人になったということを受け入れているということで、昔より今のほうが上という了解があるから、先祖が猿でも問題とは感じられないのです。「がんばって」ここまで上がってきたことが進化であり、たぶんこれからもがんばればもっとレベルアップするだろうという進化論理解がなされているように思われます。

ところが、生物学で言う進化論はそれとは違い、本書の題にあるような、むしろアナーキーなものです。少しずつ違う個体の中で、（運よく）子を残した者の遺伝子や学習の系譜が引き継がれ、その違いが積み重なって時間がたつと先祖とは形の違うものになるということで、個体レベルではがんばったりすることはあるとしても、そのがんばりや、その結果の「レベルアップ」が必ずしも反映されるわけではありません。がんばろうとがんばるまいと、レベルが上がろうと上がるまいと、環境に合っていようと合っていまいと、「たまたま」残った者が系譜をつなぎ、その差異の積み重ねで変化するということなのです。複雑な生物も、いろいろな行き当たりばったりの増築が重なった結果で、その意味で、今の人と猿は同列であることを言っていると聞けば、え？と思われるかもしれません。それでも、共通の祖先から分かれて以後、同じ長さの歴史を経て今の猿と人間がいるわけで、猿より人間が優れていると いうわけではなく、ましてや、今の猿が人間の先祖ということですらないのです（もちろん他の生物についても同じことが言えます）。

進化という言葉がそのような生物学的な意味で理解されていたら、はたして今のように日常的に「進化」という言葉が使われただろうかと考えると、かなりあやしくなってこないでしょうか。生物学的な進化は、人間の都合で考えると、あまり好ましい話ではないのです。だからキリスト教原理主義の人々はあれほど進化論を嫌うのだと思いますし、逆に、著者はこれほど進化や自然主義（これも人間の都合を排することが根本にあります）の意味を語らなければならないのです。著者が本書を通じて述べているように、自然主義は人間を否定するのではありません。人間の都合や価値を優先させ、それによって自然を見ることを否定するだけです（人間の都合や価値は人間の世界でしか考えるしかありません）。自然の産物である人間のことは、人間の都合とは無関係に進行している自然のほうでしか考えられず、そのためには科学としての生物学を始めとする自然主義的な自然理解を知り、その知見に立った判断をする必要があるということにもなります。著者が言うように（第1章）、受け入れがたくても求めなければならない真実があるということです。

自身のバンド活動についても、その経過を自然主義的に理解しようとしていますが、それは、こうすれば成功する、こうするのが正しいということではありません。最終的には運のよさに帰着させるしかないものの、結果をつなぎ合わせてみれば、自然主義的なストーリーが浮かび上がるということでしょう。その意味で、自然主義やそれに基づく進化論は、人間的価値の根拠にはならなくても、世界を見て、理解するための土台や枠組みになるということだと思います。その土台や枠組みが、宗教であろうとなかろうと、人間の側からの世界観と、いわゆる科学の自然主義とで違っていると考えるなら、アメリカの事情は、程度の違いはあるにしても、決して「向こう」の話とばかりは言えないと思います。あらためて生物学での進化論や自然主義的世界観がどういうものか、その一端を覗いていただき、しかもこういうものだからこそ、その見方は大事で必要だと思っていただければと願います。

本書の翻訳は、柏書房の二宮恵一氏の勧めにより担当させていただくことになりました。このような機会を与えてくれ、励ましてもらったことに感謝いたします。本作りの実務の差配も同氏が行なってくれました。装幀は戸倉巖氏に担当していただきました。併せて感謝いたします。毎度のことですが、ネットや図書館などの資料を参照しなければ、このような作業は成り立ちません。資料を用意し、手許に届くまでのいろいろなところにかかわるすべての方々に篤くお礼申し上げます。

訳者識

二〇一四年六月

著者紹介
グレッグ・グラフィン（Greg Graffin）
ウィスコンシン州マジソン生まれ。1980年にロサンジェルスで設立したパンクバンド、バッド・レリジョンのリードボーカルならびにソングライター。またコーネル大学より動物学で博士号を授与。ＵＣＬＡにてライフサイエンスと古生物学の講師を務める。ニューヨーク州イサカとロサンジェルスで暮らす。

スティーヴ・オルソン（Steve Olson）
サイエンスライターとして受賞歴を持つ。2002年の全米図書賞ノンフィクション部門を受賞した『Mapping Human History: Genes, Race, and Our Common Origins』の著者であり、全米科学アカデミーのコンサルタントライターでもある。アトランティック・マンスリー、ワシントンポスト、サイエンティフィックアメリカン、ワイアードにも執筆している。

訳者紹介
松浦俊輔（まつうら・しゅんすけ）
翻訳家、名古屋学芸大学非常勤講師。訳書に、ロング『進化する魚型ロボットが僕らに教えてくれること』、シュルツ『まちがっている』（以上、青土社）、ジョンソン『イノベーションのアイデアを生み出す七つの法則』（日経BP社）、オレル『なぜ経済予測は間違えるのか？』（河出書房新社）、フィッシャー『群れはなぜ同じ方向を目指すのか？』（白揚社）、クヌース『至福の超現実数』（柏書房）など。

アナーキー進化論《しんかろん》

2014年８月10日　第１刷発行

著　者　　グレッグ・グラフィン，スティーヴ・オルソン
訳　者　　松浦俊輔

発行者　　富澤凡子
発行所　　柏書房株式会社
東京都文京区本郷2-15-13（〒113-0033）
電話（03）3830-1891［営業］
（03）3830-1894［編集］

装　丁　　トサカデザイン（戸倉巌、小酒保子）
本文レイアウト　常松靖史（TUNE）
組　版　　有限会社一企画
印　刷　　萩原印刷株式会社
製　本　　小高製本工業株式会社

ISBN978-4-7601-4490-7

柏書房の本

ぼくらはそれでも肉を食う
ハロルド・ハーツォグ＝著　山形浩生・守岡桜・森本正史＝訳
二四〇〇円

非才！
マシュー・サイド＝著　山形浩生／守岡桜＝訳
一九〇〇円

脳は楽観的に考える
ターリ・シャーロット＝著　斉藤隆央＝訳
二五〇〇円

（価格は税抜き）